中央美術學院规划教材

Illustrator Course

Illustrator 教程

薄玉改　母春航　著

北京大学出版社
PEKING UNIVERSITY PRESS

图书在版编目（CIP）数据

Illustrator 教程 / 薄玉改　母春航著. —北京：北京大学出版社，2007.12

（中央美术学院规划教材）

ISBN 978-7-301-12246-4

I. I…　II. ①薄… ②母…　III. 图形软件，Illustrator —教材　IV. TP391.41

中国版本图书馆 CIP 数据核字（2007）第 080738 号

书　　名：Illustrator 教程

著作责任者：薄玉改　母春航 著

责 任 编 辑：谭　燕

书 籍 设 计：王子源

标 准 书 号：ISBM 978-7-301-12246-4/TP·0913

出 版 发 行：北京大学出版社

地　　址：北京市海淀区成府路 205 号　100871

网　　址：http://www.pup.cn　电子邮箱：pkuwsz@yahoo.com.cn

电　　话：邮购部 62752015　发行部 62750672　出版部 62754962　编辑部 62752025

印 刷 者：北京大学印刷厂

经 销 者：新华书店

720mm × 1020mm　16 开本　18.25 印张　319 千字

2007 年 12 月第 1 版　　2007 年 12 月第 1 次印刷

定　　价：60.00 元

目录

总序 8

第一章 基本工具的使用及图形的编辑方法

第一节 工具箱 10

第二节 图形的编辑 16

第二章 钢笔工具应用案例

第一节 钢笔工具的基本使用方法 64

第二节 应用案例 64

第三章 图案与画笔的制作

第一节 图案的制作 80
第二节 画笔的设计制作 87

第四章 明暗光影

第一节 渐变填充 94
第二节 图形混合 116
第三节 渐变网格 121
第四节 透明与合成模式 132

第五章 色彩

第一节 色彩基础 136
第二节 色彩的三个属性 137
第三节 混色体系 138
第四节 常用的颜色模型与调色方式 139
第五节 专色与印刷色 141
第六节 印刷色中的全局色和非全局色 142

第六章 文字

第一节 区域文字工具与串接文字 144
第二节 文字绕排与分栏 150
第三节 文字转为轮廓图形 154
第四节 字符属性与段落属性的控制 156
第五节 某些特效字的制作 161

第七章 绘画功能应用案例

第一节 丹柿图 166
第二节 彩蝶写真 180
第三节 影线黑白画 185
第四节 维纳斯的诞生 189
第五节 荷花蜻蜓图 195
第六节 水仙花 209
第七节 写意花鸟 210
第八节 山水画 216
第九节 仕女画 225

第八章 设计和插画应用案例

第一节 封面设计 233
第二节 香水的外包装设计制作 239
第三节 游戏纸盒的包装设计制作 252
第四节 名利场插画 270
第五节 花心插画 279

总序

教材建设是高等艺术教育最重要的学术内容之一。

教材作为教学过程中传授课程内容、掌握知识要领的文本依据，具有延续经验传统和重构知识体系的双重使命。艺术教育的基本规律决定了它具有结构开放、风格差异、强调直观、类型多样等多种特性，是一种严肃而艰难的专业建设。尽管如此，规划和编撰一套高起点、高标准、高质量的专业教材，仍然是中央美术学院长期以来始终不渝的工作目标。

我国的美术教育正在经历一场深刻的变化。传统的现实主义造型艺术教育正在逐渐向覆盖美术、设计、建筑、新媒体等多学科的综合型“大美术”教育转换；原来学院相对封闭、单一的学术环境正在转变为开放、多元、国际化的学术平台；一段时间内以对西方文化引进、吸收和消化为主的文化建设也在转变为具有明显主体意识特征的积极的文化建设。在这样的转变中，中央美术学院原有的教学经验与传统经受了考验和变革，原有的学科体系有了更全面、更理性的发展，原有的教学用书已不能适应新的教学需要，及时地总结和编撰新的规划教材，已成为当务之急。

中央美术学院作为中国美术教育最高学府，建校以来始终坚持积极应对社会发展与文化建设需要、创建新中国最高成就的美术教育事业的办学方针，坚持高标准、高质量的人才培养目标。本次教材编写，在原有教学传统的基础上，吸收了最新的教学改革成果，力求反映新的时代条件下人才培养的目标与要求，反映“大美术”教育的学科系统性、发展性。根据美术院校教学用书类型多样、层次丰富和风格差异的特征，本套教材分为理论类、技术类与（工作室）教学法三个系列。理论类教材主要汇集美院各院系开设的概论、艺术史与专业史、创作理论与方法等基础理论课程的教学内容；技法类教材主要汇集各专业的基础技法与创作技能训练内容；（工作室）教学法则以各专业工作室为单元，总结不同专业、不同艺术风格的工作室教学体系与创作方法，集中体现美院工作室教学体系下的优良教学传统与改革探索。

这套规划教材计划近百种，将在今后五年内陆续完成。但是，在任何情况下，我们都不应忘记，教材的完成只是一种过程的记录，它只意味着一种改革与尝试的开始而不是终结。当代教育家怀特海（Alfred North Whitehead）曾说：“教育只有一种教材，那就是生活的一切方面。”（《现代西方资产阶级教育思想流派论著选》，人民教育出版社 1980 年版，第 116 页）关联着社会发展和改革实践的艺术生活永远是最生动、有效的教材，追求这种实践的持续和完美，才是我们真正长久的教材建设目标。

中央美术学院院长、教授

2007 年 5 月

第一章　基本工具的使用及图形的编辑方法

第一节　工具箱

序号	工具名称	图标	键盘快捷	用法及图示
1	选择工具		V	选取具有相同填色和描边属性的对象
2	直接选择工具		A	选取路径上的锚点进行修改 未选中的锚点呈现空心点状态 选中的锚点呈现实心点状态
3	编组选择工具		Y	选取编组对象
4	魔棒工具			选取具有相同填色和描边属性的对象
5	套索工具		Q	通过勾画不规则区域来选取对象
6	钢笔工具		P	通过放置锚点来绘制连续的直线或曲线路径 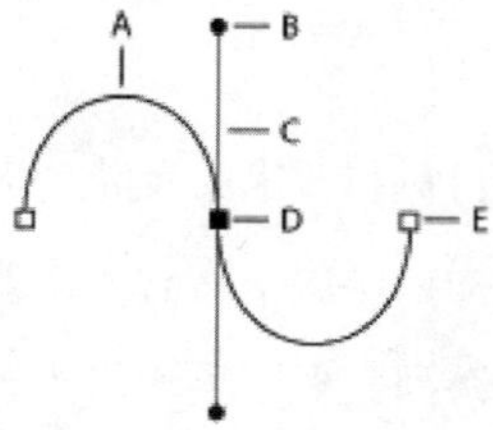 A. 曲线段　B. 方向点　C. 方向线 D. 选中的锚点　E. 未选中的锚点 
7	添加锚点工具		+	在路径上添加锚点 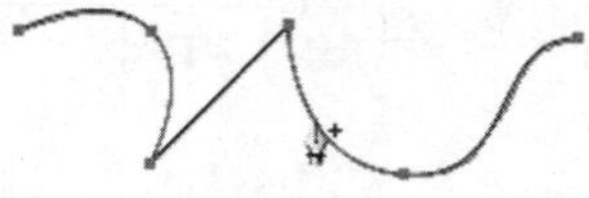
8	删除锚点工具		−	在路径上的某个锚点上单击可以删除该锚点 

序号	工具名称	图标	键盘快捷	用法及图示
9	转换锚点工具			更改锚点的性质，可以把角点改为平滑点，也可以把平滑点改为角点 
10	文字工具		T	沿水平方向输入和排列文字
11	区域文字工具			在某个路径内部水平方向输入和排列文字，该路径成为文本框 
12	路径文字工具			在路径上输入和排列文字，该路径成为文字排列的基准线 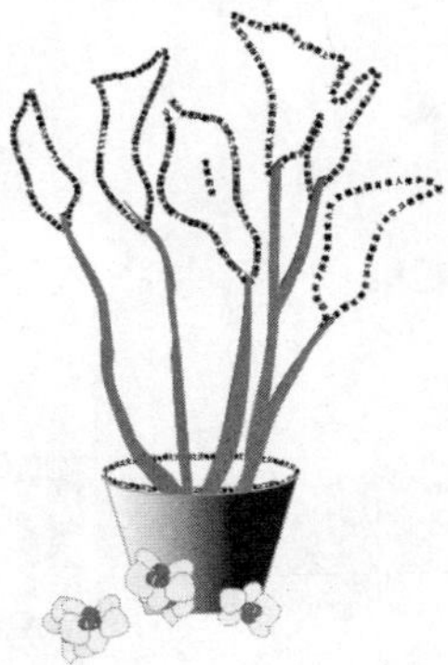
13	直排文字工具			沿竖直方向输入和排列文字
14	直排区域文字工具			在路径内部垂直方向输入和排列文字，该路径成为文本框
15	直排路径文字工具			在路径上垂直输入和排列文字，该路径成为文字的基准线
16	直线段工具		\	画出由两个锚点固定的直线段

序号	工具名称	图标	键盘快捷	用法及图示
17	弧线工具			画弧线
18	螺旋线工具			画螺旋线
19	矩形网格工具			画矩形网格
20	极坐标网格工具			画极坐标网格
21	矩形工具		M	画矩形或正方形
22	圆角矩形工具			画带圆弧角的矩形
23	椭圆工具			画椭圆或正圆
24	多边形工具			画正多边形
25	星形工具			画星形图形
26	光晕工具			用于创建类似镜头光晕或太阳光晕的效果
27	画笔工具		B	以软笔的形式绘制自由路径
28	旋转工具		R	旋转对象
29	镜像工具		O	镜像对象 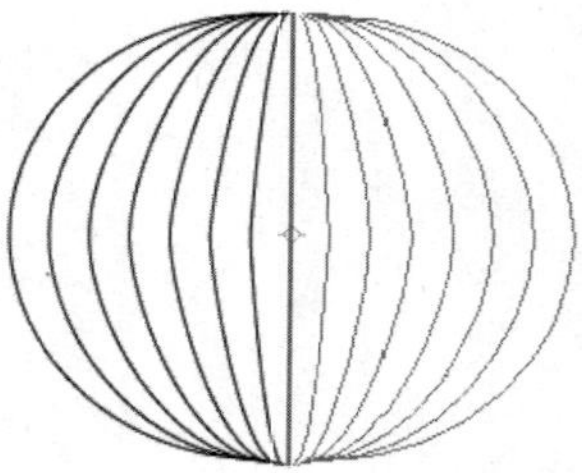
30	铅笔工具		N	以硬笔的形式绘制自由路径
31	平滑工具			用于平滑贝塞尔路径
32	橡皮擦工具			用于从对象中擦除路径和锚点
33	比例缩放工具		S	放大或缩小对象
34	倾斜工具			推斜对象
35	改变形状工具			可以在保持路径整体细节完整无缺的同时，调整所选择的锚点
36	变形工具			可以随光标的移动塑造对象形状
37	旋转扭曲工具			可以在对象中创建旋转扭曲

序号	工具名称	图标	键盘快捷	用法及图示
38	收缩工具			可通过向十字线方向移动控制点的方式收缩对象
39	膨胀工具			可通过向远离十字线方向移动控制点的方式扩展对象
40	扇贝工具			可以向对象的轮廓添加随机弯曲的细节
41	晶格化工具			可以向对象的轮廓添加随机锥化的细节 
42	皱褶工具			可以向对象的轮廓添加类似于皱褶的细节 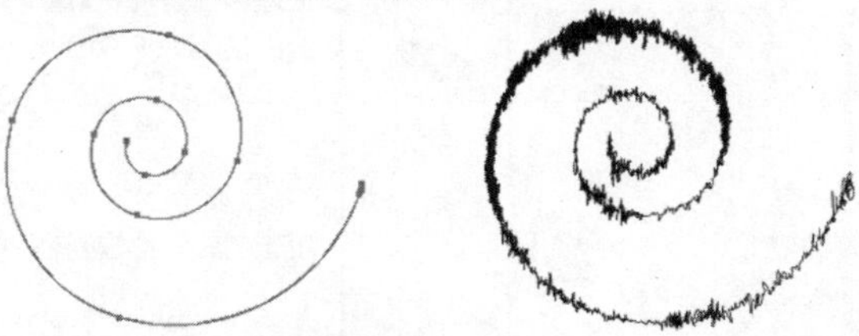
43	自由变换工具		E	可以对所选对象进行比例缩放、旋转或倾斜
44	符号喷枪工具		Shift+S	用于将多个符号实例作为集置入到画板上
45	符号移位器工具			用于移动符号实例
46	符号紧缩器工具			用于将符号实例靠拢
47	符号缩放器工具			用于调整符号实例大小
48	符号旋转器工具			用于旋转符号实例
49	符号着色器工具			用于为符号实例上色
50	符号滤色器工具			用于为符号实例应用不透明度
51	符号样式器工具			用于将所选样式应用于符号实例
52	柱形图工具	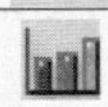	J	创建的图表可用垂直柱形来比较数值
53	堆积柱形图工具			创建的图表与柱形图类似，但是它将柱形堆积起来，而不是互相并列 这种图表类型可用于表示部分和总体的关系
54	条形图工具			创建的图表与柱形图类似，但是水平放置条形而不是垂直放置柱形

序号	工具名称	图标	键盘快捷	用法及图示
55	堆积条形图工具			工具创建的图表与堆积柱形图类似， 但是条形是水平堆积而不是垂直堆积
56	折线图工具			创建的图表使用点来表示一组或多组数值，并且对每组中的点都采用不同的线段来连接。这种图表类型通常用于表示在一段时间内一个或多个主题的趋势
57	面积图工具			创建的图表与折线图类似，但是它强调数值的整体和变化情况
58	散点图工具			创建的图表沿 x 轴和 y 轴将数据点作为成对的坐标组进行绘制。散点图可用于识别数据中的图案或趋势。它们还可表示变量是否相互影响
59	饼图工具			创建圆形图表，它的楔形表示所比较的数值的相对比例
60	雷达图工具			创建的图表可在某一特定时间点或特定类别上比较数值组，并以圆形格式表示。这种图表类型也称为网状图
61	网格工具		U	用于创建和编辑网格和网格封套 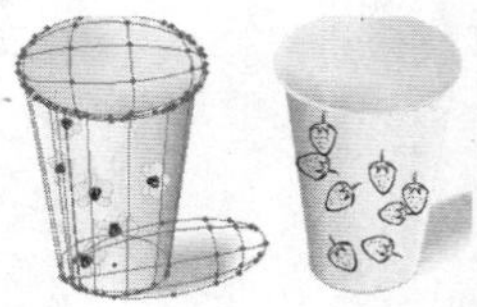
62	渐变工具		G	用于调整对象中渐变的起点、终点和角度 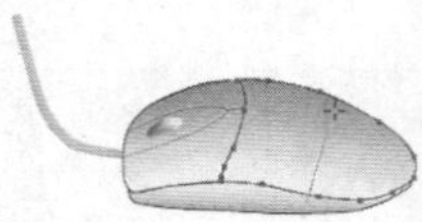
63	吸管工具		I	用于从对象中对颜色或文字属性进行取样并加以应用
64	度量工具			计算任意两点之间的距离并在信息调板中显示结果
65	混合工具		W	可以创建混合了多个对象的颜色和形状的一系列对象 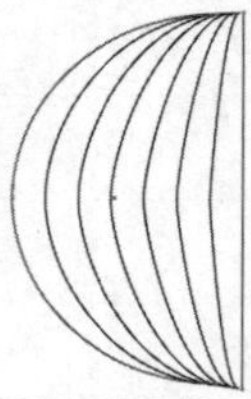
66	实时上色工具		K	用于按当前的上色属性绘制“实时上色”组的表面和边缘
67	实时上色选择工具		Shift+C	用于选择“实时上色”组中的表面和边缘
68	切片工具		Shift+K	将图稿分割为单独的 Web 图像

序号	工具名称	图标	键盘快捷	用法及图示
69	剪刀工具		C	用于在特定点剪切路径
70	美工刀工具		H	可剪切对象和路径
71	抓手工具			可以在插图窗口中移动 Illustrator 画板
72	页面工具			可以调整页面网格以控制图稿在打印页面上显示的位置
73	缩放工具		Z	可以在插图窗口中增加和减小视图比例
74	填色		X	设定填色
75	描边			设定描边的颜色
76	默认填色和描边		D	点击该钮，填色为白色，描边为黑色
77	颜色			设定填充或描边的颜色类型为单色
78	渐变			设定图形填充的类型为渐变色填充
79	无		F	设定填色或描边为透明
80	标准屏幕模式			
81	带有菜单栏			
82	全屏模式			

工具箱上有些工具的右下角有一黑色三角，表示该位置处还包含一些工具。单击该黑色三角时，隐藏的工具便可显示出来，如单击直接选择工具旁的黑色三角时，便可显示编组选择工具。

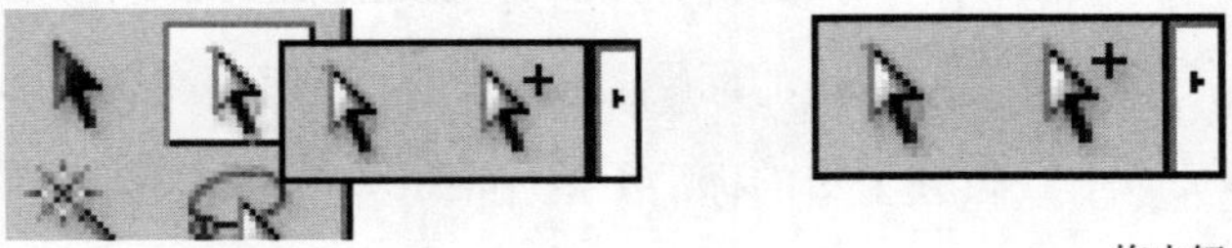

拖出钮

图 1–1

也可以把隐藏的工具群以一组独立的工具条显示在屏幕上，方法是当隐藏的工具显现时，把鼠标指针移至其右侧，单击拖出钮，即可把工具分离出来。

一、*三菱标志图形的制作*

钻石是晶体结构中最完美的组合，而菱形是钻石切割技艺的巅峰挑战。日本三菱汽车以三枚菱形钻石为标志，正为突显其蕴含在雅致的单纯性中的深邃灿烂光华——菱钻式的造车艺术。

图 1–2

1. 新建文档并设立参考线

（1）执行文件 > 新建命令，在出现的新建文档窗口中对文档的名称、尺寸、放置方式等进行设置，单击确定钮完成文件的新建。如图 1–3 所示。

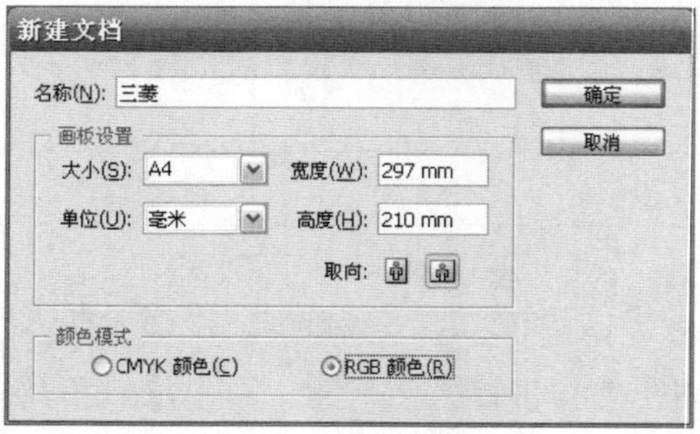

图 1–3

（2）执行视图 > 显示标尺命令，标尺将出现在绘图窗口的左端和顶端。在左边的标尺上按住鼠标并拖曳，在绘图窗口中拖曳出一条垂直的参考线；在上边的标尺上按住鼠标并拖曳，在绘图窗口中拖曳出一条水平的参考线，并使其与垂直参考线在绘画窗口的中间相交。如图 1–4 所示。

如果没有将参考线拖曳到合适的位置，或者不小心创建了多余的参考线，可以执行视图 > 参考线命令，在出现的下一级菜单中将锁定参考线前面的对钩去掉，这样才可以对参考线进行修改。

单击工具箱中的选择工具（ ），在参考线上按住鼠标左键并拖曳，可以改变参考线的位置；在辅助线上单击鼠标左键将参考线选中后（默认情况下选中的参考线为海蓝色），按键盘上的 Delete 键可以将此参考线删除。

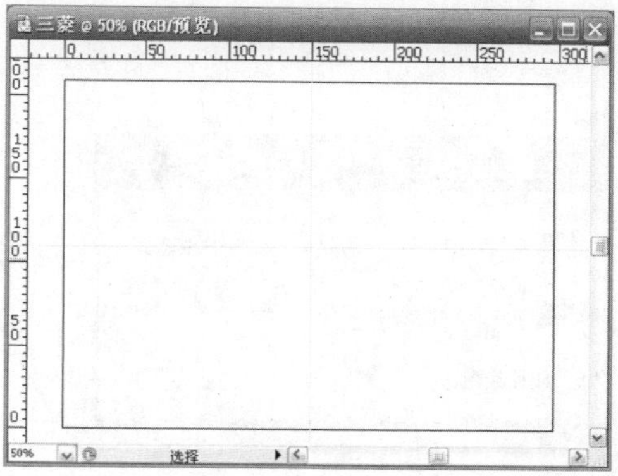

图 1–4

2. 绘制图形

（1）双击工具箱下部的描边框，如图 1–5 所示，在出现的拾色器窗口中选择黑色，单击确认钮完成描边色的选择。这样做的目的是为了方便我们对路径的观察。

（2）在工具箱中的矩形工具（ ）上按住鼠标左键，这时将调出隐藏工具板，在隐藏的调板中选择多边形工具，如图 1–6 所示。

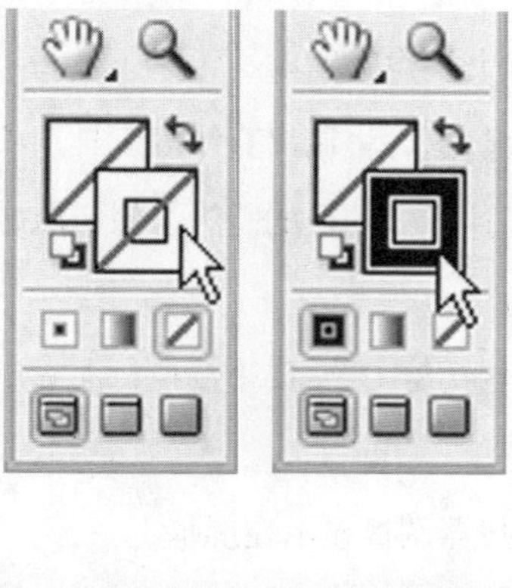
图 1–5

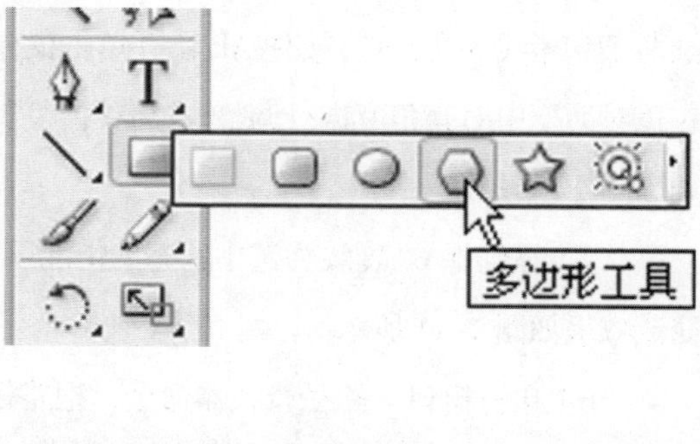

图 1–6

（3）将鼠标对准两条参考线的交叉点（对准后鼠标的光标将变为红色十字），按住 Alt 键并单击鼠标左键，在出现的多边形窗口中对其属性进行调整，单击确定钮完成三角形的绘制，如图 1–7 所示。

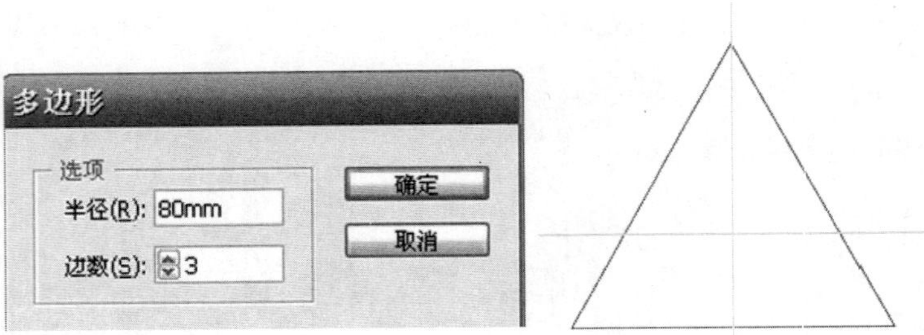

图 1–7

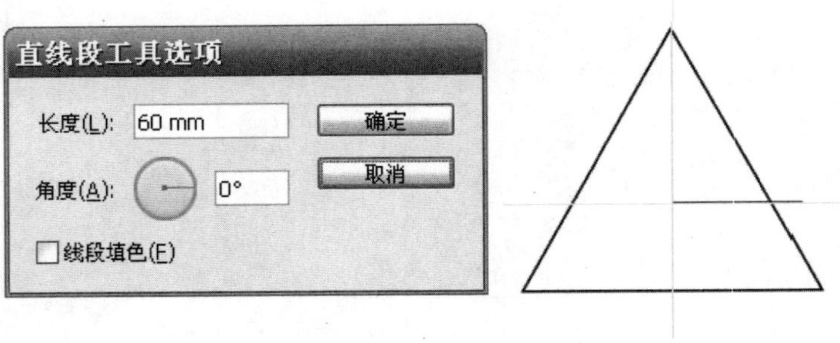

图 1–8

（4）单击工具箱中的直线段工具（ ╲ ），将鼠标对准两条参考线的交叉点，按住 Alt 键并单击鼠标左键，这时将调出直线段工具选项窗口。在该窗口中对其属性进行调整，然后单击确认钮完成直线的绘制，如图 1–8 所示。

（5）使用工具箱中的选择工具（ ），将所绘制的直线选中，这时将在直线上出现 8 个控制点。将鼠标移至左边中间的控制点上，当鼠标变为双箭头形后按住鼠标左键向左侧拖曳，使其穿过整个三角形，如图 1–9 所示。

（6）在确定直线为选中状态的情况下，单击工具箱中的旋转工具（ ），将鼠标对准两条参考线的交叉点，按住 Alt 键并单击鼠标左键，这时将调出直线段工具选项对话框，在该对话框中对其角度进行调整，然后单击复制钮。这样做的目的是为了保留原始的直线。如图 1–10 所示。

（7）在确保 60 度线为选中状态的情况下，按快捷键 Ctrl+D 重复执行上一步的操作，完成效果如图 1–11 所示。

（8）执行窗口 > 路径查找器命令，把路径查找器调板显示在屏幕上。

使用工具箱中的选择工具（ ），按住 Shift 键将三角形和三条直线全部选中，在路径查找器调板中单击分割钮，这时三角形将被分成 6 个部分，如图 1–12 所示。

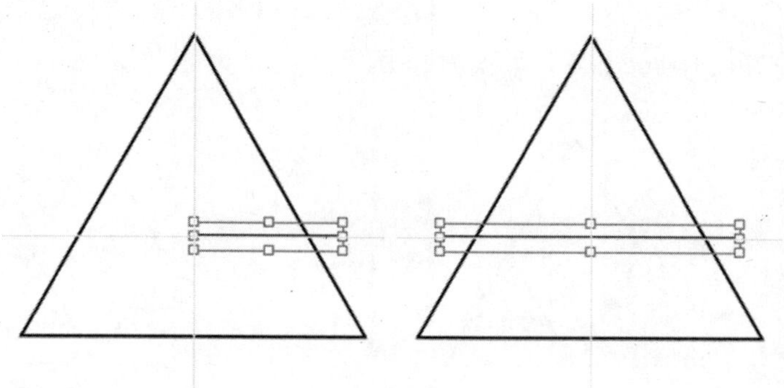

图 1-9

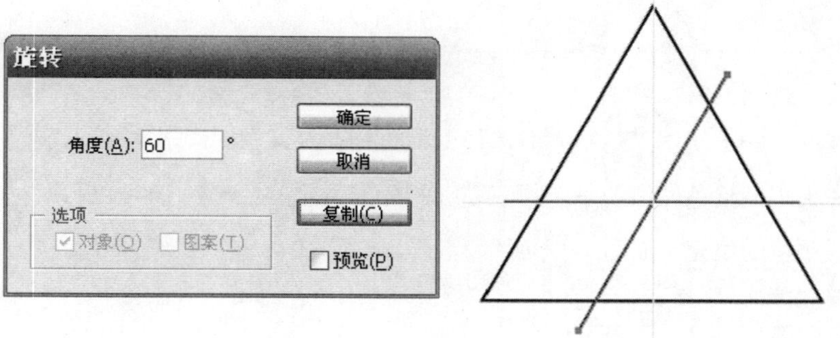

图 1-10

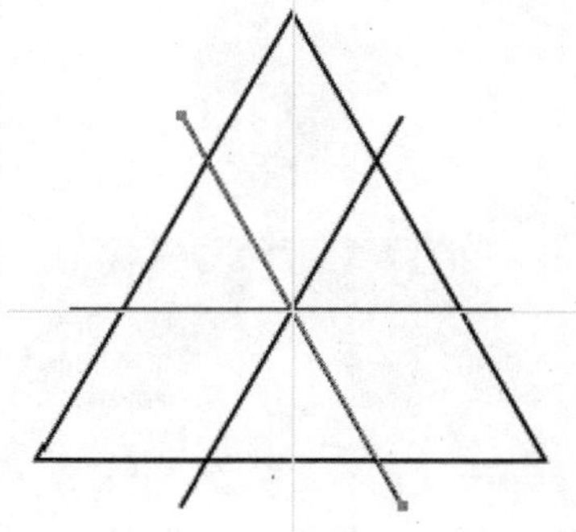

图 1-11

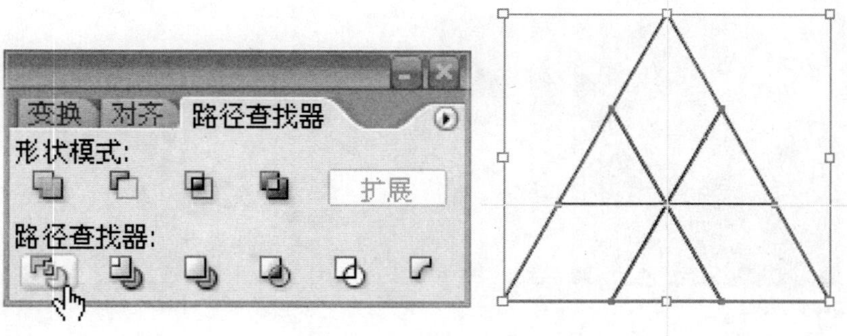

图 1-12

（9）使用工具箱中的直接选择工具（ ），按住 Shift 键将图中灰色的三角形全部选中并按 Delete 删除，如图 1–13 所示。

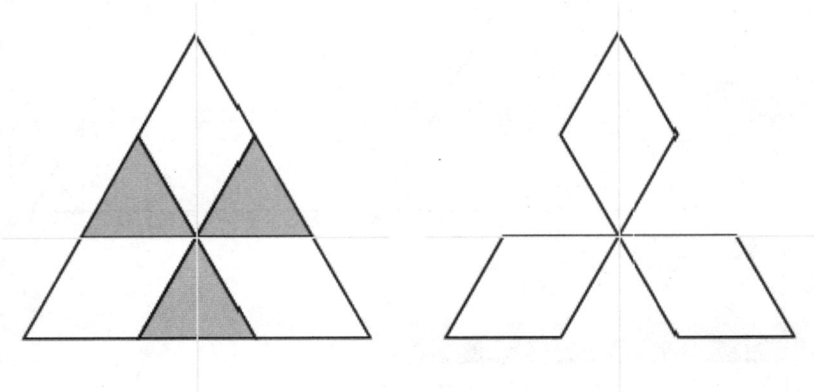

图 1–13

（10）使用工具箱中的选择工具（ ）将标志图形选中，双击工具箱底部的填色框，在出现的拾色器窗口中选择三菱标的标准色 C：15、M：100、Y：87、K：0，单击确定钮完成颜色的填充。如图 1–14 所示。

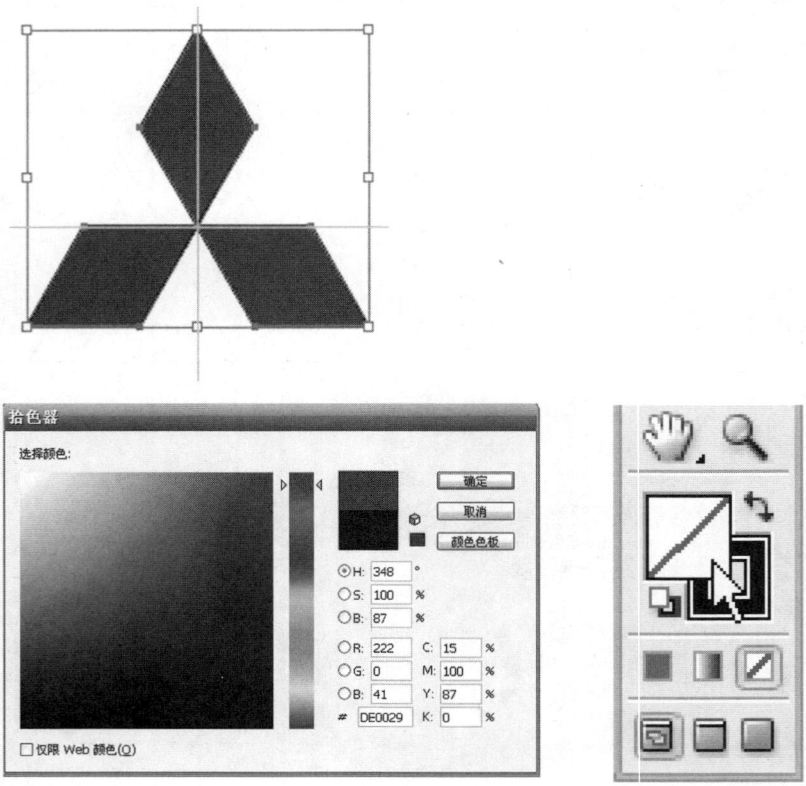

图 1–14

（11）执行视图 > 参考线 > 隐藏参考线命令，将画面中的参考线隐藏以方便观察。

单击工具箱底部的描边框，使其处于填色框的前面，然后单击颜色类型为无，去掉标志的描边颜色，标志就绘制完成了。

同样的图形，我们还可以用其他的方法来完成。

（1）用矩形工具（）绘制一个长方形，然后用直接选择工具（）单击长方形的上边并向右拖曳，使长方形倾斜。为了保证沿着水平方向倾斜长方形，在用直接选择工具向右拖曳长方形上边的时候，同时按下键盘上的 Shift 键。如图 1–15 所示。

（2）用工具箱中的旋转工具（）在按住键盘上 Alt 键的同时单击四边形的一个顶点（该点为旋转点），弹出旋转对话框。在角度栏内输入 120，按下复制钮，该图形绕着旋转点逆时针旋转 120 度被复制。如图 1–16 所示。

（3）紧接着上一步，按下键盘快捷键 Ctrl+D，第二个图形继续旋转 120 度并被复制。

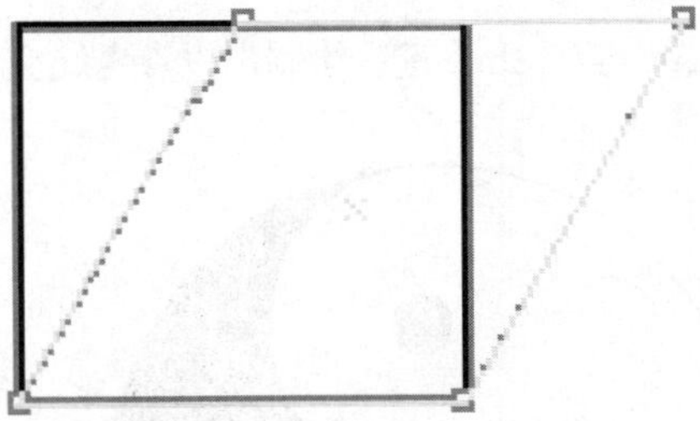

图 1–15

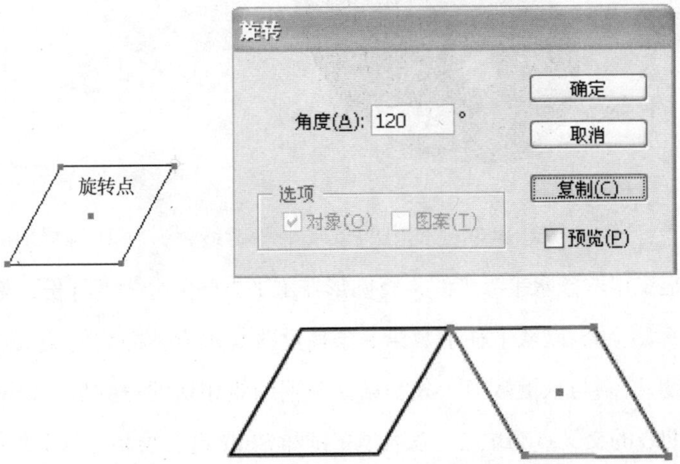

旋转复制的图形

图1–16

二、*太极图的制作*

太极图是研究《周易》学原理的一张重要图像。“太”有“至”的意思；“极”有“极限”之义，就是至于极限，无相匹之意。太极既包括了至极之理，也包括了至大至小的时空极限，放之则弥六合，卷之则退藏于心。可以大于任意量而不能超越圆周和空间，也可以小于任意量而不等于零或无。太极图中的黑白两色，代表阴阳两方，天地两部；黑白两方的界限就是划分天地阴阳界的人部。白中黑点表示阳中有阴，黑方白点表示阴中有阳。

1. 建立新文档并设定参考线

参照三菱标志图形的设定，把标尺显示出来并拖出十字交叉的参考线。

2. 绘制太极图

（1）将工具箱底部的描边框设置为黑色，填色设置为无。

（2）在工具箱中的矩形工具上按住鼠标左键调出隐藏工具调板，选择椭圆工具。

（3）将鼠标对准两条参考线的交叉点（对准后鼠标的光标将变为红色十字），同时按住 Alt 键和 Shift 键，绘制出以参考线交叉点为圆心的正圆形，如图 1–18 所示。

图 1–17

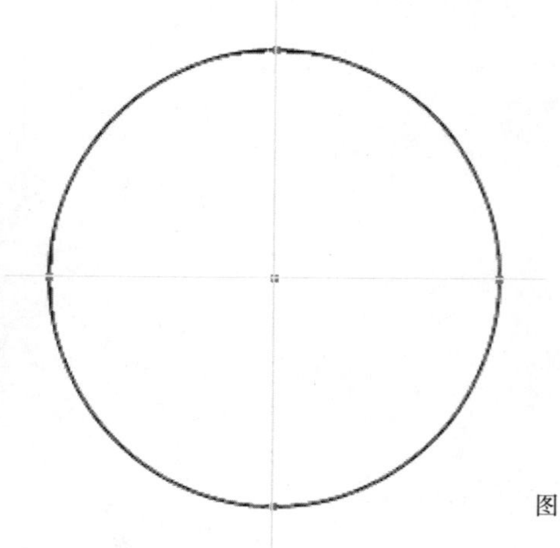

图 1–18

（4）按住鼠标拖曳出两条水平参考线，并使其与圆形的最上部和最下部相切；再次拖曳出两条水平参考线，将圆形在水平方向上分为四等份，如图 1–19 所示。

（5）以从上往下数第 2 条辅助线与垂直辅助线的交叉点为中心，按住 Alt 键和 Shift 键，绘制与从上数第 1 条和第 3 条辅助线相切的正圆形；以从上数第 4 条辅助线与垂直辅助线的交叉点为中心，按住 Alt 键和 Shift 键，绘制与从上数第 4 条和第 5 条辅助线相切的正圆形。如图 1–20 所示。

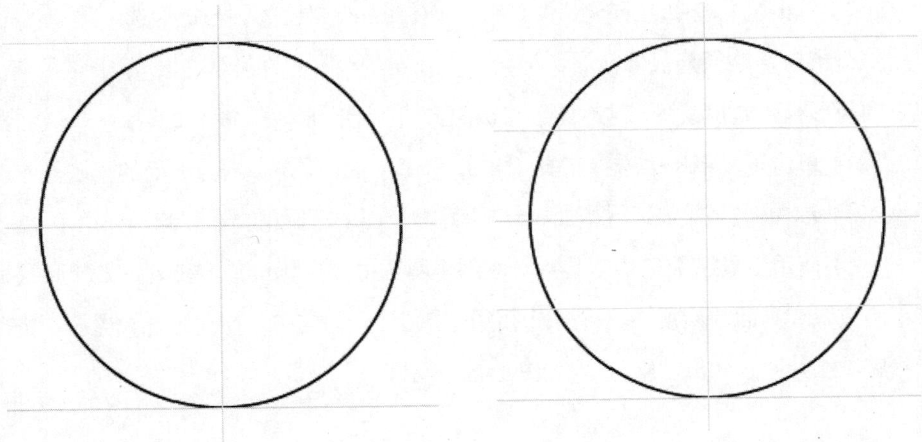

图 1–19

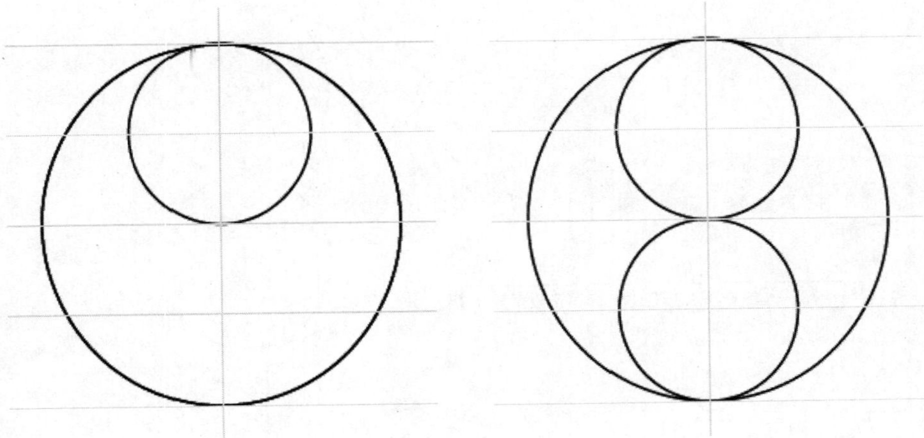

图 1–20

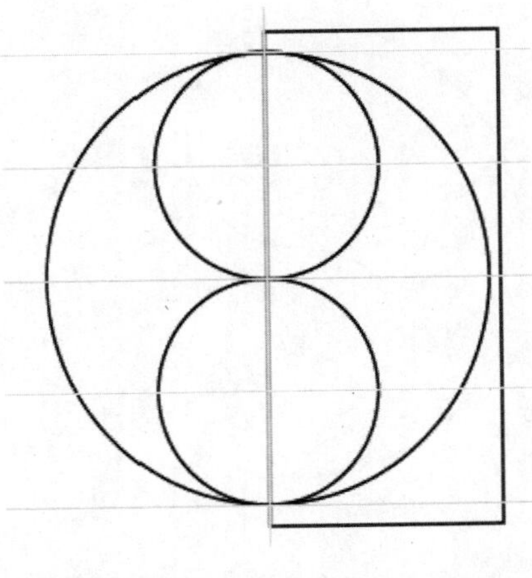

图 1–21

（6）使用工具箱中的矩形工具（□），绘制一个与垂直中心线相切并将右半圆包含在内的矩形，如图 1–21 所示。

（7）单击工具箱中的选择工具（ ），按住 Shift 键将大圆与矩形选中。

执行窗口 > 路径查找器命令，把路径查找器调板显示在屏幕上。 单击路径查找器模式下的与形状区域相减钮，这时圆形将被矩形切成半圆形。如图 1–22 所示。

（8）单击工具箱中的选择工具（ ），按着 Shift 键将半圆与上面的小圆选中。在路径查找器板中单击与形状区域相加钮,将半圆与上面的小圆组合在一起。如图 1–23 所示。

（9）使用工具箱中选择工具将下面的小圆选中，执行对象 > 排列 > 置于顶层命令，将小圆放置在画面的最顶层。将画面中的两个图形全部选中，在路径查找器调板中单击与形状区域相减钮，切出“阳鱼”。如图 1–24 所示。

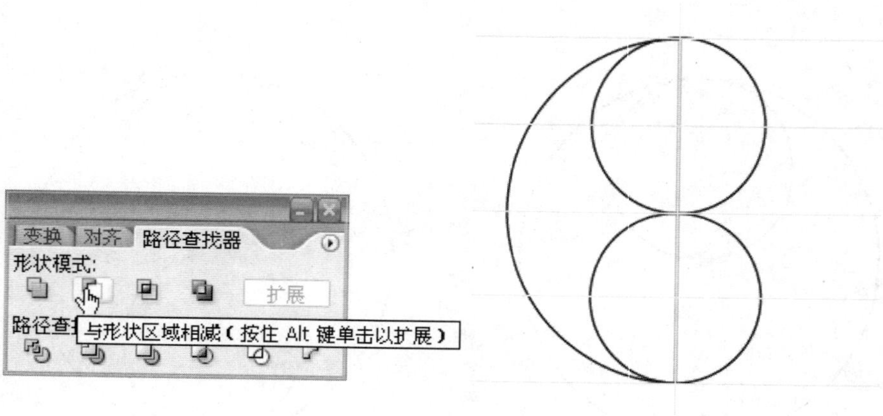

图 1–22

图 1–23

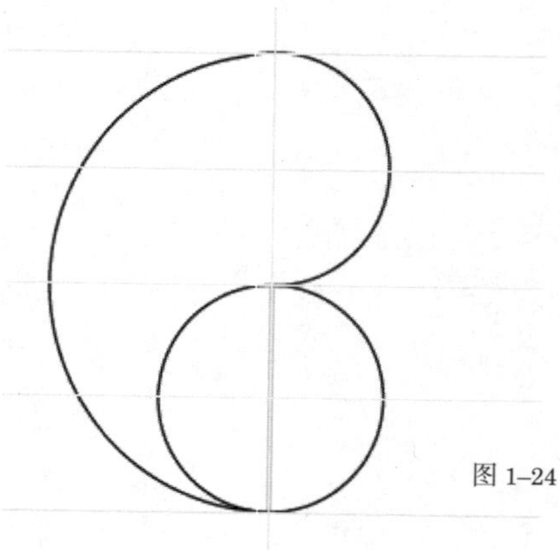

图 1–24

（10）以从上往下数第 2 条辅助线与垂直辅助线的交叉点为中心，按住 Alt 键和 Shift 键，绘制出一个小圆，并为其填充黑色，如图 2–25 所示。

由于太极图年代久远，并没有什么标准的绘制尺度，所以只要自己感觉小圆的大小合适就可以了。笔者感觉小圆直径为大圆直径的 1/10 左右比较协调。

（11）将两个图形全部选中，单击工具箱中的旋转工具（ ），将鼠标对准从上往下数第 3 条辅助线与垂直辅助线的交叉点。按住 Alt 键并单击鼠标左键，在出现的调板中输入 180 度，并单击复制钮完成复制工作，如图 1–26 所示。

（12）将下面的黑点换成白点，将下面的“阴鱼”变为黑色，太极图就绘制完毕了。

（13）执行文件 > 保存命令，或者按下键盘快捷键 Ctrl+S 保存文档。

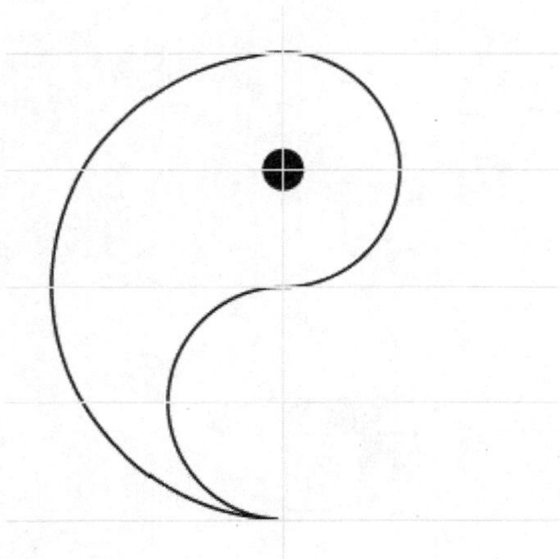

图 1–25

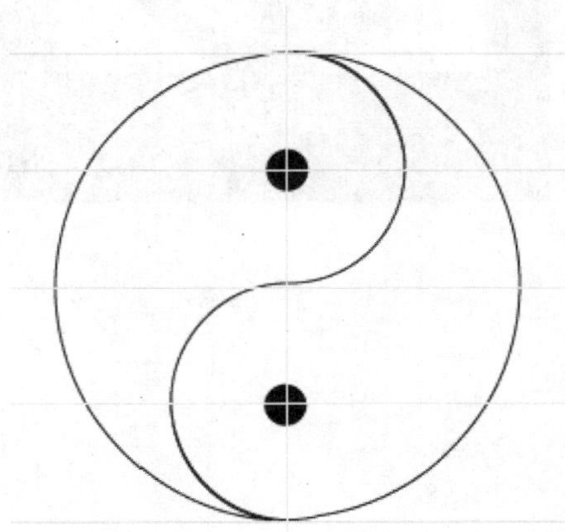

图 1–26

三、*梳妆镜的制作*

1. 确定文档的度量单位

无论何时开始在 Illustrator 中工作，首先确定度量单位是非常有必要的。

从主菜单文件下选取文档设置命令，或者按下快捷键 Ctrl+Alt+P，开启文档设置对话框。在单位栏内选定毫米，单击确定钮。

2. 创建梳妆镜的底座

（1）选取工具箱中的矩形工具（ ），在屏幕上单击鼠标，出现矩形参数对话框。

在宽度栏内键入 144，高度栏内键入 58，单击确定钮。一个长度为 144mm、宽度为 58mm 的长方形出现在屏幕中。设定长方形的填色为黑色，描边为白色。如图 1–28 所示。

图 1–27

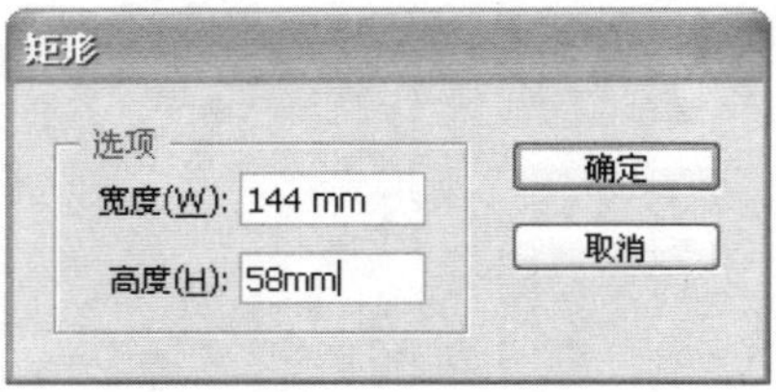

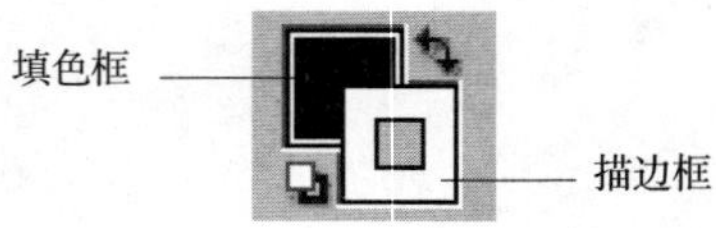

图 1–28

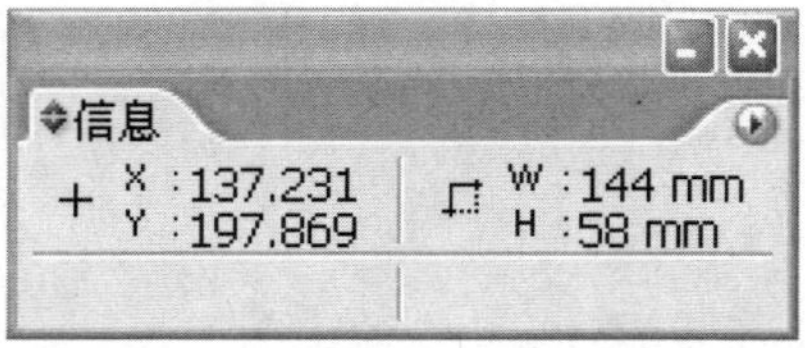

图 1–29

信息调板上显示该选择状态图形的有关参数，如图 1–29 所示。从主菜单窗口下勾选或不勾选信息命令，可以使信息调板显示在屏幕上或从屏幕上消失，也可以按下键盘上的 F8 键来进行切换。

（2）用同样的方法绘制一个长为 186mm、宽为 102mm 的长方形，它将叠压在 144 × 58mm 长方形的上面，因为在同一层中图形是按照绘制的前后顺序排列前后关系的。

为了能够看到 144 × 58mm 长方形，在它被选择的状态下，执行对象 > 排列 > 置于顶层命令；或者按着鼠标右键，从弹出式菜单中选取排列 > 置于顶层命令。

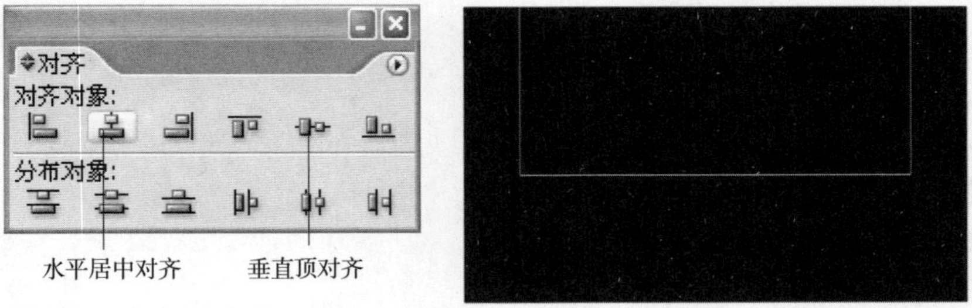

图 1–30

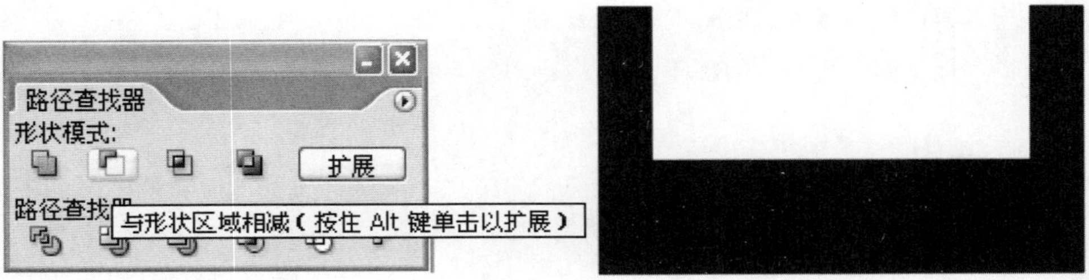

图 1–31

（3）选择两个长方形，在对齐调板中的对齐对象下分别单击水平居中对齐钮和垂直顶对齐钮，使得两个长方形的垂直中线能够居中且其顶端平齐。如图 1–30 所示。

对齐调板是调整图形、文字或图像等画面元素彼此之间位置关系的控制板，使用频率较高，希望读者能够给予足够的重视。从主菜单窗口中勾选或不勾选对齐命令，可以显示或隐藏对齐调板。

（4）从主菜单窗口下选取路径查找器，使路径查找器调板出现在屏幕上。这是一个对于重叠图形进行不同运算（如并集、减集、交集、分割等）从而获得不同形状的控制调板。

选择大、小两个长方形，在路径查找器调板的形状模式中单击与形状区域相减钮，则出现“凹”字形的图形效果，如图 1–31 所示。该命令是把前面图形所占据的区域减去的效果，这也是我们在第（2）步中要把 144 × 58mm 长方形置于顶层的缘故。

与形状区域相减的运算是图形残缺构成法的体现，比如要绘制一个月牙图形，可以先绘制两个同样大小的圆，并使其错位，然后用减集命令即可获得月牙图形。

使用与形状区域相减的运算所完成的图形是特殊的组合图形，可以用编组选择工具选取其中任一原始图形进行操作。当原始图形被修改后，最终的减集图形也随之变化。如果不想保留原始的图形，在进行运算后，单击扩展钮，就可只保留运算后的图形轮廓。

在按着 Alt 键的同时，用鼠标单击运算钮，将直接获得最终的结果。

3. 创建梳妆镜的支架

（1）选取工具箱中的椭圆工具（ ），参照长方形绘制的方法，分别绘制五个椭圆。这些椭圆的长径与短径值可以参考下列数值：11,12；13,16；16,19；16,29；16,72。

实际上，本例对椭圆的形状并没有严格的限制，因此用鼠标拖曳的方法来绘制椭圆，根据与底座的比例来把握即可。

（2）选择五个椭圆，在对齐调板中单击水平居中对齐钮（ ）对齐；在路径查找器调板中，单击与形状区域相加钮（ ），使其外形轮廓合并，然后单击扩展钮，只保留运算后的图形，如图 1–32 所示。

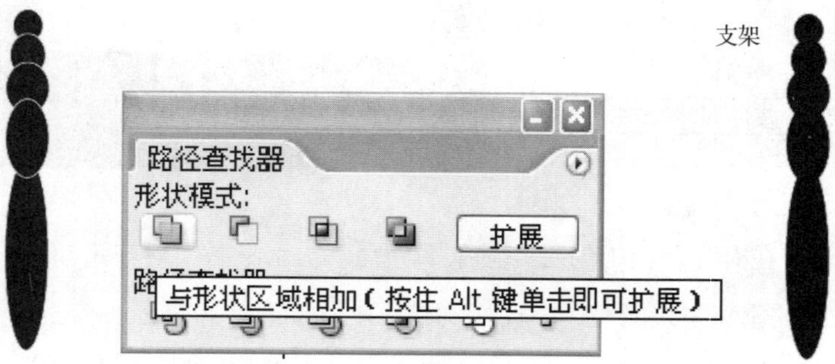

图 1–32

（3）用工具箱中的选择工具（ ）把支架图形移到梳妆镜的底座上。为了使支架图形的垂直中心线对齐底座左侧长方形的垂直中心线，要借用另外一个图形作参照。

绘制一个与底座左侧长方形宽度一样的黄色方形图，然后同时选择支架图形和黄色参照方形图，在对齐调板中单击水平居中对齐钮（ ），使其垂直中心线对齐，最后沿水平方向同时小心移动这两个图形，只要黄色图形在宽度方向与底座左侧长方形重合即可，如图 1–33 所示。

图 1–33

完成对齐后，把作为参考的黄色图形删除，并选择并集图形，执行对象 > 排列 > 置于底层命令将其调到下面。

（4）用镜像工具（ ）来复制右边的支架。

执行视图 > 轮廓命令，切换到轮廓图显示模式下。

执行窗口 > 属性命令，把属性调板显示在屏幕上。在底座图形被选中的状态下，单击属性调板中的显示中心点钮，底座的中心点以叉点的形式显示出来。底座的中心点（叉点）可以作为镜像复制的对称点。

在左边支架图形被选择的状态下，用镜像工具（ ）单击底座的中心点后松开鼠标，然后按着 Shift 键和 Alt 键的同时拖曳鼠标，当右边支架位置合适的时候释放鼠标即可。如图 1–34 所示。

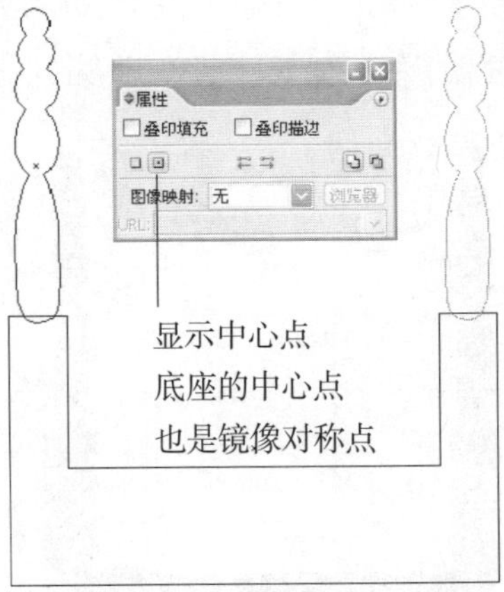

图 1–34

这里，按着 Shift 键是约束支架水平镜像；按着 Alt 键是为了复制右边的支架图形。

4. 创建梳妆镜的支撑部件

（1）用工具箱中的矩形工具（ ）绘制五个长方形，构成支撑梳妆镜的部件。

在路径查找器调板中，单击与形状区域相加钮（ ），使其外形轮廓合并，然后单击扩展钮，只保留运算后的图形，如图 1–35 所示。

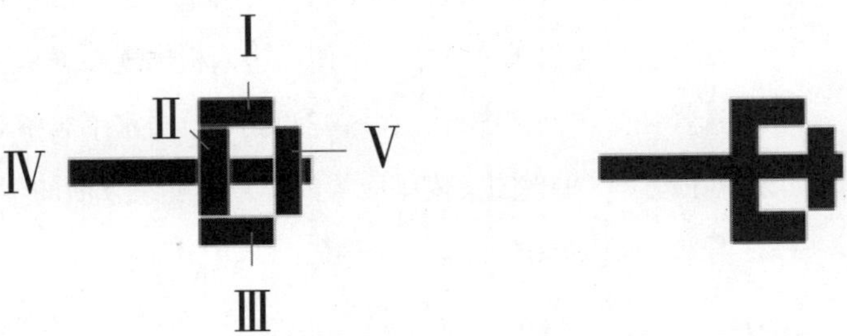

图 1–35

用矩形工具（ ）绘制的五个长方形，在进行相加运算之前，要在对齐调板中进行对齐调整。比如Ⅰ、Ⅱ两个长方形需要顶端对齐（ ）；Ⅱ、Ⅲ两个长方形需要底端对齐（ ）；Ⅰ、Ⅱ、Ⅲ三个长方形需要左端对齐（ ）。把Ⅰ、Ⅱ、Ⅲ进行成组（从主菜单的对象下选取编组命令），然后同时选择另外两个长方形Ⅳ和Ⅴ，使其水平中线对齐（ ）。

（2）用工具箱中的选择工具（ ）选取支撑部件，并将其移放在支架上的适当位置。

（3）使用镜像工具（ ），复制右侧的支撑部件。

在支撑部件图形处于选择状态时，从工具箱中选择镜像工具（ ），在屏幕上单击一点来确定其镜像中心，接着释放鼠标，在离镜像中心一定的距离处再次单击鼠标并拖移鼠标，就会有一个镜像图形出现。在镜像过程中，按着 Shift 键进行操作可约束按 45 度的增量来变化，如果同时按下 Alt 键则将镜像图形进行了复制。本例使图形镜像按 180 度进行复制，并用选择工具将其移到右侧支架上的适当位置。如图 1–36 所示。

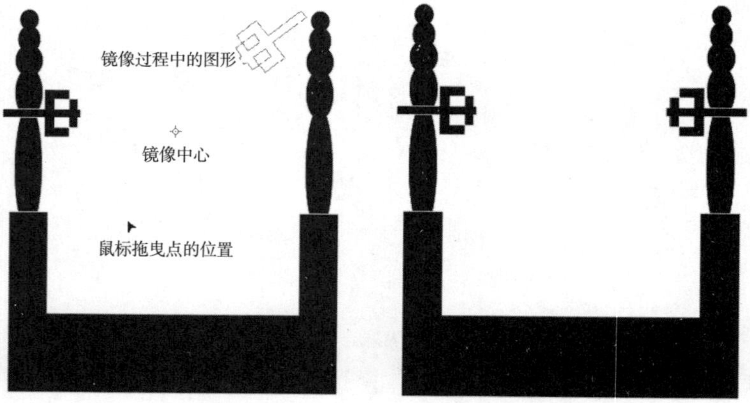

图 1–36

（4）把底座、支架和支撑部件的图形全部选取，并执行对象 > 编组命令。为了叙述的方便，就叫这一组图形为托架。

5. 创建椭圆形镜架

（1）从工具箱中选取椭圆工具（ ），绘制短径为 126mm、长径为 190mm 的椭圆。

（2）从主菜单窗口下勾选描边，使描边调板出现在屏幕上。在宽度栏内键入 30。

（3）选择托架与椭圆图形，在对齐调板中单击水平居中对齐钮。如图 1–37 所示。

如果想在镜子中出现图案或画面等内容，请继续下面的步骤。

（4）导入一幅图像。

图 1–37

从主菜单文件中选取置入命令，从图片库中选择一幅位图影像导入到 Illustrator 中。本例导入的是一幅羊纹与象纹图像。

置入命令能够将其他程序中生成的图像或扫描仪扫入计算机内的图片或数码相机拍摄的画面输入到 Illustrator 文件中，因此该命令是连通 Illustrator 与其他程序的一个重要桥梁。

（5）映射在镜子中的画。

用工具箱中的选择工具（ ）移动羊象图，使其与椭圆形梳妆镜对好位置。

在羊象图像处于选择状态时，执行对象 > 排列 > 置于底层命令，将其置于椭圆形梳妆镜的后面。

同时选择椭圆形玻璃镜和位图影像，执行对象 > 剪切蒙版 > 建立命令，则椭圆作为蒙版图形对位图影像进行了遮挡：位于椭圆内的位图保留下来，而位于椭圆之外的位图影像被遮挡。在这里，把椭圆称之为蒙版，位图影像称之为被遮挡物，如图 1–38 所示。

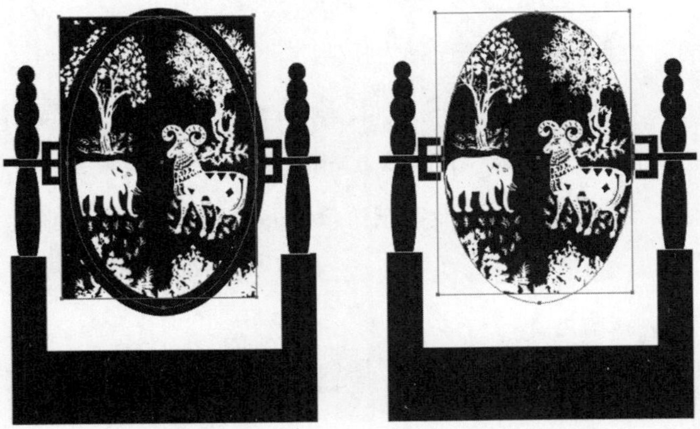

图 1–38

执行创建剪切蒙版命令之后，作为蒙版的椭圆失去了它原有的填色与描边属性，这是蒙版功能必然的结果。

蒙版一定要位于被遮挡物的前面，而且蒙版一定是路径图形、文字元素、复合路径或者它们的成组元素。只有这样，才能顺利执行创建剪切蒙版的命令。

（6）用编组选择工具（ ）选取蒙版图形（椭圆），在工具箱中单击描边框，然后单击颜色框，赋予描边黑色；在描边调板中设定线条的宽度值为 30 pt。

从主菜单文件下选取存储为命令，在文件名的栏内输入“镜子”作为文件名称，在保存类型的栏内选择 Illustrator(＊. AI) 格式，单击保存钮将文件存储在桌面上。

在创作图形的时候，需要经常存储文件，以避免意外发生时丢失数据。一旦在硬盘上存储过，就可以用文件 > 存储命令来覆盖文件。

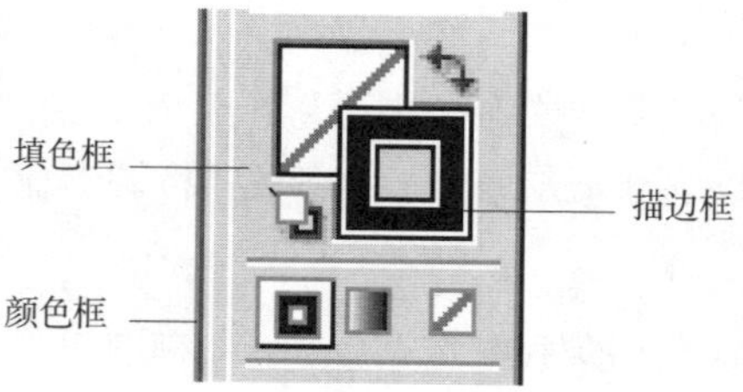

图 1–39

四、三寸磁盘的制作

1. 创建灰色底盘

（1）从工具箱中选取带圆弧的矩形工具（ ），把鼠标移至屏幕上单击，出现圆角矩形对话框。在宽度栏内输入 97mm，在高度栏内输入 97mm，在圆角半径栏内键入 4.233mm，然后单击确定钮，一个带圆弧角的正方形产生。如图 1–41 所示。

设定填充色为灰色（C: 27.4、M: 19.2、Y: 16、K: 3.53），描边颜色为深灰（K: 44），线宽为 0.9pt。

（2）用工具箱中的直接选择工具（ ），把右上角两个锚点的曲线手柄拖回去，使圆弧角变为切角。如图 1–42 所示。

图 1–40

图 1–41

图 1–42

（3）从主菜单视图下选取显示标尺命令，将标尺显示在屏幕上。纵横两个标尺在左上角的交汇处为坐标原点控制。

用工具箱中的选择工具（ ），从坐标原点控制处拖出新的坐标原点，放置在正方形右上角的位置处后释放鼠标，则新的坐标原点产生。

用选择工具从垂直标尺中拖出一根参考线，放在距离坐标原点水平方向大约 16mm 的地方。如图 1–43 所示。

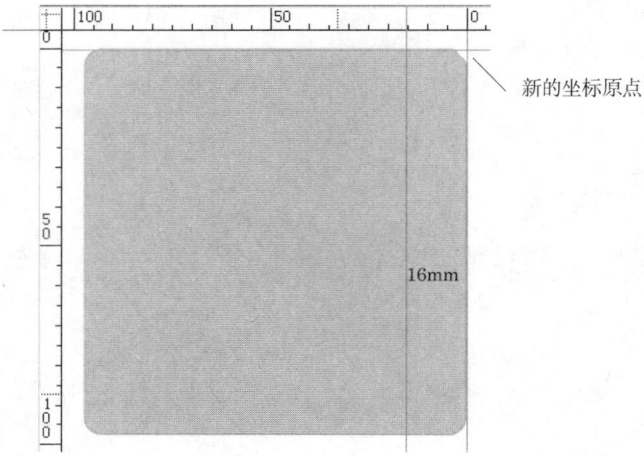

图 1–43

（4）用选择工具（ ）激活正方形。从工具箱中选取添加锚点工具（ ），在正方形顶端的路径上添加四个锚点。如图 1–44 所示。

（5）用直接选择工具（ ）将四个锚点的位置调整为图 1–45 的样子，其中陷进去的深度大约为 2.5mm。

图 1–44

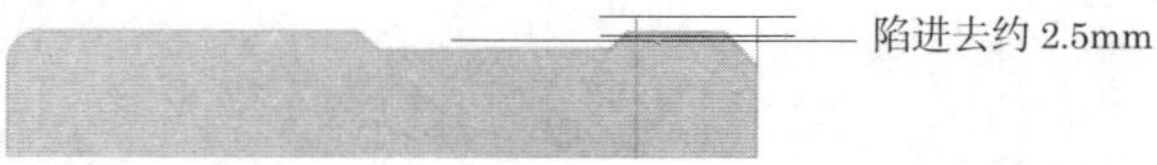

图 1–45

（6）从工具箱中选取带圆弧的矩形工具（ ），绘制一个宽度为 72.269mm，高度为 50mm，圆弧角的半径为 4.233mm 的长方形。设定填充色为 C: 34.9、M: 25.1、Y: 21.9、K: 6.67，描边颜色为 C：36.4、M：26.2、Y：23.1、K：7.45，描边宽度为 0.9pt。

参考线具有定位功能，因此可以从水平标尺中拖出一根参考线，参照垂直标尺的刻度放置在距离正方形顶端约 30mm 的地方。

（7）用选择工具将长方形移到正方形的上面，使其底部距离正方形顶端约 30mm 处。如图 1–46 所示。

（8）同时选择正方形与长方形，在对齐调板中单击水平居中对齐钮（ ），将其垂直中心线对齐。

图 1–46

（9）用工具箱中的直接选择工具（ ），选取长方形顶端的两个锚点（选择点为实心点,其他非选择的锚点为空心点），然后按下键盘上的 Delete 键删除。长方形的上部由原来的圆弧变成了直角，如图 1–47 所示。

在删除了两个锚点之后，长方形路径被断开，成为一个顶部敞口的长方形。在轮廓图显示模式下观察。

用选择工具（ ）选取该长方形，执行对象 > 路径 > 连接命令，把长方形的路径闭合。

（10）用直接选择工具选取长方形顶部的两个锚点，按下键盘中向下的方向键（↓），向下移动锚点，直至长方形顶端与正方形顶端重合。如图 1–48 所示。

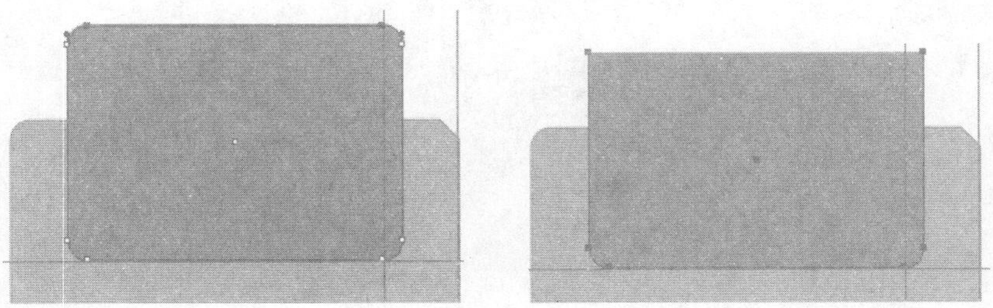

图 1–47

图 1–48

（11）用添加锚点工具（ ）在长方形的顶端路径上添加四个锚点，并用直接选择工具（ ）调整出一个小缺口，与下面的正方形的缺口右缘相吻合。如图 1–49 所示。

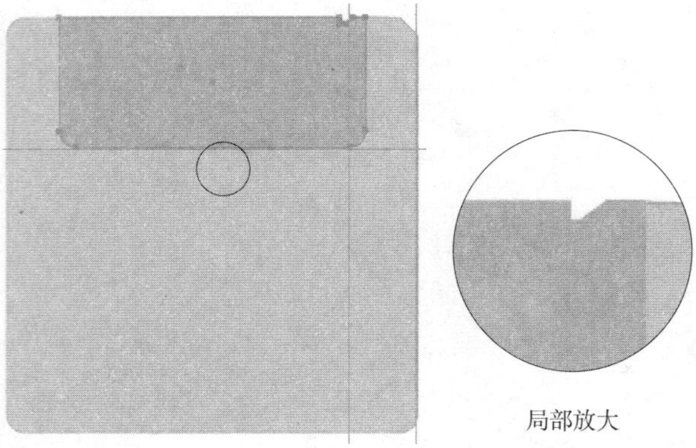

图 1–49　　局部放大

（12）用工具箱中的选择工具（ ）选中上一步完成的长方形。

在工具箱中缩放工具钮（ ）上双击，出现比例缩放对话框。在等比栏下的比例缩放栏内输入 100，然后单击复制钮，则在原地复制了等大的图形。

为了后面编辑的需要，用选择工具（ ）同时选择正方形与复制的长方形，然后从主菜单对象下选取锁定 > 所选对象命令，将其锁定。

（13）用选择工具（ ）选中非锁定的一个长方形，执行对象 > 排列 > 置于顶层命令，将其调到最上面。设定其描边为透明，填充色为 C：27.4、M：19.2、Y：16、K：3.53。该长方形的填色与正方形的填色是一致的。

在长方形处于选择状态的时候，按下键盘中的向右键（ ）一次，向下键（ ）一次，凹凸效果就出来了。如图 1–50 所示。

图 1–50

（14）从工具箱中选取添加锚点工具（ ），在长方形顶端路径的左侧添加四个锚点，并用直接选择工具（ ）调整其位置，形成一个小缺口。此时长方形的深灰色填充色透过缺口显露出来。如图 1–51 所示。

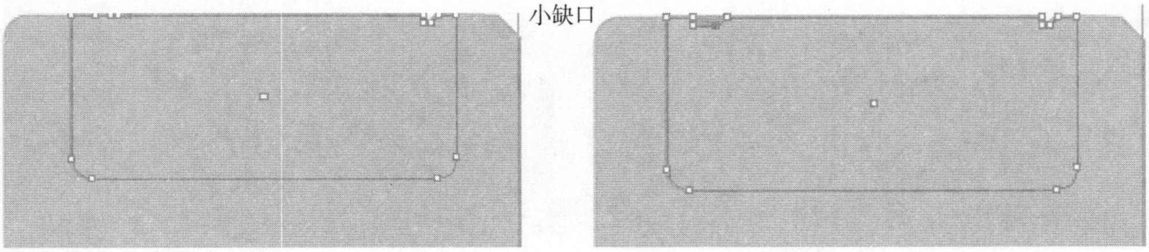

图 1–51

（15）原地复制上一步中完成的带两个豁口的长方形。双击工具箱中的比例缩放工具钮，在出现的比例缩放对话框中，设定等比栏下的缩放值为 100，然后单击复制钮。

（16）从工具箱中选取剪刀工具（ ），在上一步复制的图形上按照如图 1–52 所示的切断点进行单击。单击处的路径被切断。

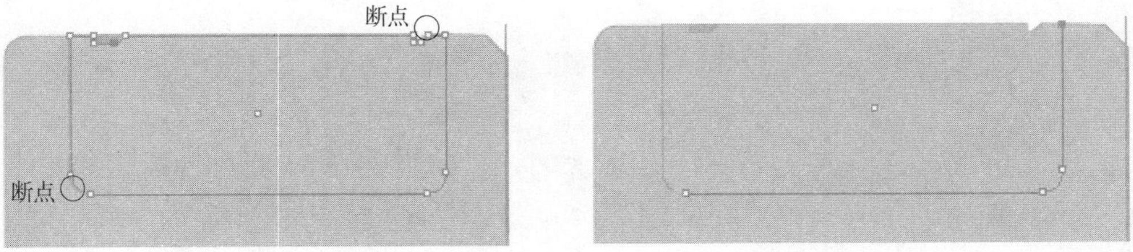

图 1–52

（17）保留右边部分图形，删除左边部分路径。如图 1–53 所示。

图 1–53

2. 创建贴标签处的凹凸效果

（1）从工具箱中选取带圆弧角的矩形工具( )，绘制一个宽度为71.337mm，高度为70mm，圆弧角的半径为4.233mm的长方形。设定填充色为深灰色（C：40.7、M：30.2、Y：26.6、K：10.5），描边设定为透明。

（2）用工具箱中的选择工具（ ）将此图形移到合适的位置，使其顶端与磁盘底端的距离大约为 60mm，并在对齐调板中单击水平居中对齐钮（ ），使其垂直中心线与磁盘的垂直中心线对齐。

用工具箱中的直接选择工具，选取锚点 B 和 C，按键盘上的 Delete 键将其删除；同时选择锚点 A 和 D，并按下键盘上的向上方向键（↑）若干次，使其底端与磁盘底部平齐，如图 1–54 所示。

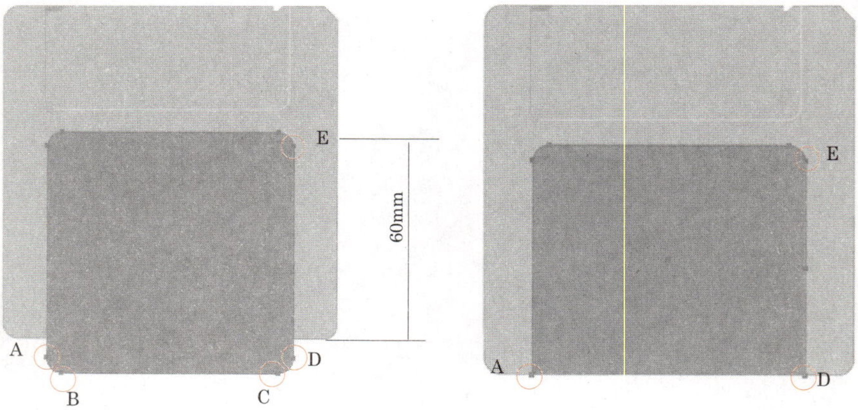

图 1–54

（3）原地原大复制上一步完成的图形。

在工具箱中缩放工具钮（ ）上双击，出现比例缩放对话框。在等比栏下的缩放栏内输入 100，然后单击复制钮，则在原地复制了原大的图形。

（4）从工具箱中选取剪刀工具（ ），在 E 点处单击，路径被分为 AE 段和 ED 段。

设定ED段路经的描边宽度为0.9pt，描边的颜色为浅灰色（C：22.3、M：15.6、Y：12.9、K：1.96）。

设定 AE 段的填充色为灰色（C：27.4、M：19.6、Y：16、K：3.53），与磁盘底盘的颜色相一致，描边设定为透明，并用键盘中的向下方向键（↓）和向右方向键（→）各移动一次。它下面图形的深灰色透过缝隙露出来，形成了凹陷的效果，如图 1–55 所示。

在 Illustrator 中图形没有封闭也可以填充颜色，路径与始末点连线包围的面积内能够填上颜色，这就是 AE 段路经在设定填充色时为什么显示了一个三角色块的原因（该色块不用去管它，因为它将被标签所覆盖）。

3. 贴上标签

（1）从工具箱中选取直线工具（ ＼ ），按着 Shift 键画出一条水平线（线条 1）。设定其线宽为 0.9pt，描边的颜色为红色。

（2）复制线条

用选择工具（ ）选中线条 1 并向下拖移（保持鼠标不要释放）。在移动的过程中按着 Shift 键和 Alt 键，释放鼠标后，则沿着垂直方向复制了一根线条（线条 2）。

按着 Shift 键，则约束图形沿着水平或垂直方向移动；按着 Alt 键则能够复制图形。

图 1–55

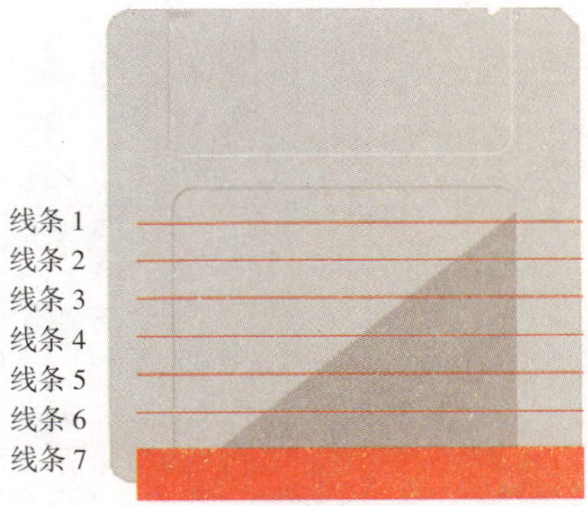

图 1–56

在线条 2 仍然保持选择状态时，按下键盘上的 Ctrl+D 键 5 次，复制出后面的五根线条。

将线条 7 的线宽设为 30pt，并用选择工具（ ）向下移动该线条，使其与相邻的线条间隔合适为止。

（3）从工具箱中选取带圆弧角的矩形工具（ ），绘制一个宽度为 61mm、高度为 60mm、圆弧角的半径为 4.233mm 的长方形。设定填充色为白色，描边设定为透明。

用工具箱中的直接选择工具（ ），编辑白色长方形的左下角和右下角为直角，并调整其高度尺寸略小于其下的凹陷区域高度。如图 1–57 所示。

（4）同时选择白色图形与红色的 7 根线条，执行对象 > 剪切蒙版 > 建立命令。位于白色区域之外的线条被隐藏，而只显示位于白色区域之内的红色线条。如图 1–58 所示。

在创建蒙版效果的时候，作为蒙版的图形（如本例中的白色长方形）一定要放置在被

图 1-57

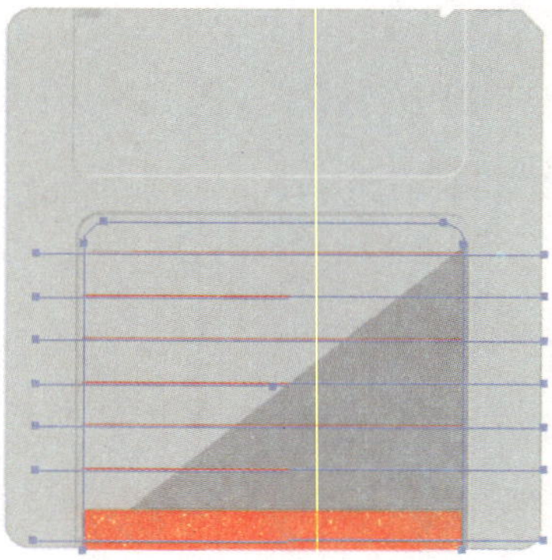

图 1-58

挡元素的上方。作为蒙版图形的白色长方形，在执行剪切蒙版命令后其填充色和描边都被自动设置为透明。

（5）用工具箱中的编组选择工具（![icon]），选取作为蒙版的透明长方形，并设定其填充色为白色，描边为透明。用工具箱中的文字工具，输入“INDEX”，并将其移动到标签的第一条线上，如图 1-59 所示。

（6）制作写保护的方形框。

用工具箱中的矩形工具（![icon]）绘制边长约为 5.7mm 的黑色正方形（磁盘写保护的控制件），并将其放置在磁盘的左下角位置。

在磁盘右侧，与写保护控制件相对应的位置也应该有一个同样大小的镂空的正方形，因此按着 Shift 键和 Alt 键的同时，用选择工具把黑色正方形拖移到右侧，释放鼠标，便复制了正方形。同时选择右侧的小正方形和磁盘底盘，在主菜单对象下执行复合路径 > 建立命令，小正方形所在区域被挖空，如图 1-60 所示。

图 1-59

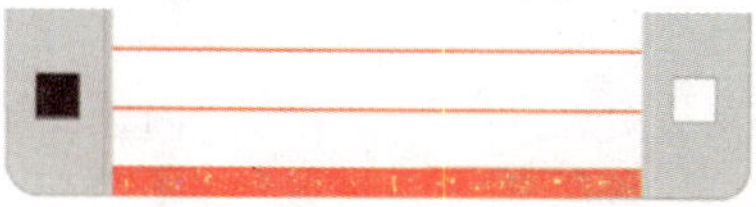

图 1-60

磁盘的底盘图形如果没有解锁，请执行对象 > 全部解锁命令。

4. 创建磁盘顶部的金属包片

（1）从工具箱中选取圆角矩形工具（），绘制宽度为 54mm、高度为 35mm、圆弧半径为 4.233mm 的长方形。设定填充色为深灰色（K: 50），线条为透明。

用工具箱中的直接选择工具（）选取锚点 B 和 C，按下键盘上的 Delete 键将这两个锚点删除，因为金属包片的上部边缘不需要带圆弧。

（2）用直接选择工具（），同时选取锚点 A 和 D，按下键盘中的向下方向键（↓）若干次，使其顶端边缘略高于磁盘顶端边缘。如图 1–61 所示。

（3）从工具箱中选取矩形工具（），绘制宽度为 12mm，高度为 22mm 的长方形。设定其填充色为白色（设定为别的颜色也可以，能与其他图形区别开来就行），并用选择工具（）将其置于金属包片的右侧，如图 1–62 所示。

（4）同时选择金属包片和白色长方形，执行对象 > 复合路径 > 建立命令。长方形所在的金属包片区域被挖空，如图 1–63 所示。

（5）从工具箱中选取直线工具（＼），画一条水平线，其长度与金属包片左部的宽度相同。设定描边的颜色为黑色，端口形状为平口端点，描边宽度为 1.8pt，如图 1–64 所示。

（6）按着 Shift 键和 Alt 键，用选择工具（）将该线条向下移动适当的距离，释放鼠标后，线条被复制。

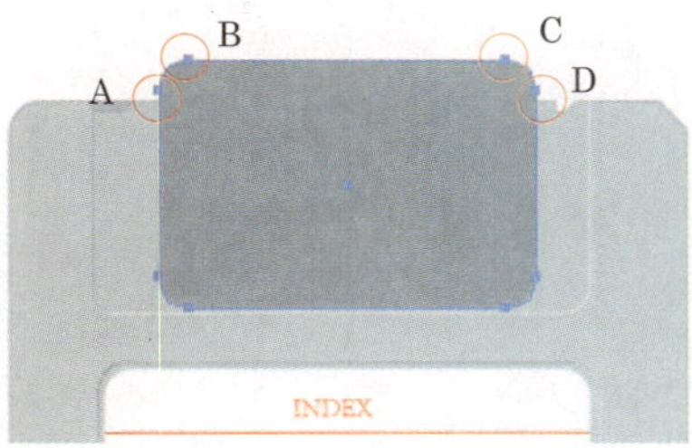

图 1–61

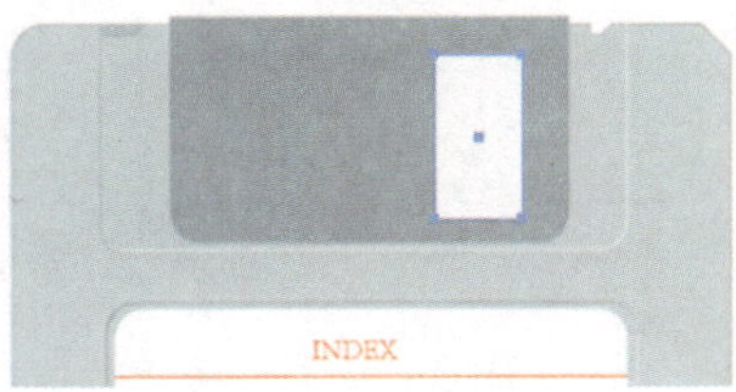

图 1–62

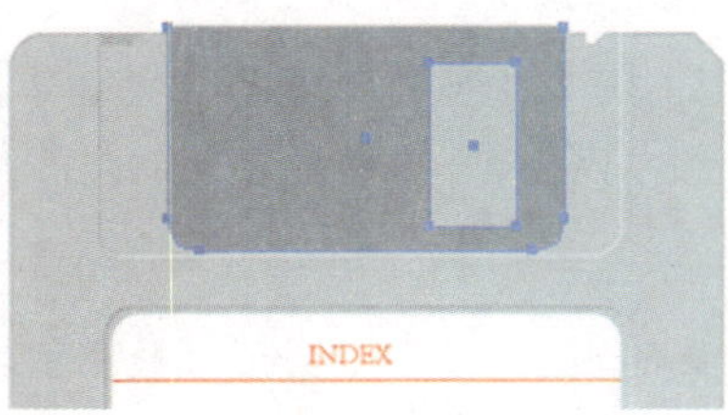

图 1–63

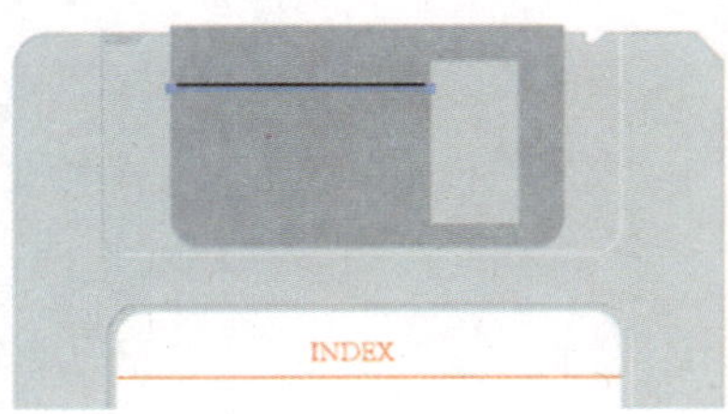

图 1–64

按下键盘上的 Ctrl+D 键 5 次到 6 次，一组等距离的线条便完成了，如图 1–65 所示。

（7）用选择工具（ ）选中这些线条，执行对象 > 编组命令，使线条成组。

（8）从工具箱中选取矩形工具（ ），绘制边长为19mm的正方形，然后用工具箱中的旋转工具（ ）将正方形旋转45度（按着Shift键可约束图形按45度的倍数进行旋转）。设定正方形的填充色为50%的灰色（与金属包片的颜色一致），描边设为透明。用选择工具（ ）将正方形置于线条组的中央，如图1–66所示。

图 1–65

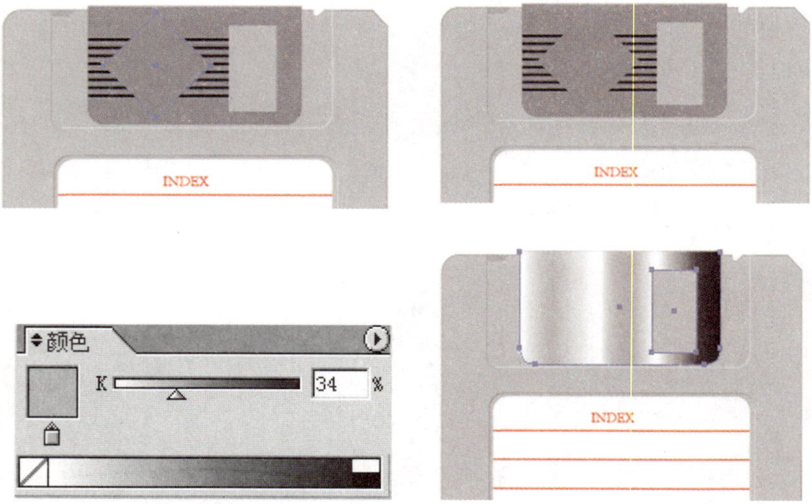

图 1–66

（9）用选择工具（ ）选取金属包片，并原地复制一个。

执行对象 > 排列 > 置于顶层命令，将复制的金属包片置于最前面。

按下键盘中的向左方向键（ ）一次，看上去金属片不再是平面的，而是有了一定的厚度感。设定其填充类型为渐变，并参考图 1–67 中的参数作相似的设定。渐变色的始末颜色都用灰度调色板来调制。

复制的金属包片完全遮盖了其下的线条图案，这是因为在默认状态下，图形以完全不透明的方式显示。

如果能够让下面的图形透出来，既可以表现金属片在光线下的质感，又能表现金属片上印制的纹理。

（10）从主菜单窗口下勾选透明度，把透明度调板显示在屏幕上。这是控制图形合成模式与透明度的调板。

在复制的金属包片处于选择状态时，将透明度调板中的不透明度设为 65%，此时复制的金属包片下面的线条纹理显示出来。如果从合成模式中选取 Screen 模式，效果会更好一些，如图 1–68 所示。

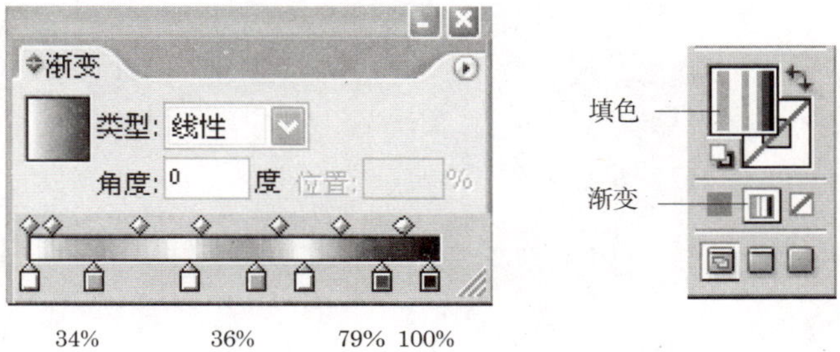

图 1–67

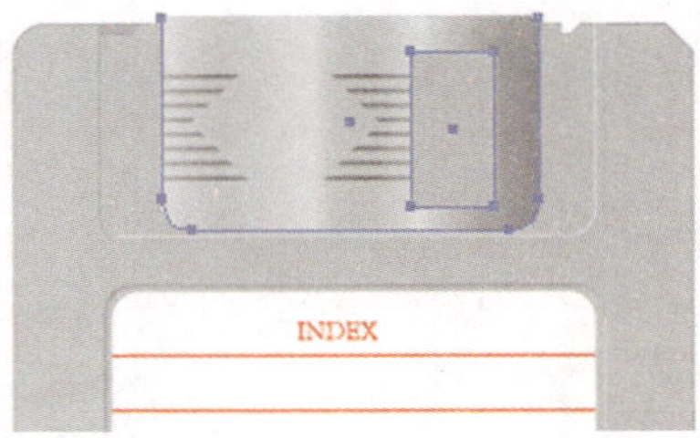

图 1–68

（11）用文字工具键入磁盘金属片上的相关文字，并用选择工具将文字移到合适的位置。如图 1–69 所示。

字体的设定用文字 > 字体命令，字号的设定用文字 > 大小命令。

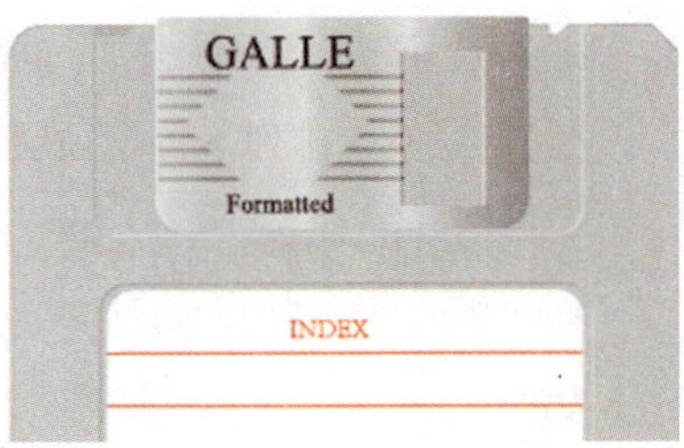

图 1–69

5. 创建箭头指向

如图 1–70 创建箭头图形。

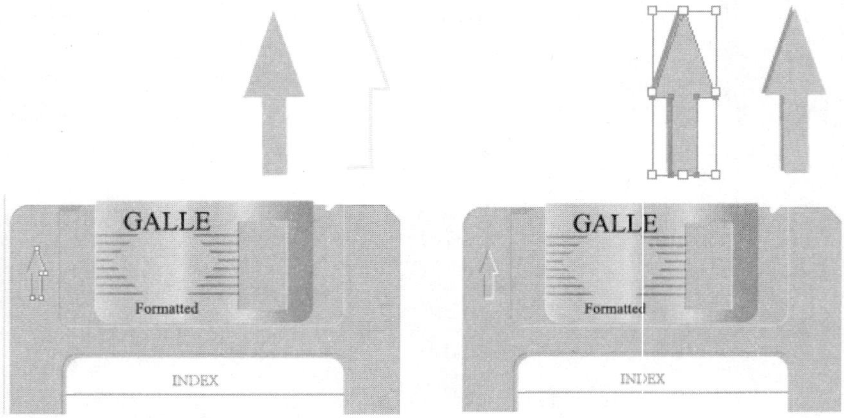

图 1–70

五、艺术品展览标志

在下面的例子中，我们将使用椭圆工具（ ）、剪刀（ ）、钢笔工具（ ）、添加锚点（ ）、直线段（ ）、弧线（ ）、螺旋线（ ）、比例缩放（ ）、镜像（ ）、选择工具（ ）、直接选择（ ）、转换锚点（ ）、文字（ ）等工具制作一个艺术品展览标志，最终完成效果如图 1–71 所示。

图 1–71

1. 使用椭圆工具（ ），按住 Shift 键绘制一个填色为“无”、描边为黑色的正圆形。

2. 在描边调板中将描边加宽，效果如图 1–72 所示。

3. 使用剪刀工具（ ），在圆的右侧切出一个缺口，并将缺口内的路径删除，如图 1–73 所示。

4. 用同样的方法，制作一个小的缺口圆，并将其放在大圆内部，如图 1–74 所示。

5. 在小圆被选中的情况下，双击镜像工具（ ）图标，在出现的镜像对话框中对小圆进行沿垂直方向的镜像复制，如图 1–75 所示。

6. 使用选择工具（ ）对两个小圆的位置进行调整，如图 1–76 所示。

7. 使用钢笔工具（ ）绘制一条折线，如图 1–77 所示。

8. 使用转换锚点工具（ ）将直线转换为曲线，并对曲线的曲度进行调整，如图 1–78 所示。

9. 使用添加锚点工具（ ），在曲线合适的位置上加上控制点，并使用直接选择工具（ ）和转换锚点工具（ ）对控制点的位置和曲线的弯曲程度进行调整，以增加变化，效果如图 1–79 所示。

10. 使用镜像工具（ ）对绘制的曲线进行垂直方向的镜像复制，并使用选择工具（ ）将它们摆放到合适的位置，这样猫的耳朵就制作出来了，如图 1–80 所示。

图 1–72

图 1–73

图 1–74

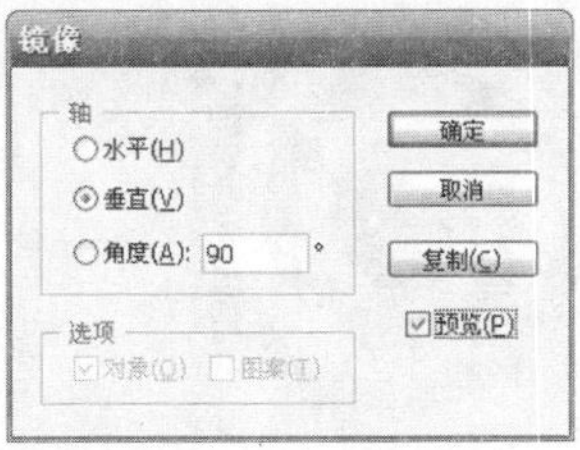

图 1–75

图 1–76

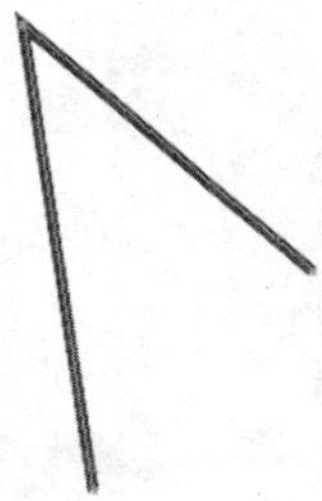

图 1–77

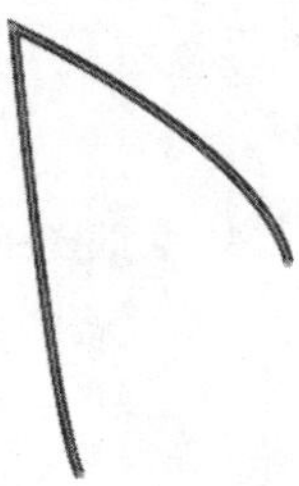

图 1–78

图 1–79

图 1–80

11. 在选中螺旋线工具（ ）的情况下，在画面中单击鼠标调出螺旋线对话框，在该对话框中对衰减和段数进行调整，大致数值如图 1–81 所示。调整后单击确认按钮即可完成螺旋线的绘制。

12. 使用选择工具( )和比例缩放工具( )对螺旋线的位置、角度和大小进行调整，并在描边调板中将螺旋线加宽，如图 1–82 所示。

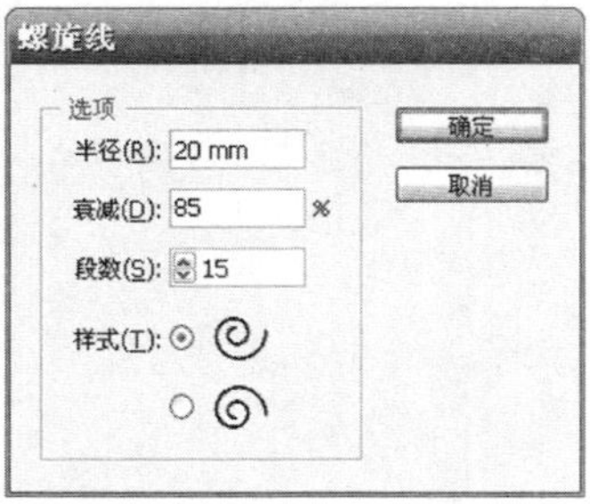

图 1–81

图 1–82

13. 单击菜单栏中的对象 > 扩展命令将螺旋线的描边变为图形。

14. 使用直接选择工具（ ）、钢笔工具（ ）、转换锚点（ ）等工具对螺旋线图形的形状进行调整，调整后效果如图 1–83 所示。

15. 使用直线段工具( )绘制直线，并对其位置和粗细程度进行调整，如图 1–84 所示。

图 1–83

图 1–84

16. 使用钢笔工具（ ）绘制两条曲线，并在描边调板中对曲线的粗细进行调整，如图 1–85 所示。

17. 在描边调板中将平头端点改为圆头端点，如图 1–86 所示。这样使曲线的端点更光滑，效果如图 1–87 所示。

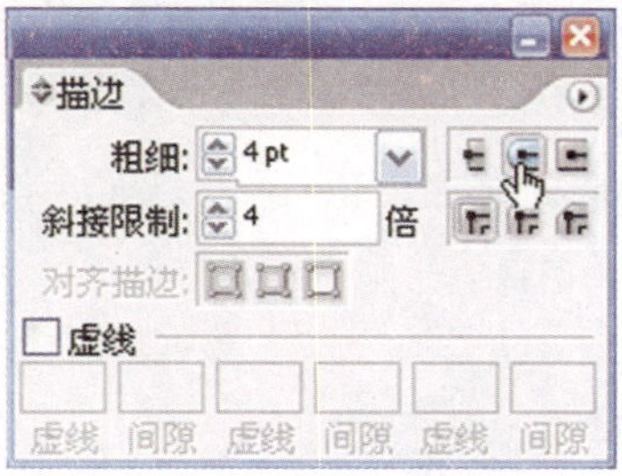

图 1–86

图 1–85

图 1–87

18. 使用文字工具（T）输入 (captivating artistic things)（很迷人的艺术品）字样。

19. 单击菜单栏中的对象 > 扩展命令将文字和该标志中的线段打散。这个标志就制作完成了，最终效果如图 1–71 所示。

六、咨询网标志

这是一个咨询信息网站的标志（图 1–88），该标志由文字和图形两部分组成，整个标志层次分明，动感十足，颜色对比强烈。下面就让我们使用 Illustrator CS2 来完成这个标志的制作。

图 1–88

1. 使用椭圆工具（ ），按住 Shift 键，按照由小到大的顺序，依次绘制出 7 个正圆形，如图 1–89 所示。

2. 使用选择工具（ ）将所有的圆形选中，然后分别单击工具属性条上的水平居中对齐（ ）和垂直居中对齐（ ）图标，将所有的圆形对齐，如图 1–90 所示。

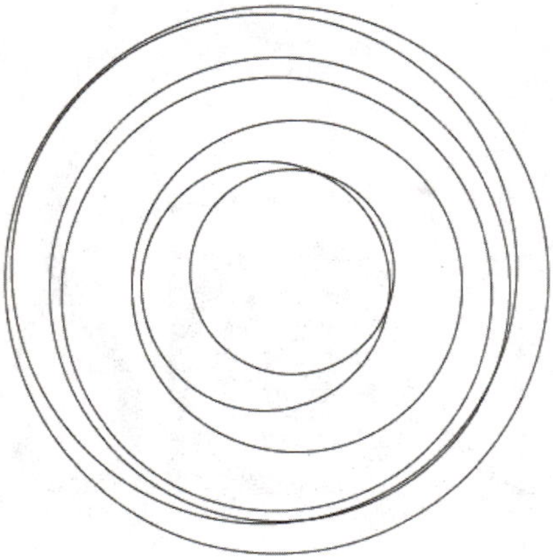

图 1–89

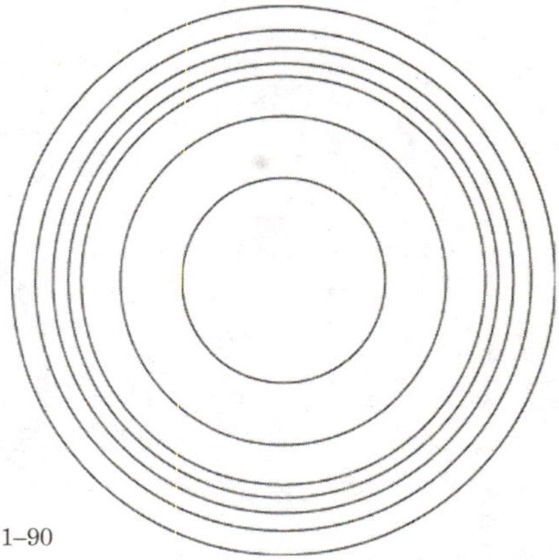

图 1–90

3. 使用比例缩放工具（ ），对圆形的大小进行调整，使它们与图 1–91 的比例接近。

4. 为 7 个圆形分别进行颜色填充、渐变填充和描边，使它们与图 1–92 的效果接近。

图 3–5 中的黄色圆形的 CMYK 数值为 C：21、M：31、Y：66、K：0。蓝灰色圆形的 CMYK 数值为 C：37、M：24、Y：24、K：0。中间带有渐变填充的圆形使用的是线性渐变，颜色是从灰色到白色，其中灰色的 CMYK 数值为 C：46、M：38、Y：39、K：3，角度为 0。

5. 使用矩形工具（ ），按住 Shift 绘制一个正方形，绘制完成后使用旋转工具（ ）使正方形旋转 45 度，如图 1–93 所示。

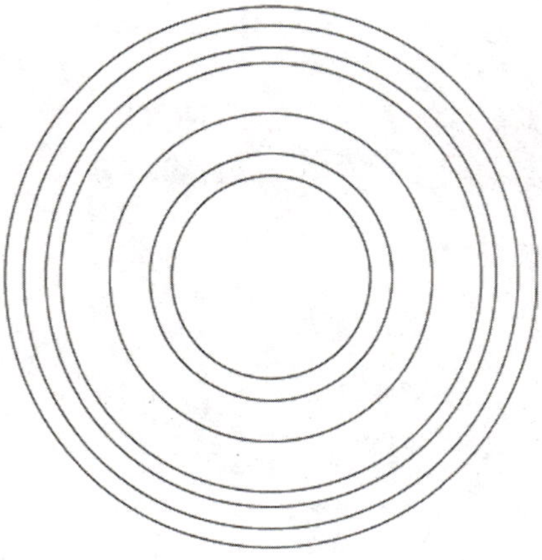

图 1–91

图 1–92

6. 使用直接选择工具（ ），按住 Shift 键将最上面的点和最下面的点选中。然后再使用比例缩放工具（ ）对选中的点进行缩小，使正方形变为尖角四边形，如图 1–94 所示。

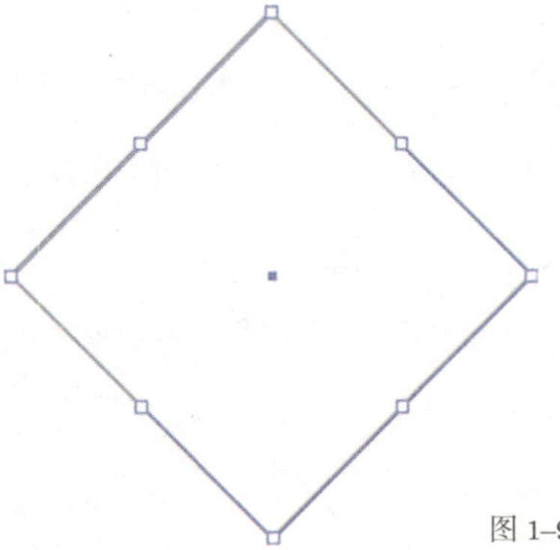

图 1–93

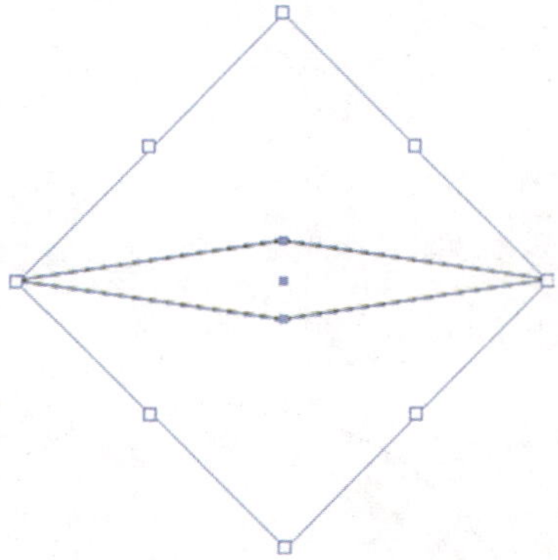

图 1–94

7. 在选中尖角四边形的情况下，双击旋转工具（ ），在出现的调板中输入 90 度，并单击复制钮，完成尖角四边形的复制，这样就制作出了一个十字的指针，将垂直的指针填充为红色，其 CMYK 数值为 C：0、M：99、Y：100、K：0。水平的指针填充为黑色。效果如图 1–95 所示。

8. 用同样的方法再制作出一个十字指针，然后将它们整体旋转 45 度，填充色为白色，描边色为黑色，并与先前制作的十字指针对齐，如图 1–96 所示。

9. 使用工具箱中的选择工具（ ）选中黑色和红色的指针，单击菜单栏中的对象 > 排列 > 前移一层命令，将它们移到白色指针的前面，如图 1–97 所示。

图 1–95

图 1–96

图 1–97

10. 单击工具箱中的椭圆工具（ ），按住 Shift 键，绘制一个正圆形，该圆形的填充色为黄色，其 CMYK 数值为 C：21、M：31、Y：66、K：0，描边色为黑色。

11. 在圆形的内部使用工具箱中的直线段工具（ ），绘制 2 条直线。

12. 使用工具箱中的选择工具（ ）将所有的图形选中，然后分别单击工具属性条上的水平居中对齐工具（ ）和垂直居中对齐工具（ ）图标，将所有的图形对齐，效果如图 1–98 所示。

13. 使用文字工具（ ）在指针的顶点分别输入大 N、E、S，文字要相对高大一些、简洁一些、硬朗一些，本例中使用的是 Impact 字体，并使用选择工具（ ）对其进行垂直方向的拉伸，使它们看起来更苗条。文字使用的填充色为灰色，其 CMYK 数值为 C：46、M：38、Y：39、K：3，描边色为黑色。效果如图 1–99 所示。

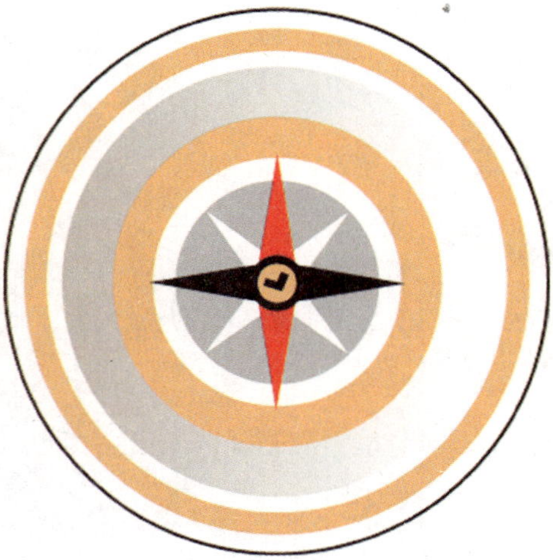

图 1–98

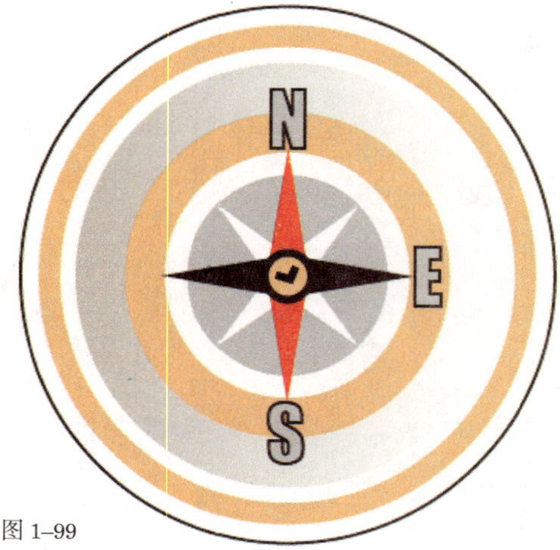

图 1–99

14. 将图 1–99 中所有的物体全部选中，使用工具箱中的倾斜工具（ ），使所有绘制的图形产生水平和垂直两个方向的倾斜，效果如图 1–100 所示。

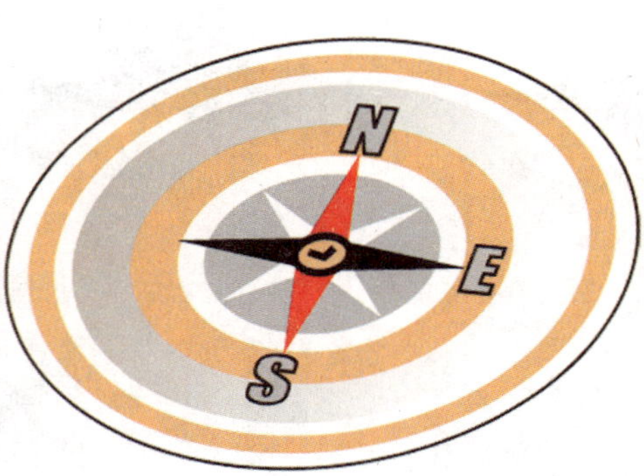

图 1–100

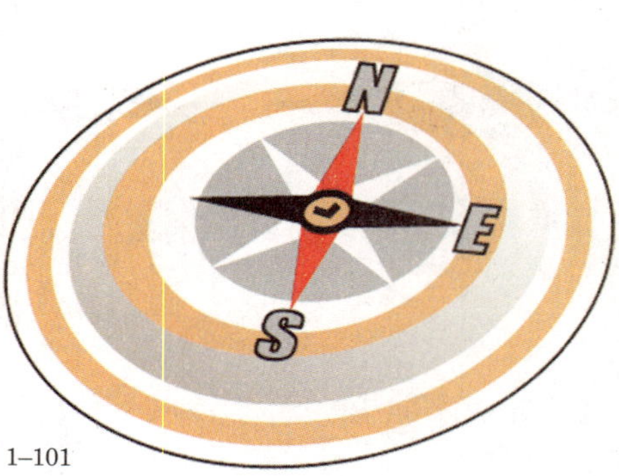

图 1–101

15. 使用直接选择工具（ ），分别对各个图形的位置进行调整，使其具有一定的透使其具有一定的透视感和动感。效果如图 1–101 所示。

16. 使用文字工具输入 WEST，字体为 Impact，文字填充色为灰色，其 CMYK 数值为 C：46、M：38、Y：39、K：3，描边色为无。如图 1–102 所示。

17. 使用工具箱中的倾斜工具（ ）将文字沿水平方向倾斜，如图 1 –103 所示。

图 1–102

图 1–103

18. 单击菜单栏中的对象 > 扩展命令，将文字转换为图形。

19. 使用直接选择工具（ ），分别对这四个字母图形的位置进行调整，效果如图 1–104 所示。

20. 使用选择工具（ ）将四个字母图形选中，按住 Alt 键进行拖曳并复制。

21. 将复制的字母图形的填充色改为红色，其 CMYK 数值为 C：27、M：82、Y：0、K：0。描边色为黑色，并将两组文字叠加在一起，效果如图 1–105 所示。

图 1–104

图 1–105

22. 使用椭圆工具（ ）工具，绘制一个圆形，该圆形的填充色为白色，描边色为黑色。使用倾斜工具（ ）使圆形呈现出一定的倾斜效果，如图 1–106 所示。

23. 选择工具箱中的多边形工具（ ），在画面中单击鼠标，在出现的调板中把边数设置为 3，点击确定钮完成三角形的绘制。

24. 使用直接选择工具（ ）对三角形的角度进行调整，使其与圆形连接成一个对话框的形状，如图 1–107 所示。

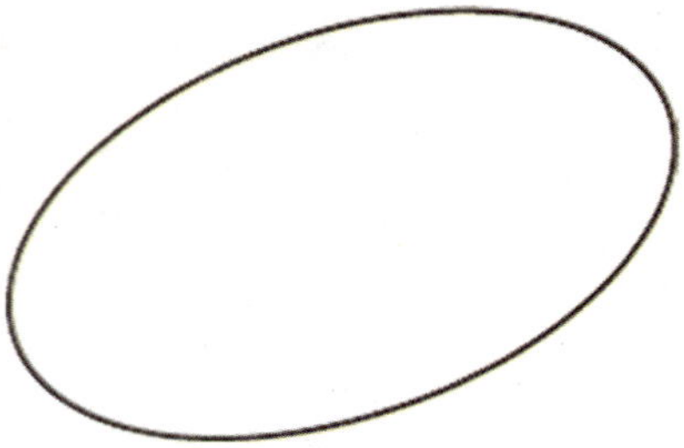

图 1–106

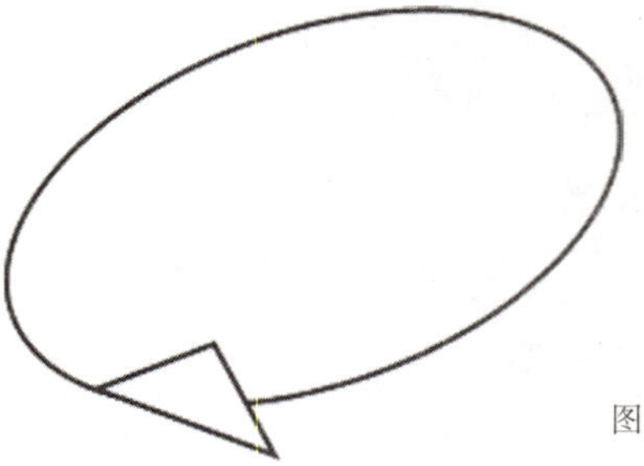

图 1–107

25. 将三角形和圆形选中，单击菜单栏中的窗口 > 路径查找器命令，在出现的路径查找器调板中单击与形状区域相加（ ）按钮。这样两个图形就组合在一起了，如图 1–108 所示。

图 1–108

图 1–109

26. 将字母图形“WEST”选中，并单击菜单栏中的对象 > 排列 > 置于顶层命令，将它移到所有图形的前面，并与刚绘制的对话框组合在一起，如图 1–109 所示。

27. 使用选择工具（ ）将前面制作的图形组合在一起，并对各图形的大小和位置进行调整，效果如图 1–110 所示。

28. 使用钢笔工具（ ）在大椭圆形的下面绘制一条与其弯曲程度接近的曲线，如图 1–111 所示。

图 1–110

图 1–111

29. 选择工具箱中的路径文字工具（ ），在刚绘制的曲线上单击鼠标，并输入"Pointcommunity.info"，字体为 Impact，文字的颜色、大小和位置参考图 1–112。其中灰色部分的 CMYK 数值为 C：0、M：100、Y：100、K：143。

如果输入的文字出现上下颠倒的情况，我们可以在文字被选中的情况下，双击路径文字工具（ ）图标，在出现的对话框中点选"翻转"来解决这一问题。

30. 用前面讲的方法为文字添加黄色背景，并在对话框的后面制作 2 个椭圆，如图 1–113 所示。

图 1–112

图 1–113

31. 使用选择工具（ ），对各图形之间的位置进行调整，这个标志就绘制完成了，最终效果如图 1–88 所示。

七、礼品店

在下面的例子中，我们将使用参考线、钢笔、排列、渐变、路径查找器、旋转、椭圆等工具来制作一个卡通礼品店，最终完成效果如图 1–114 所示。

1. 店面制作

（1）单击菜单栏中的视图 > 显示标尺命令，调出标尺，并拖曳出两条辅助线。

（2）单击菜单栏中的视图 > 参考线，在出现的下一级菜单中将"锁定参考线"前面的对钩去掉。只有去掉"锁定参考线"前面的对钩才可以对参考线进行修改。

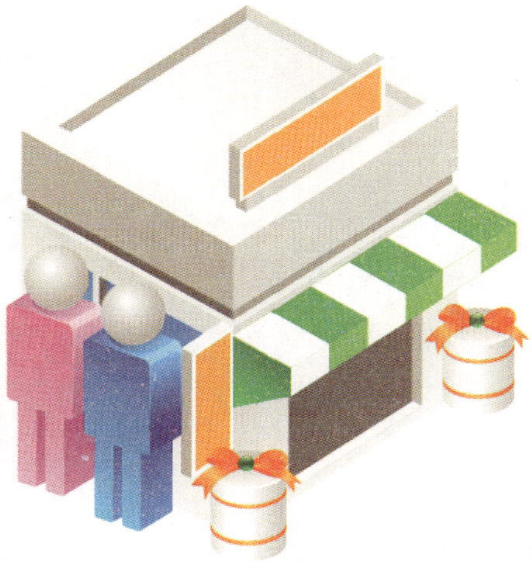

图 1–114

（3）选中辅助线，使用工具箱中的旋转工具（ ），对两条辅助线进行旋转。

（4）在辅助线被选中的情况下，按住 Alt 键和鼠标左键盘进行拖曳，完成辅助线的复制，效果如图 1–115 所示。

（5）用同样的方法再复制 2 条辅助线，并使用选择工具（ ），对各辅助线之间的位置进行调整，效果如图 1–116 所示。

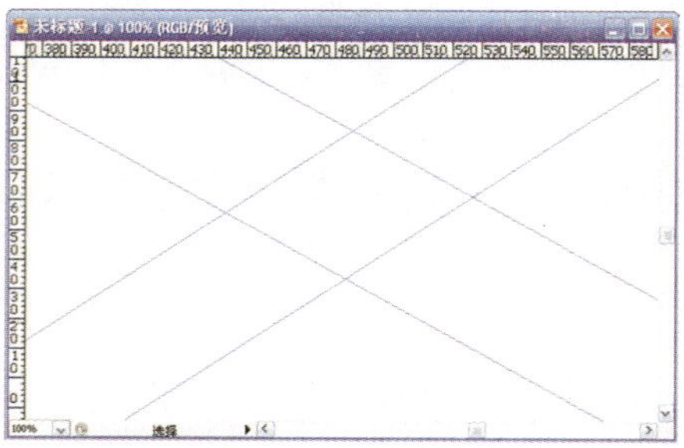

图 1–115

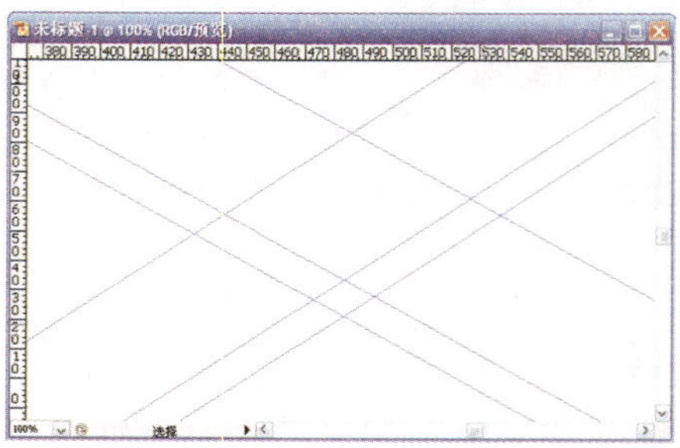

图 1–116

（6）单击菜单栏中的视图 > 智能参考线命令，这样做是为了使创建的参考线与图形更容易对齐。

（7）再次创建三条垂直参考线，使它们与倾斜辅助线的交叉点相交，效果如图 1–117 所示。

（8）使用钢笔工具（ ），沿参考线绘制出三个矩形，并分别填充不同的灰色，效果如图 1–118 所示。

（9）用同样的方法复制参考线，并依据新的参考线再绘制出两个矩形，效果如图 1–119 所示。

（10）使用渐变工具（ ），为新创建的两个矩形添加灰色的渐变效果，如图 1–120 所示。

（11）使用选择工具（ ）把最上面的两条辅助线移动到图 1–121 中所示的位置上。

（12）使用钢笔工具（ ），沿参考线绘制出如图 1–122 所示的形状，并填充灰色。

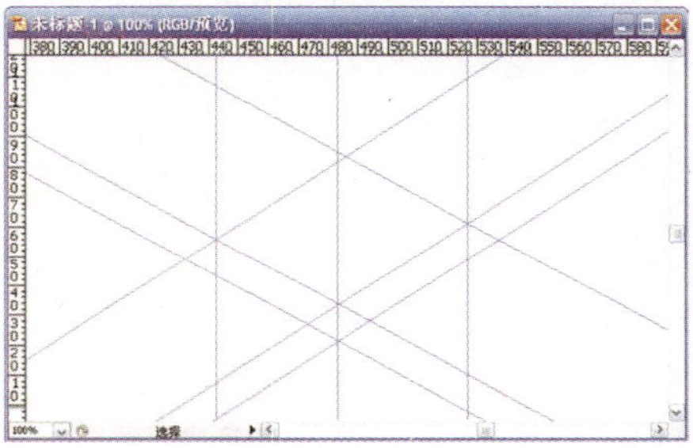
图 1–117

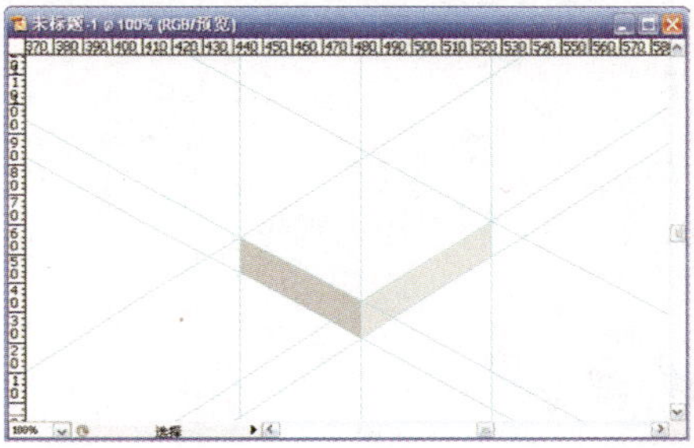
图 1–118

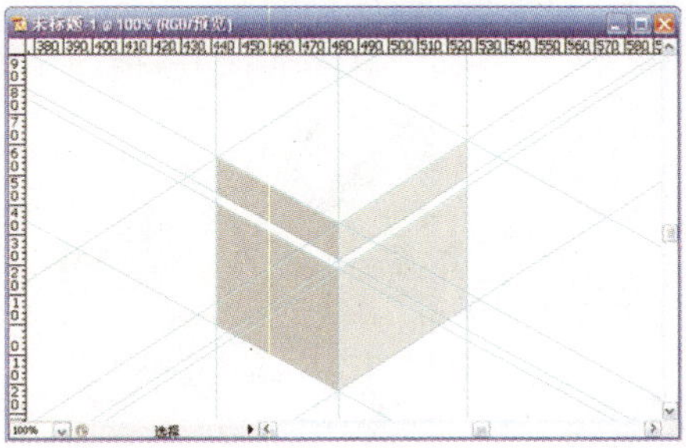
图 1–119

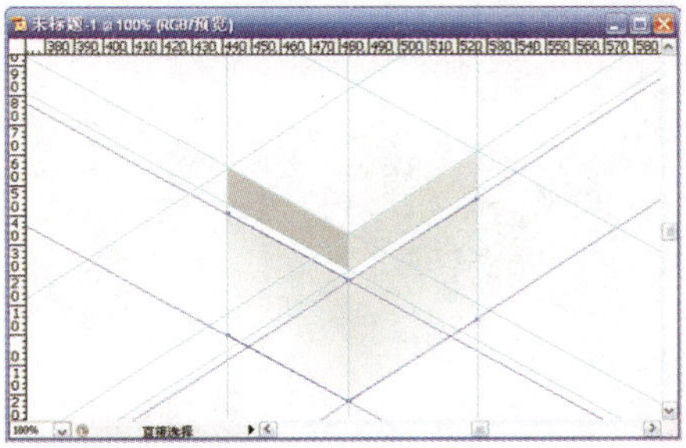
图 1–120

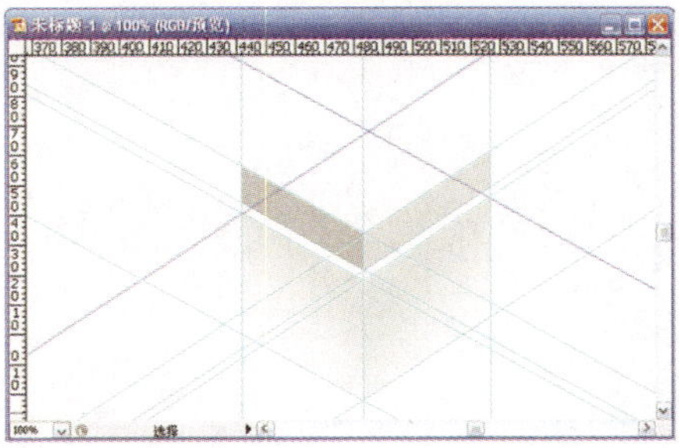
图 1–121

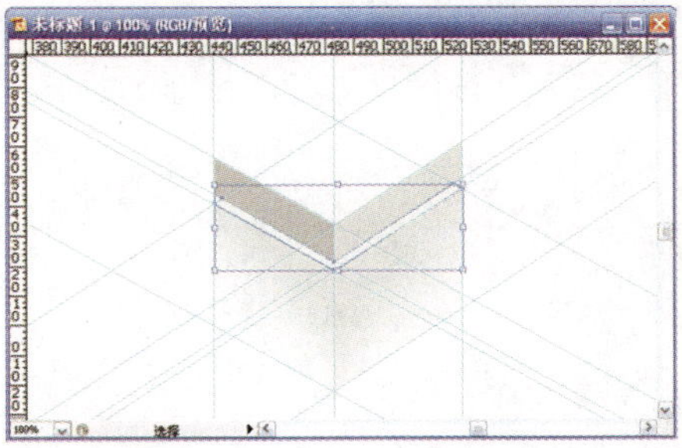
图 1–122

（13）继续使用钢笔工具（ ）结合辅助线，将两个矩形的连接面制作出来，并填充相对较重的灰色，用同样的方法完成屋顶与大门的绘制，如图 1–123 所示。

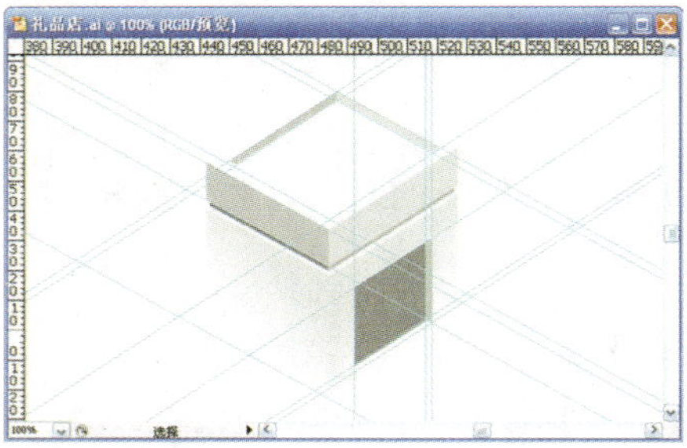

图 1–123

（14）为了方便观察，可以单击菜单栏中的视图 > 参考线 > 隐藏参考线命令，将画面中的参考线隐藏。

（15）窗户、店面宣传灯箱与遮阳棚的制作方法同样都是用钢笔工具（ ）结合辅助线，这里就不再做细致的讲解了，过程如图 1–124 所示。

（16）将组成店面的图形全部选中，单击菜单栏中的对象 > 编组命令，它们组合在一起以方便以后的操作。

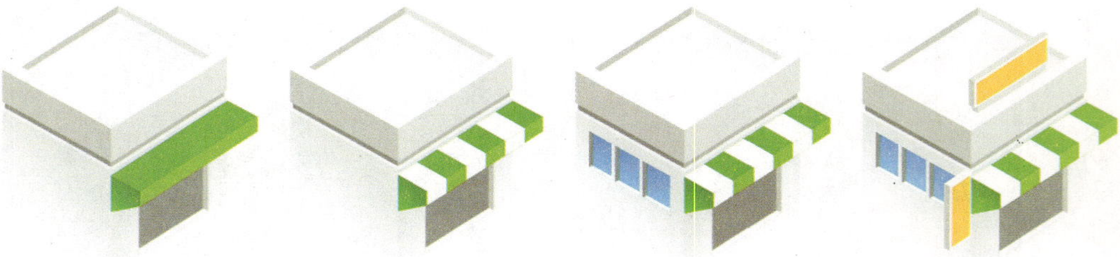

图 1–124

2. 礼品箱的制作

（1）使用椭圆工具（ ）绘制一个椭圆形，并使用渐变工具（ ）为其添加灰色的渐变，效果如图 1–125 所示。

（2）将该椭圆形复制两个，并使用矩形工具（ ）建立一个矩形与这两个椭圆形相切，如图 1–126 所示。

图 1–125

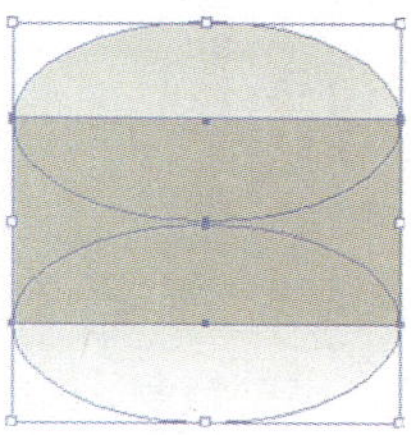

图 1–126

（3）选中上面的椭圆形，单击菜单栏中的对象 > 排列 > 置于顶层命令，将上面的椭圆形置于矩形的上面。

（4）选中上面的圆形和矩形，单击菜单栏中的窗口 > 路径查找器命令，在出现的路径查找器调板中单击与形状区域相减按钮（ ），效果如图 1–127 所示。

（5）选中下面的椭圆形和被路径查找器修改后的矩形，单击路径查找器调板中的与形状区域相加按钮（ ），效果如图 1–128 所示。

（6）在创建的不规则图形被选中的情况下，单击路径查找器调板中的“扩展”按钮，这样两个椭圆和矩形就被真正地结合为一个图形了，但同样也不能通过改变它们的位置而改变不规则图形的形状了。

（7）使用选择工具（ ）将最初创建的椭圆形放在不规则图形的上面，效果如图 1–129 所示。

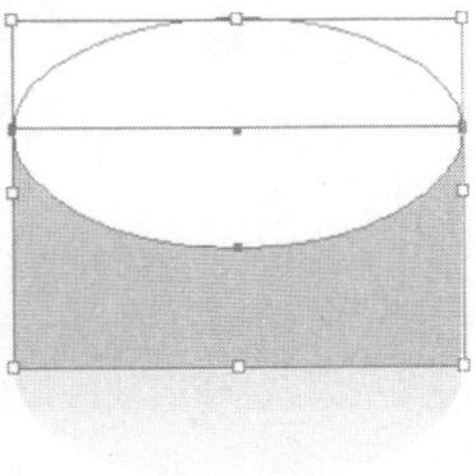

图 1–127

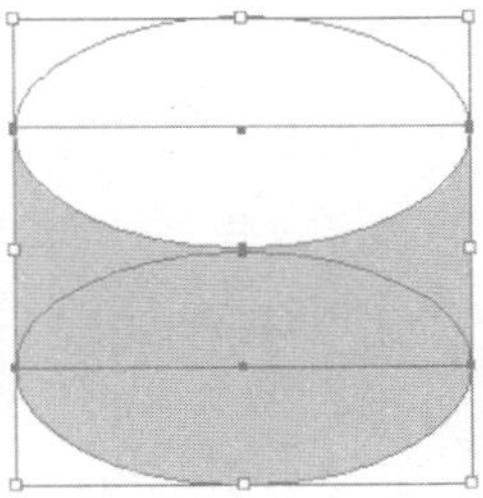

图 1–128

图 1–129

（8）再次将椭圆形复制，并使用菜单栏中的对象 > 排列子菜单中的命令，将复制的椭圆形排列到不规则图形的下面，效果如图 1–130 所示。

（9）使用直接选择工具（ ）对不规则图形的高度进行调整，并为它和下面的椭圆形分别填充渐变效果，效果如图 1–131 所示。

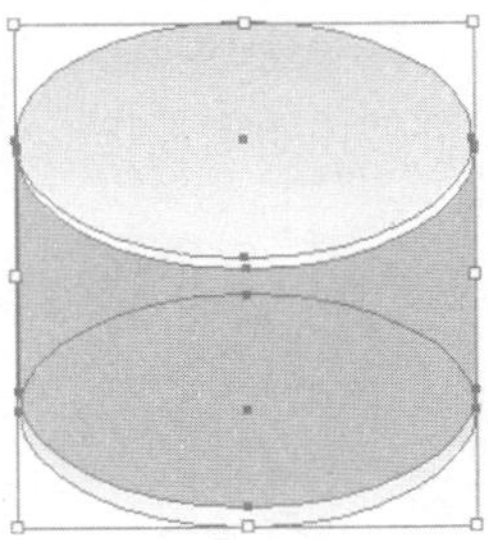

图 1–130

图 1–131

（10）将不规则图形和下面的椭圆形进行 2 次复制，并分别对不规则图形的高度和位置进行调整，在复制和调整高度的过程中要反复使用选择工具（ ）、直接选择工具（ ）和“排列”菜单中的命令，由于和前面的步骤十分近似，这里就不再讲解了，效果如图 1–132 所示。

（11）在礼品箱的上面使用钢笔工具（ ）绘制一个蝴蝶结,并为它们填充橙黄渐变，绘制过程如图 1–133 所示。

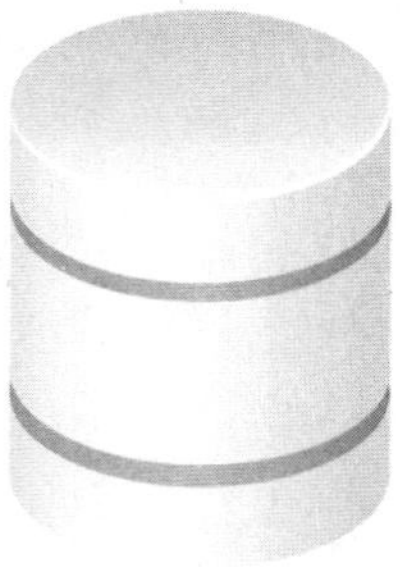

图 1–132

图 1–133

（12）在蝴蝶结的上面创建一个圆形，并为其填充径向渐变色，如图 1–134 所示。

（13）在圆形内部创建一个水平椭圆形并为其填充渐变色，这样可以增加圆形的光泽度，如图 1–135 所示。

图 1–134

图 1–135

（14）将组成礼品箱的图形全部选中，单击菜单栏中的对象 > 编组命令，将它们组合在一起以方便以后的操作。

3. 人物的制作

（1）使用圆角矩形工具（ ）创建 3 个圆角矩形，并使用选择工具（ ）对它们的位置及大小进行调整，效果如图 1–136 所示。

如果创建的圆角矩形过于圆润，可以在选中圆角矩形工具（ ）的情况下，在画面中单击鼠标，在出现的对话框中将“圆角半径”后的数值调小。

（2）选中 3 个圆角矩形，单击路径查找器调板中的与形状区域相加按钮（ ），将它们组合在一起，并单击“扩展”按钮将它们变成一个图形，效果如图 1–137 所示。

（3）单击菜单栏中的效果 >3D（3）> 旋转命令，调出 3D 旋转选项”对话框，在该对话框中对 3D 旋转的属性进行调整，大致数值如图 1–138 所示。对效果满意后单击“确定”按钮完成对图形的 3D 旋转，效果如图 1–139 所示。

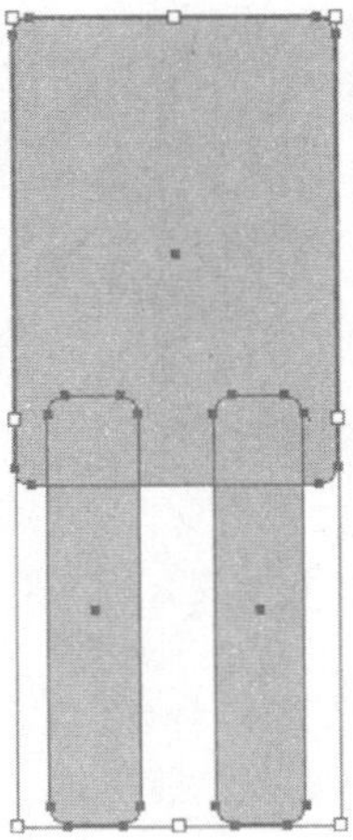

图 1–136

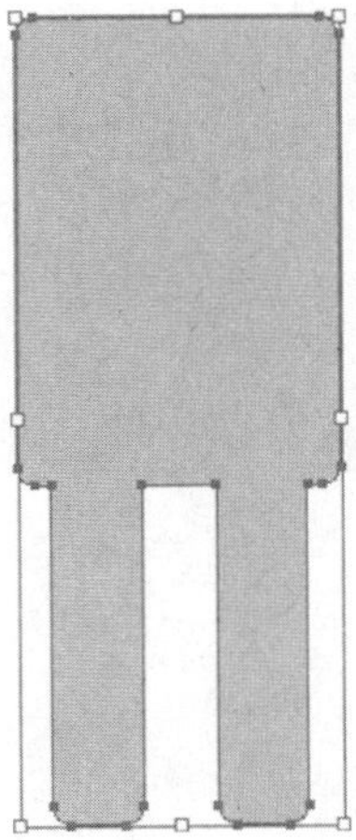

图 1–137

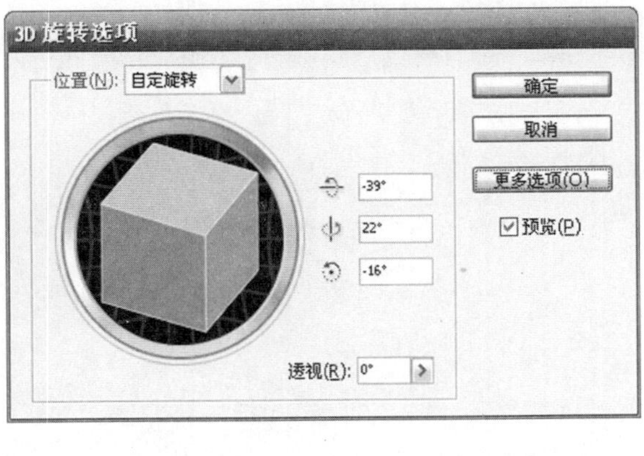

图 1–138

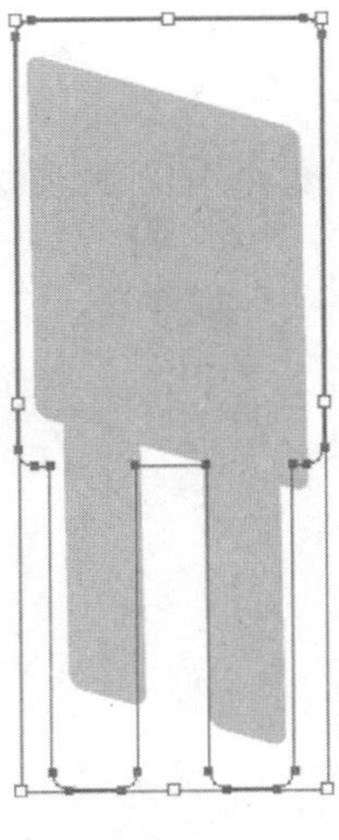

图 1–139

需要注意的是由于大家所建立图形的尺寸和相对位置的不同，调整数值也会发生相应的变化，但尽量不要让图形发生水平方向的倾斜变化。

（4）如果没有一次调整好图形的 3D 旋转效果，则可以单击菜单栏中的窗口 > 外观命令，调出“外观”调板，如图 1–140 所示。在该调板中双击 3D 旋转，在出现的 3D 旋转选项对话框中对刚才的效果继续进行调整，直到满意为止。

（5）单击菜单栏中的对象 > 扩展命令，将效果转换成图形本身的形状。

（6）使用直接选择工具（ ）结合辅助线，对该图形的宽度和高度进行调整，效果如图 1–141 所示。

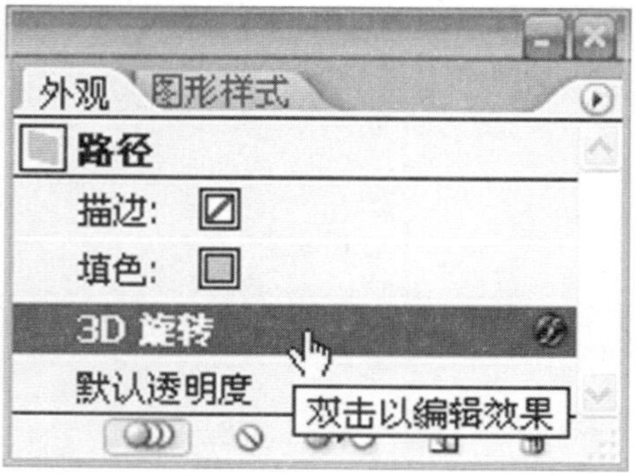

图 1–140

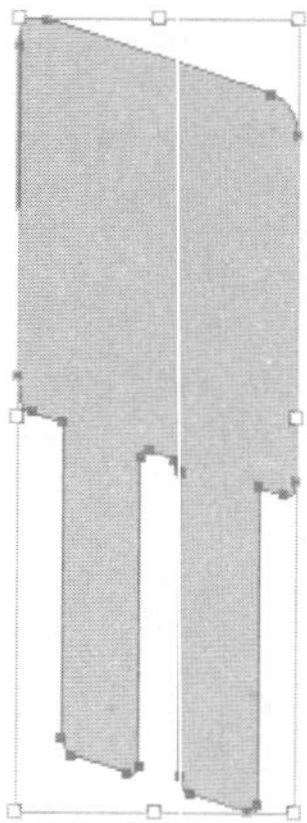
图 1–141

（7）单击菜单栏中的效果 >3D（3）>3D 凸出和斜角选项命令，调出“3D 凸出和斜角选项”对话框，在该对话框中对 3D 旋转的属性进行调整，大致数值如图 1–142 所示。对效果满意后单击“确定”按钮完成对图形的 3D 旋转，效果如图 1–143 所示。

图 1–142

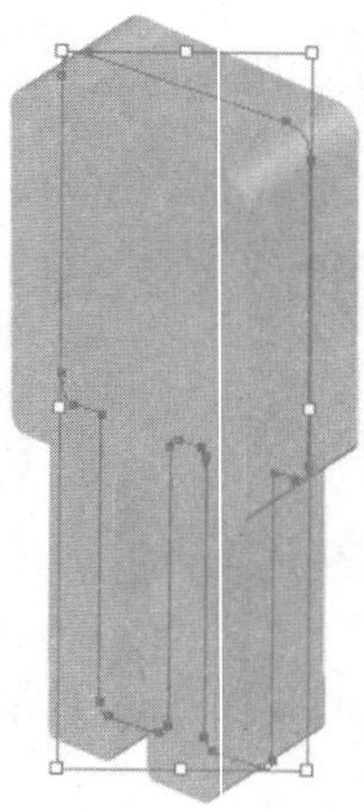
图 1–143

（8）单击菜单栏中的对象 > 扩展命令，将效果转换成图形本身的形状。这样一个图形就被拆分成了多个图形，如图 1–144 所示。

（9）使用直接选择工具（ ）结合辅助线，对构成人体躯干的所有图形的宽度和高度进行调整。

（10）使用渐变工具（ ）为这些图形分别填充上合适的渐变色，效果如图 1–145 所示。

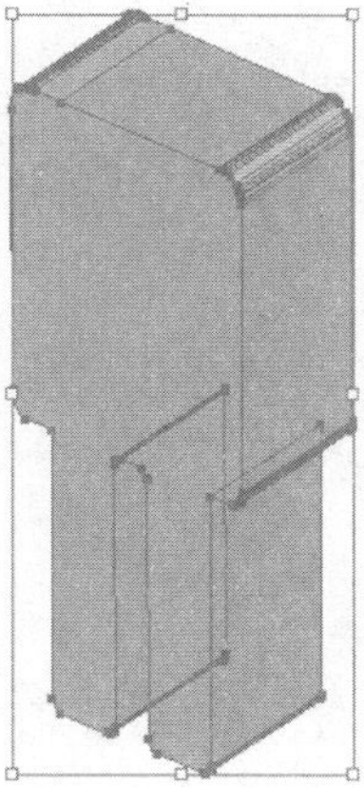

图 1–144

图 1–145

（11）使用钢笔工具（ ）和渐变工具（ ）为人体躯干添加一些微小的细节，效果如图 1–146 所示。

（12）使用椭圆工具（ ），建立一个正圆形，并使用渐变工具（ ）为其添加一定的立体效果，如图 1–147 所示。

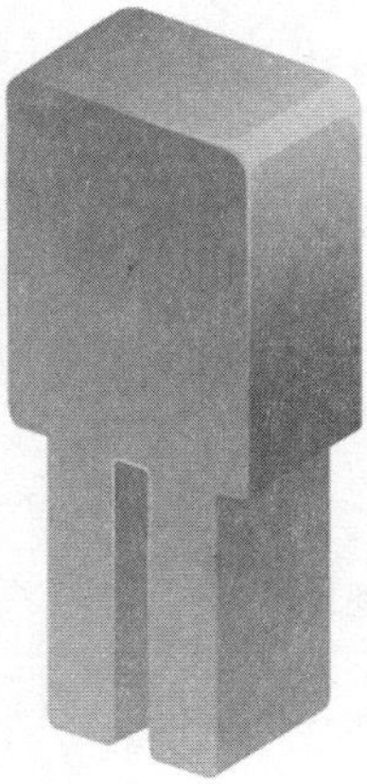

图 1–146

图 1–147

（13）用同样的方法为正圆形建立阴影效果，效果如图 1–148 所示。

（14）使用选择工具（ ）把正圆形和其阴影与作为人体躯干的图形组合在一起，如图 1–149 所示。

图 1–148

图 1–149

（15）使用选择工具（ ）将正圆形阴影选中，在透明度调板中将混合模式转换为正片叠底，如图 1–150 所示。这样可以在保留该阴影的情况下将人体躯干的颜色透出来，效果如图 1–151 所示。

（16）将组成人物的图形全部选中并复制，然后使用直接选择工具（ ）和渐变工具（ ）为一个人物更换粉色，这样一男一女就都有了，效果如图 1–152 所示。

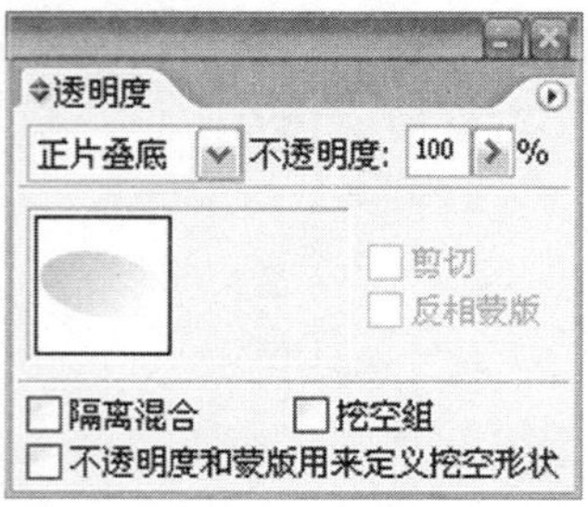

图 1–150

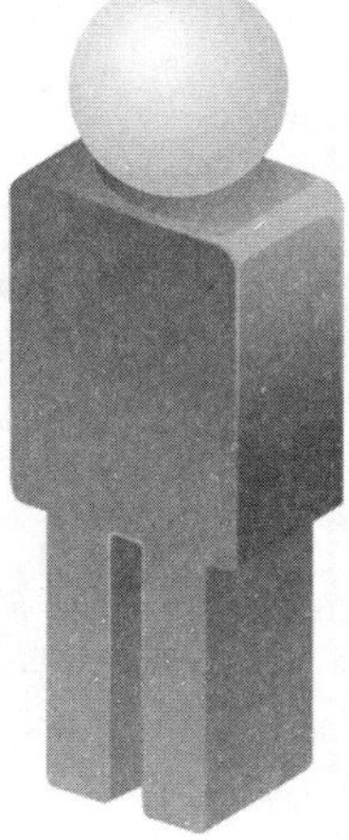

图 1–151

图 1–152

（17）将组成两个人物的所有图形选中，单击菜单栏中的对象 > 编组命令，将两个人物组合在一起以方便以后的操作。

4. 组合

（1）将前面绘制的礼品箱进行复制，并放在店门的两侧，对它们之间的相对尺寸进行调整，如图 1–153 所示。

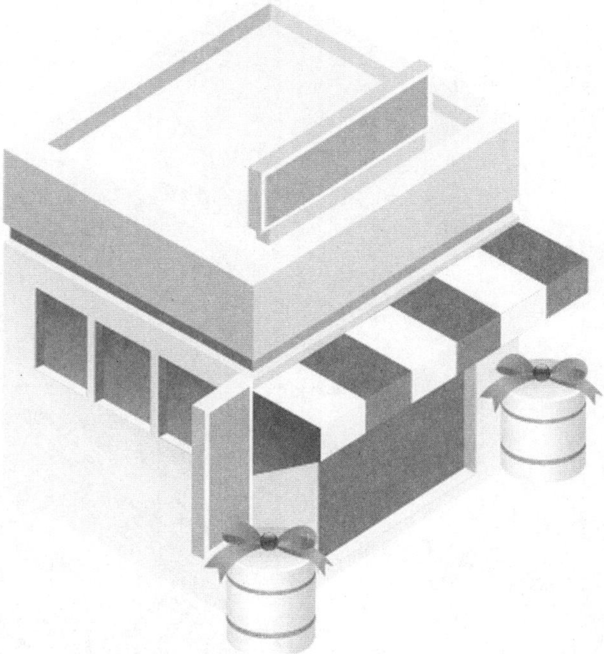

图 1–153

（2）将 2 个人物放在店面的左侧，并对它们之间的相对尺寸进行调整。到这里，这个礼品店就绘制完成了，最终效果如图 1–114 所示。

第二章　钢笔工具应用案例

第一节　钢笔工具的基本使用方法

Illustrator 中的路径是由一个或多个直线段或曲线段组成。路径具有两种锚点：角点和平滑点。角点可以同时连接直线段和曲线段，平滑点则连接曲线段。

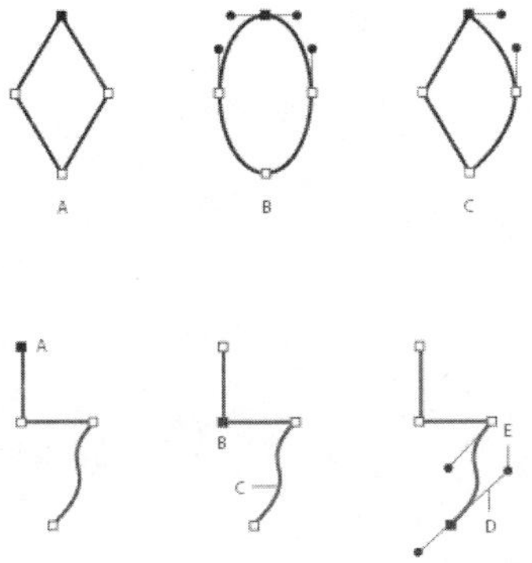

A　四个角点
B　四个平滑点
C　角点和平滑点的组合

A　选中的实心端点
B　选中的锚点
C　曲线路径段
D　方向线 E 方向点

图 2–1

第二节　应用案例

图 2–2

一、*挂毯图案的制作*

在本实例中重点要掌握用钢笔勾勒不规则线条的能力，同时还要掌握虚线的设定。

1. 创建同心圆和方形背景

六个同心圆的填色均为透明，描边为白色，线宽为 1pt，其大小如图 2–3 所示尺寸。

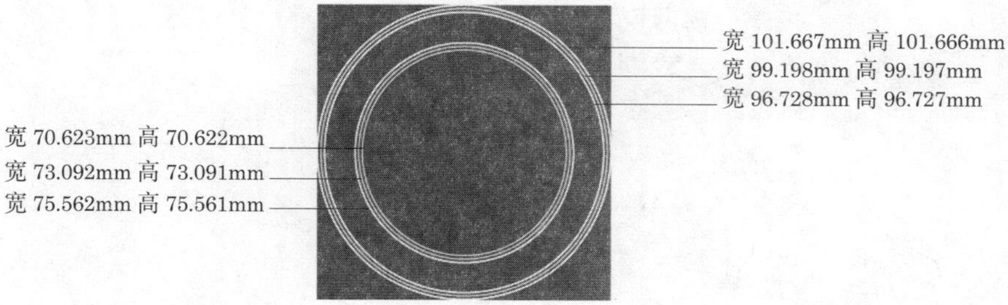

图 2–3

方形图要作为背景来用，所以执行对象 > 排列 > 置于底层命令把它放在最后面，其填充色为 C：100、M：50、Y：4，线条设定为透明。

用选择工具（ ）选取六个圆和一个方形，在对齐调板中点取水平居中对齐和垂直居中对齐钮，六个圆成为同心圆。

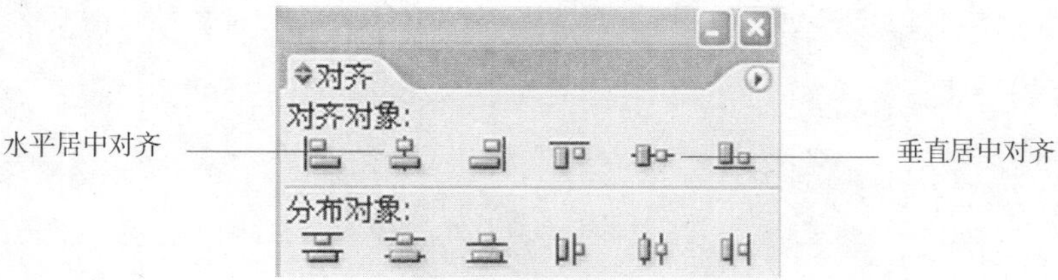

图 2–4

2. 改变描边为圆珠连线

从窗口菜单中选取描边命令，把描边调板显示在屏幕上。

在描边调板中可以设定线条的属性，诸如线条的粗细、颜色、虚实、端口形状等等。

用工具箱中的选择工具（ ）选取第二个圆形（从外往里），在描边调板中设定粗细为 5pt，勾选虚线，并在其下的虚线栏内设定为 0，间隙栏内设定为 8.04。如图 2–5 所示。

虚线的参数设定对于制作圆珠线非常重要。虚线栏内的值必须为 0，否则线条中出现的不是圆珠而是类似胶囊的形状。

间隙的值决定圆珠之间的间隔距离。该值大，间隔就大；反之亦然。

图 2–5

3. 确定中心对称轴

挂毯中央的图案是左右对称分布的，因此只需做出一半的图案，然后镜像复制就可以了。

从窗口菜单中选择显示标尺命令，将标尺显示在文档的顶部和左缘。

为了能够较准确地放置参考线，将视图切换到线框图下。选择视图 > 轮廓命令，可以看到以交叉点形式显示的同心圆的圆心点，用鼠标从左缘标尺中拖出参考线放置在穿过同心圆圆心的位置。

选择视图 > 预览命令将视图切换到预览状态。默认时，参考线的颜色是青色的。

参考线的颜色是可以设定的。选择编辑 > 首选项 > 参考线和网格命令，在参考线栏下可以改变参考线的颜色和样式。本例中设定参考线的颜色为红色。

默认时，参考线是被锁定的，这也是为什么无法拖移参考线的原因。

再次执行视图 > 参考线 > 锁定参考线命令，将取消锁定参考线前的勾选符号，参考线被释放。

4. 绘制图案

绘制花样主要使用钢笔工具（ ）和椭圆工具（ ），并分别设定描边或填色的颜色为白色。如图 2–6 和图 2–7 所示。

5. 绘制灵鹫鸟

关于路径的编辑有一组命令。从对象菜单下选取路径，该命令下包含了连接、平均、轮廓化描边、位移路径、简化、添加锚点、分割下方对象、分割为网格、清理。本例用到了位移路径命令，它能够产生扩边的效果。

局部放大图

图 2–6

图 2–7

（1）用钢笔工具勾勒灵鹫鸟轮廓，如图 2–8 所示。

（2）选择鸟的轮廓线，执行对象 > 路径 > 位移路径命令出现位移路径对话框。在位移栏内输入的值将决定扩边后两条路径之间的间隔距离，这里输入 1 的值，然后按确定钮，扩边效果便产生了。如图 2–9 所示。

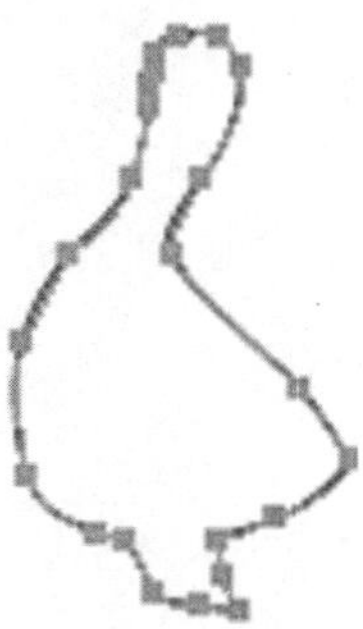

图 2–8

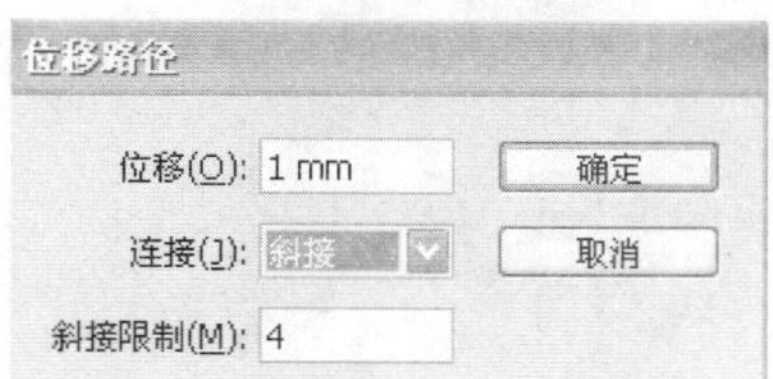

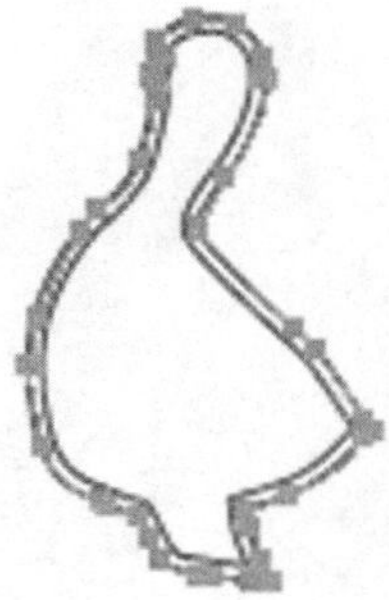

图 2–9

6. 镜像图形

把灵鹫鸟与花朵图形全部选择，然后从工具箱中选择镜像工具（ ），把鼠标指针移至参考线上单击并释放鼠标（单击点为镜像轴的穿越点），接着再次按下鼠标进行拖曳，会有一个镜像图形出现。

在本例中为了水平镜像并复制图形，在拖曳鼠标的过程中，同时按下键盘上的 Shift 键和 Alt 键，如图 2–10 所示。按下 Shift 键，镜像轴转动的角度按照 45 度的倍数进行变化；按下 Alt 键，能够进行图形复制。

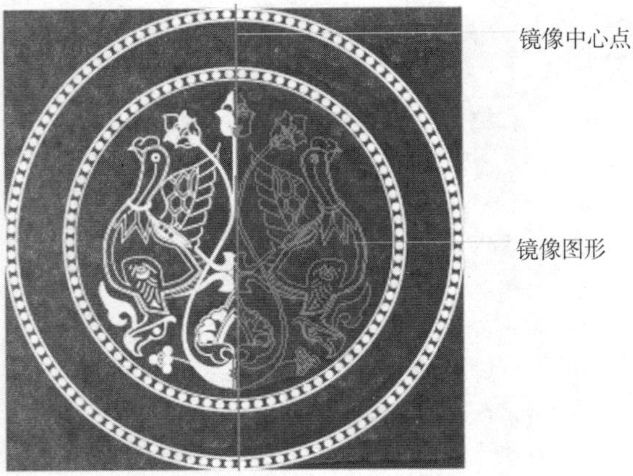

图 2–10

镜像图形复制完成后，观察靠近底部的某些对称线条在衔接的地方有缺口，如图 2–11 所示。线条越粗,这种缺口现象越明显。产生缺口的原因是对称的线条分别是独立的，每根线条都有其端口形状的设定（端口可以是平头、圆头和方头），这样必然在两根线条的连接处产生不连续的缺口现象。解决这个问题的方法是，用工具箱中的直接选择工具

图 2–11

选取两根线条相邻处的锚点，然后执行对象 > 路径 > 连接命令进行断点的焊接。在预览视图下不容易选择线条的相邻锚点，因此选取视图 > 轮廓命令把视图切换到轮廓视图下，然后用工具箱中的直接选择工具，在相邻锚点处按下鼠标并拖曳划出一个区域。释放鼠标后，相邻锚点就被选取。

选取视图 > 预览命令，将视图切换回预览状态。

执行对象 > 路径 > 连接命令，断点被焊接。焊接点的形状可以从描边调板中选择斜接连接、圆角连接或斜角连接，本例中选择斜接连接，让焊接点成为尖角。如图 2–12 所示。

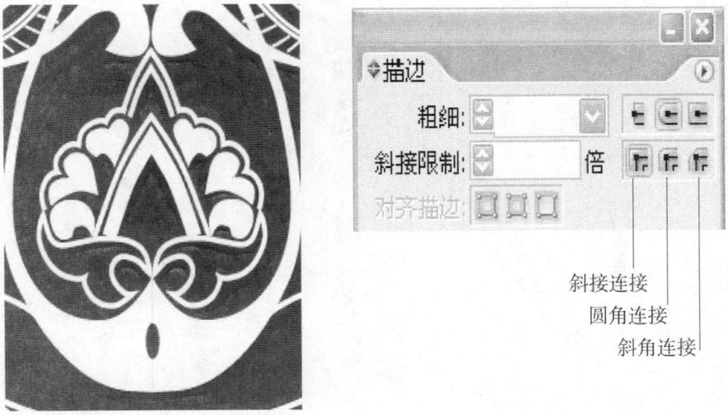

图 2–12

其他相关线条的焊接也是类似的方法。

7. 正方形左上角的同心圆

四个角落的图案是一样的，因此只要完成一个，其余的可以镜像复制。

以正方形左上角的点为中心，依次画出五个同心圆，其直径分别如图 2–13 所示。

在使用椭圆工具绘制圆形时，把鼠标指针放置在正方形左上角处单击（单击处即为中心点），在随之出现的对话框中分别输入宽度与高度值（二者一致，画出的是正圆，否则画出的是椭圆）。

设定 a 圆的填色为无，描边的颜色为白色，其宽度为 1.5pt。

设定 b 圆的填色为无，描边的颜色为白色，其宽度为 6.5pt，并设定该线条为虚线，在虚线栏内键入 0，在间隙栏内键入 7.02。这是一个由许多小圆形排列而成的圆圈效果。

c 圆的填色为蓝色（C: 100、M: 50、Y: 0、K: 0），描边的颜色为白色，其宽度为 1.5pt。

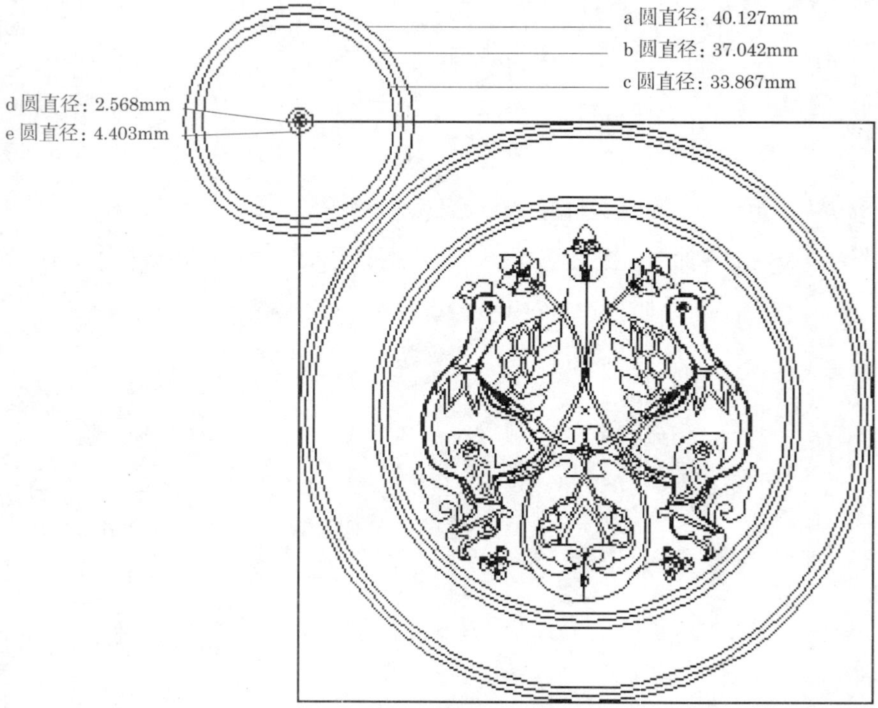

图2–13

e 圆的填色为无（透明），描边颜色为白色，其宽度为 0.75pt。

实际上，这些同心圆所显示的视觉效果，如果你能够用别的方法来表现也是可以的，本书只是提供一种思路而已。

8. 制作倾斜 45 度的参考线

Illustrator 中的参考线除了水平和垂直两种广泛应用的参考线外，还具有另外一类特殊的参考线，即由路径图形转变而来的参考线。因为路径图形有各种形状的，因此由此转变获得的参考线也是多种多样的。

本例中要使用倾斜 45 度的参考线，所以用工具箱中的直线段工具（ ＼ ），在按着 Shift 键的同时即可控制画出一条合乎要求的直线，并将其移动使其穿过方形左上角同心圆的中心点。

在直线段处于选中状态的时候，执行视图>参考线>建立参考线命令，该线段被转变为参考线，后面要做的图形可以沿着该参考线的轴进行镜像复制。如图 2–14 所示。

图 2-14

9. 绘制 1/2 的纹样

这部分的纹样除了一个小圆之外,其余的要用钢笔工具来勾勒。其中有的是开放路径,有的是闭合路径,它们的属性如图 2-15 所示。

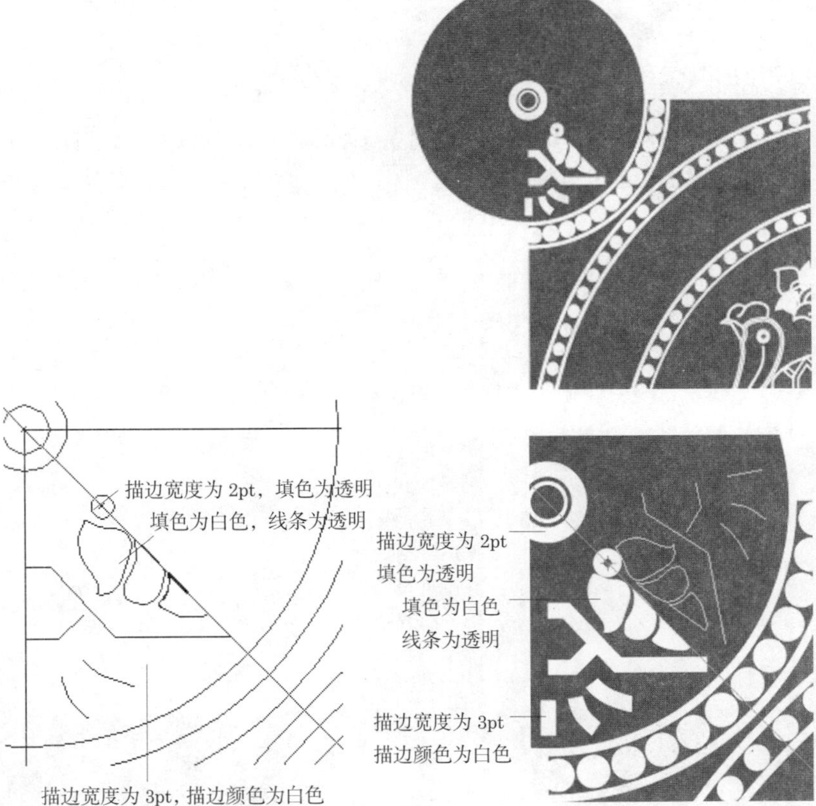

图 2-15

选择除了小圆以外的所有 1/2 图形。从工具箱中选择镜像工具（ ），在 45 度对称轴上任意一点处单击并释放鼠标，鼠标单击处有一个十字标记，即是镜像中心点。用鼠标拖曳，出现镜像图形（不到合适的位置切勿松开鼠标）。为了能够沿着 45 度的对称轴复制镜像图形，请在拖曳鼠标的过程中按下 Shift 和 Alt 键。如图 2–16 所示。

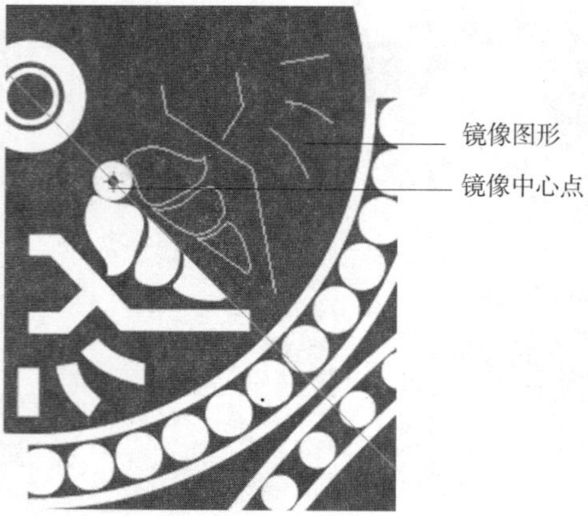

图 2–16

图 2–17

10. 焊接断点

在图 2–17 中用圈标注的地方，两条对称线条的相邻处产生了缺口。用工具箱中的直接选择工具（ ）选取相邻的两个锚点（如果绘制准确的话，这两个锚点应该是重合的），然后执行对象 > 路径 > 连接命令。在焊接点处于选中状态下可以在描边调板中控制其转折角为斜接连接。

焊接点应该为重合的两个锚点。如果这两个锚点因为画图的不精确而没有叠加在一起，其尖角设定的效果如图 2–18 所示。

最后把左上角的图案复制到其余三个角上。

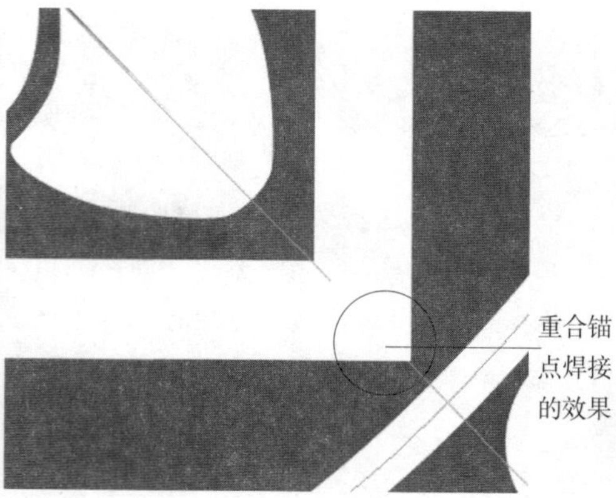

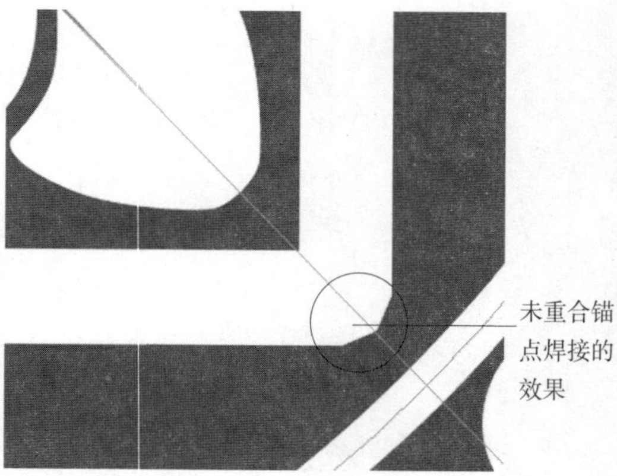

图 2–18

11. 绘制正方形左、右边中心点处的图案

如果标尺没有显示在屏幕上，请执行视图 > 显示标尺命令。用鼠标分别从顶部的水平标尺和左侧的垂直标尺中拖出参考线，使其穿过图 2–19 中所示的圆心点。水平参考线与正方形左边的相交点将为新的一组同心圆的圆心点。

用椭圆工具（）分别画出三个同心圆，外圆的直径为 30.045mm，中圆的直径为 28.281mm，内圆的直径为 26.517mm。如图 2–19 所示。

这些圆的填色与描边的属性设定如下：外圆的填色为蓝色（C：100、M：50），描边为白色，其线宽为 2pt。中圆的填色为无（透明），描边的颜色为白色，其线宽为 3pt，并且勾选虚线（Dashed Line）项。在虚线（dash）中键入 0，在间隙（gap）中键入 5.6。内圆的填色为蓝色（C：100、M：50），描边为白色，其线宽为 2pt。

外圆和内圆也可以只设定其中一个为蓝色，但不能全为透明，否则位于其下的图形将透过来，使画面显得杂乱。

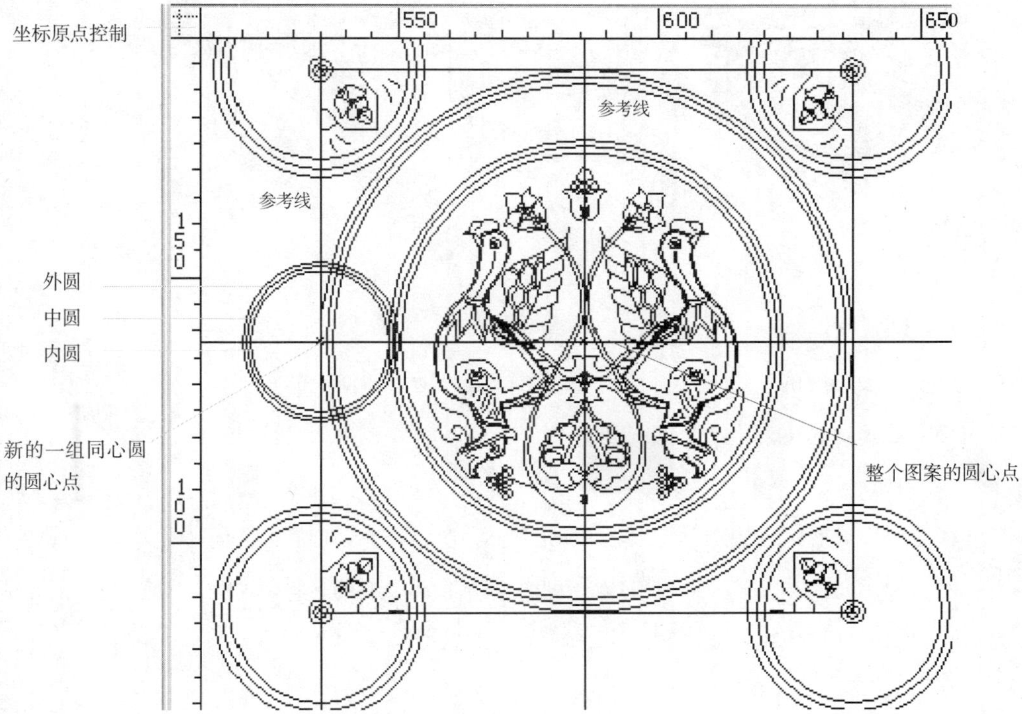

图 2–19

12. 绘制圆内部的图样

使用带圆弧角的矩形工具（▢）完成中央的正方形，其边长为 4.8999mm，圆弧角的半径为 0.5mm，描边为白色，其线宽为 2pt。

锥形图用钢笔工具勾勒或者先画一个矩形，然后用添加锚点工具在矩形左侧边缘的中心添加一个锚点，并用直接选择工具（↖）向外拖曳该锚点。描边的颜色为白色，线宽为 2pt。

小花瓣实际上是由三个椭圆组成的，它们的填色均为白色，描边为蓝色（C: 100、M: 50、Y：0、K：0），描边的宽度为 0.5 pt。这组图样放在蓝色的背景上，感觉是绘制了四个白色花瓣。如图 2–20 所示。

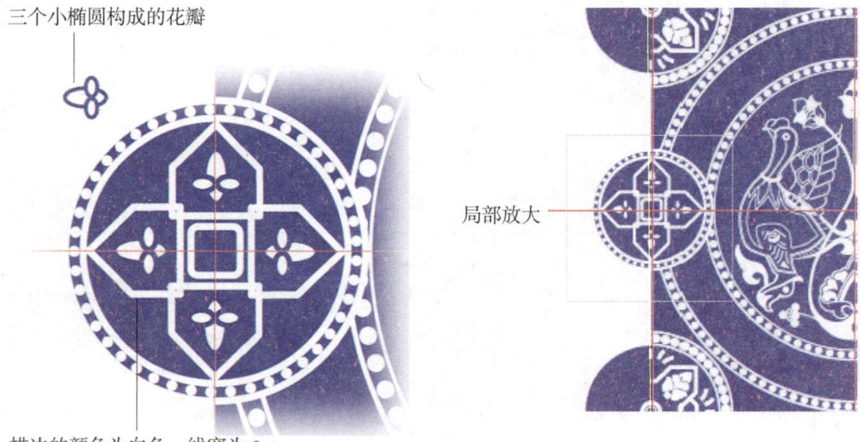

图 2–20

13. 复制

把上一步完成的一组同心圆及内部的图样镜像复制到挂毯的右侧，并把上一步中的一组同心圆复制到大正方形背景的底端中央。如图 2–21 所示。

14. 画鸟

在底部中央的圆内用钢笔工具勾勒鸟的轮廓以及旁边的纹样。

用镜像工具水平复制鸟的图形（复制时，按下键盘上的 Shift 键和 Alt 键），把底部中央的圆及图形垂直镜像复制到顶部中央。如图 2–22 所示。

图 2–21

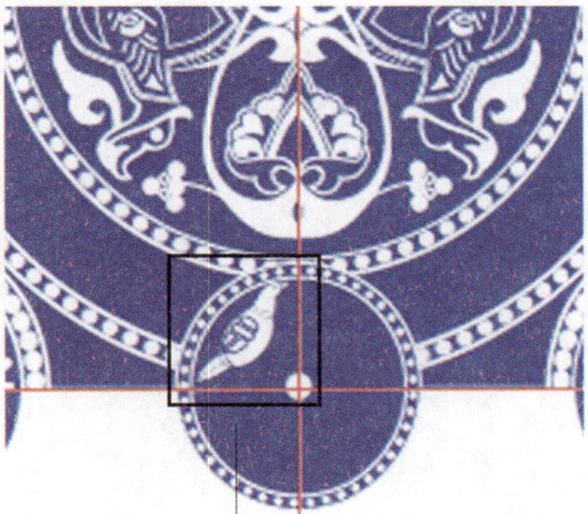

局部放大图

图 2–22

15. 制作蒙版效果

用工具箱中的矩形工具（ ）绘制一个正方形，其大小与图案底部蓝色填充的正方形一样（请把底部的正方形用对象 > 隐藏 > 所选对象命令隐藏）。此正方形将作为蒙版图形来使用。

用工具箱中的选择工具（ ）把蒙版正方形与图案部分激活，然后执行对象 > 剪切蒙版 > 建立命令，蒙版图形本身的填充与描边属性立即消失。位于蒙版图形之内的图案被保留，而位于蒙版图形之外的图案被遮挡。如图 2–23 所示。

16. 画一个与蒙版图形等大的正方形，填色为透明并使其与整个图案居中对齐。

图 2–23

执行窗口 > 画笔库 > 边框 _ 新奇命令，将边框 _ 新奇调板显示在屏幕上。本例中选取滚动条边框。

二、*菊花图的制作*

菊花图的制作主要是使用钢笔工具进行勾勒，然后设定填色，因此本例中主要用图例来阐述制作的过程。

1. 花心的制作

（1）用椭圆工具绘制椭圆。

（2）设定椭圆的填色为图案，描边为一种笔刷效果。

2. 绘制花瓣

（1）勾勒第一片和第二片花瓣的轮廓，设定填色为柠檬黄，描边为黑色。如果需要调整图形前后的顺序关系，请执行对象 > 安排下的一组命令，如图 2–25 至图 2–27。

（2）长花瓣的制作如图 2–28 所示，花瓣正面的填色为橘黄色，花瓣背面的填色为柠檬黄。

图 2–24

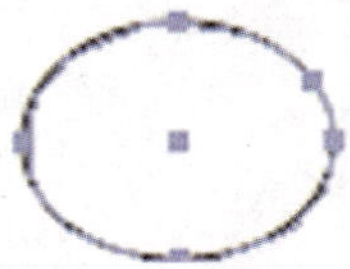

图 2–25

图 2–26

图 2–27

图 2–28

（3）用同样的方式把其余的花瓣做出来。注意，个别的花瓣使用了渐变的填色。如图 2–29 所示。

3. 花枝的制作

先用钢笔工具勾勒一条枝干的路径。

执行窗口 > 画笔库命令，调出一种画笔库调板显示在屏幕上，从中选用一个合适的笔刷效果，如图 2–30 所示。

图2–29

图 2–30

4. 叶子的制作

叶子部分主要使用了渐变色的填色类型。先用钢笔工具勾勒叶子的外形轮廓，然后单击工具箱底部的渐变填色图钮。默认情况下，图形被填充以黑白色的线性渐变色。

执行窗口 > 渐变和窗口 > 色板命令，把渐变调板和色板调板分别显示在屏幕上。从色板中选择颜色拖放到渐变调板中的渐变滑块上，即可改变渐变的起始颜色或终止颜色。如果想设定多色渐变，把鼠标移至渐变滑条的下方单击，即可增加一个新的渐变滑块。

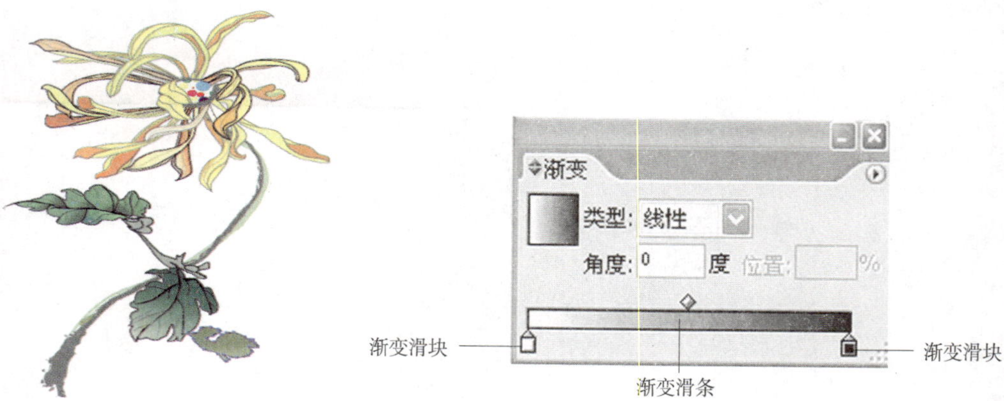

图 2–31

三、琵琶襟马甲和一字形马甲的制作

琵琶襟马甲和一字形马甲是清代人们常穿的两种马甲。马甲边缘处的花纹效果是对一条路径施加扩边的结果。方法是用钢笔工具勾勒波浪形的路径，然后执行对象 > 路径 > 位移路径命令。在随即出现的位移路径调板中设定偏移的数值，按确定钮即可。

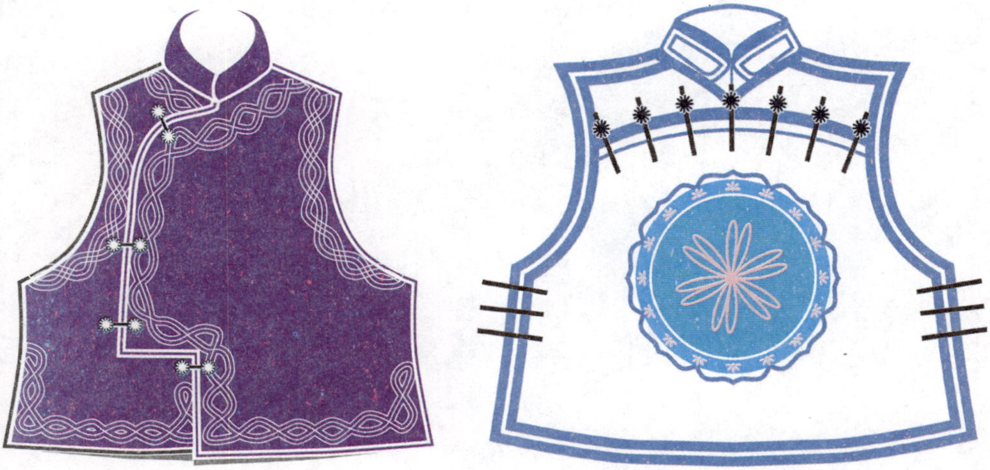

图 2–32

四、永泰公主黑白线描画

这幅线描画是根据石刻画在 Illustrator 中用钢笔工具勾勒完成的。

图 2–33

第三章 图案与画笔的制作

第一节 图案的制作

我们在本书中所提到的图案是被定义图案命令定义的、可以四方连续地填充在路径图形内部的特殊图形组。

一、*定义图案的一般步骤*

Illustrator 中编辑菜单主菜单下有一项命令——定义图案是专门用来定义图案的。

定义图案一般有三个步骤：

1. 绘制纹样

利用工具箱中的绘图工具和有关的编修工具与命令来制作构成图案的图形群组，这也是定义图案过程中最基本、最重要的一步。

图 3–1 的纹样是利用基本的几何绘图工具、路径查找器调板中的图形重组功能和旋转工具的旋转复制等功能来完成。请注意，所有图形的颜色都设定为单色。

图 3–1

图 3–2

2. 定义图案

用工具箱中的选择工具（ ）选中纹样，执行编辑 > 定义图案命令。在新建色板对话框中给图案命名为“几何图案”，然后单击确定键。注意观察色板调板内增加了一个新的图案样本，如图 3–2 所示。

在色板对话框中，只有色板名称栏是有效的，其余如颜色类型、全局色等皆是无效的灰色显示。这是因为颜色类型和全局色都是针对单色的控制参数，对于图案自然失效。

图案中用到的颜色可以是印刷色或是专色。如果是印刷色，可以勾选全局印刷色或者非全局印刷色，这些在第一步绘制图案纹样使用颜色时就要在颜色调板中确定。

3. 应用图案

图案填充是一种填色类别。在 Illustrator 中对图形内部的填充方式有单色、渐变色和图案三种方式。如果不给图形填充，那么说图形内部就是透明的。

本例中，我们将把“几何图案”赋予海棠形的窗户图形，其方法是：用工具箱中的选择工具（ ）选中海棠形窗户的内边图形，然后单击工具箱中的填色框，并在色板调板中单击“几何图案”格，该图案被指定给选中的图形。如图 3–3 所示。

图案也可以用于描边，但因为图案的四方连续，描边中可能会包含不完整的图案。因此若想让线条以完整图案来显示，建议使用笔刷库中的图案笔刷。

按照上述步骤定义图案的时候，如果纹样使用了图案填充，那么在定义图案的时候会出现一个警告：“图案不能包含任何使用图案绘制的内容。”

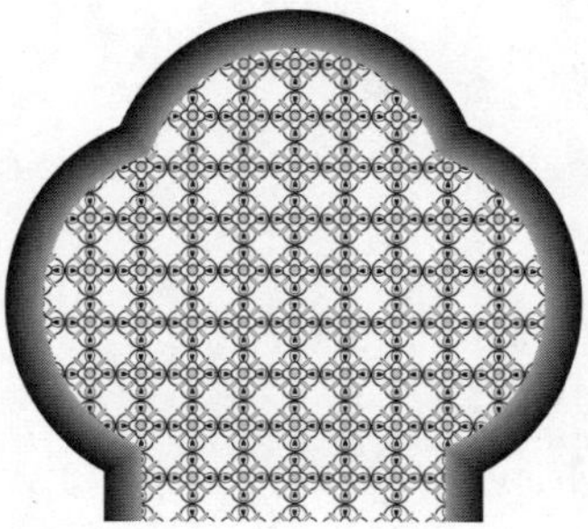
图 3–3

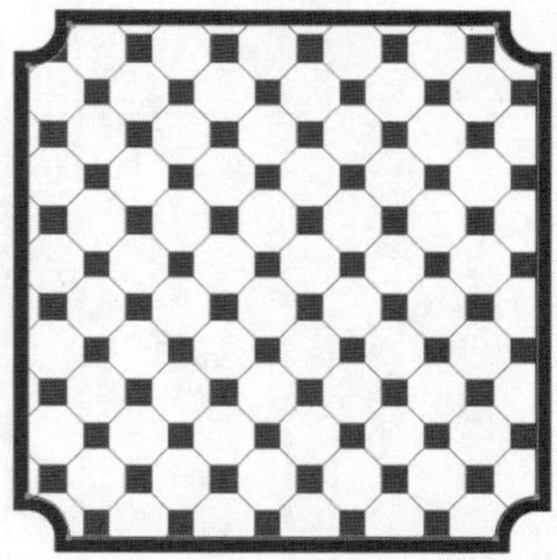
图 3–4

二、*图案定义的技巧*

我们以图 3–4 所示的图案来讲解图案定义过程中的一些技巧。

1. 在定义图案之前，先用绘图工具制作一个双钩边的图形以便容纳图案。如图 3–5 所示。

执行对象>路径>位移路径命令进行扩边。如图 3–6 所示。

2. 制作基本纹样

基本纹样做成什么样的呢？有的同学可能认为图 3–7 的两种纹样都可以。

把图案一定义为图案，并应用在图形的填充上，图案的四方连续效果明显地不同于图 3–4 所示。

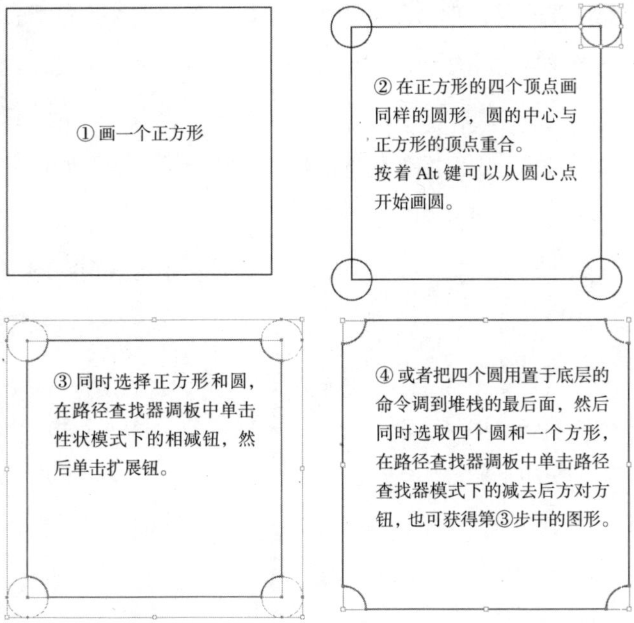

图 3–5

图 3–6

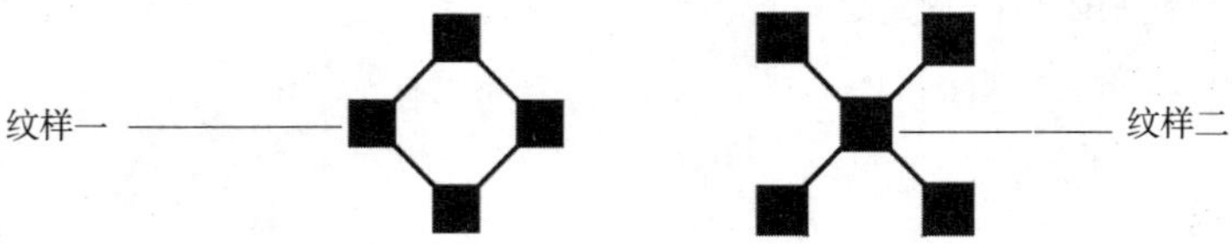

图 3–7

实际上，把两种纹样分别定义为图案，并应用于图形的填充，图案的四方连续效果都不是我们需要的图案。如图 3–8 所示。

我们把第一个纹样向它的四个方向进行复制，上下左右的黑色正方形拼接成长方形，因此产生的四方连续的效果不同于图 3–4 中所显示的。把第二个纹样向它的四个方向复制，

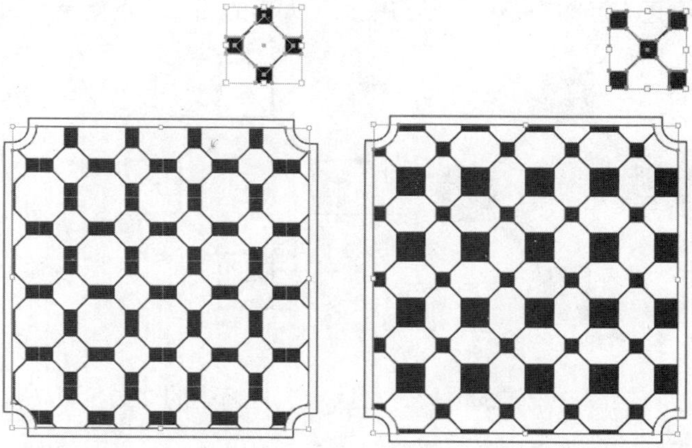

图 3-8

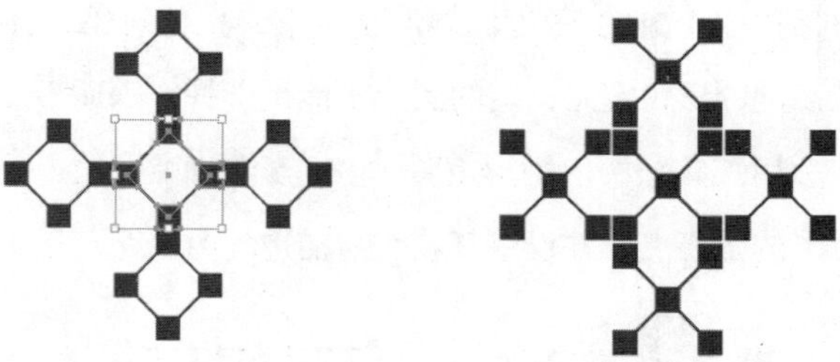

图 3-9

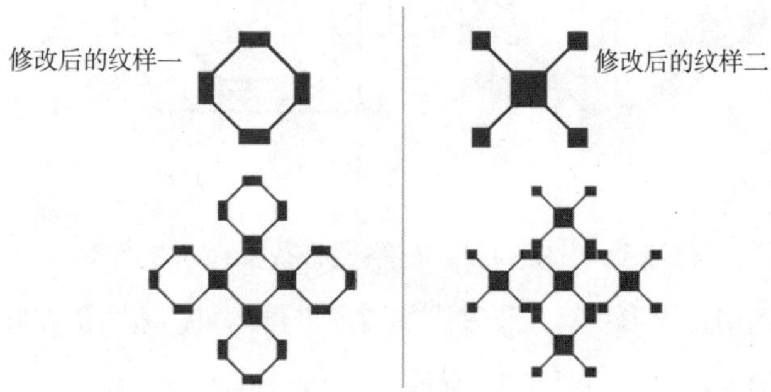

图 3-10

保持中央的黑色正方形大小不变，但是上下左右的四个黑色正方形将拼接为原正方形四倍大的正方形，最终的效果也不可能等同于图 3–4。如图 3–9 所示。

我们如果把纹样修改为图 3–10 所示，那么四方连续后的图案就等同于图 3–4 所示。

下面开始重新绘制纹样。

（1）图案的绘制要领

纹样一是由四个相同的黑色小正方形和中央的倾斜 45 度的大正方形组成的。四个小正方形的中心点分别与中央正方形的四个顶点重合。如图 3–11 所示。

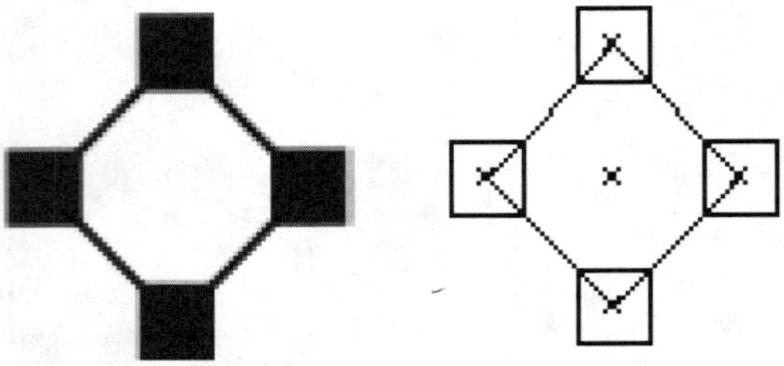

图 3–11

绘图并编辑的时候，可以用工具箱中的缩放工具（）把屏幕放大，并切换到轮廓显示状态下来操作，因为轮廓状态下可以显示正方形的中心点（即正方形中央的交叉点）。

选中中央的 45 度倾斜的正方形，执行对象 > 锁定 > 锁定所选对象命令，把处于选择状态的图形锁定。锁定的图形不能被选择，因而不受操作的影响。

用工具箱中的矩形工具（）绘制如图 3–12 所示的正方形，使其边缘穿过四个小正方形的中心点，并设定其填充与描边均为透明。

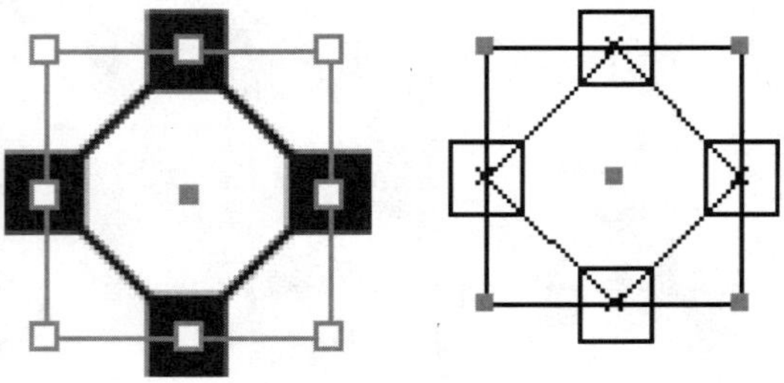

图 3–12

（2）选取图 3–12，在路径查找器调板的路径查找器模式下单击裁切图钮，最上方的透明正方形将对位于其下的图形进行裁切，透明正方形之外的其他图形被裁掉，之内的图形被保留。如图 3–13 所示。

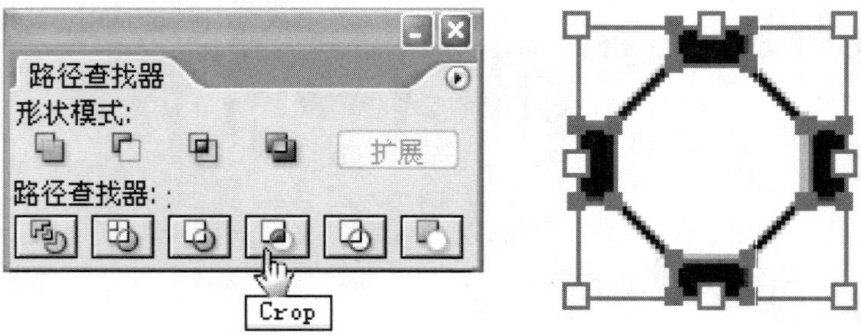

图 3–13

执行对象 > 全部解锁命令释放锁定的图形。

（3）选择裁切后的图形组，执行编辑 > 定义图案命令，将图案命名为“图案三”，然后单击确定钮。

（4）激活要填充的双勾边的内正方形，单击工具箱底部的填色图钮，并单击色板调板中的“图案三”，这次的图案就与图 3–4 的一致了。

其实我们可以跳过第（2）步，直接进入第（1）步图案定义的阶段，只是要用到一个定界框。按下键盘快捷 Ctrl+Z 恢复到第（1）步结束的状态。

选择透明的正方形，执行对象 > 安排 > 置于底层命令，确定其在该组图形堆栈的最后面，它将作为图案的定界框来使用。

选择所有的图案图形，执行编辑 > 定义图案命令，将其命名为“图案四”，并赋予该图案双勾边的图形，效果是一致的。

这个方法很简捷,但是应用不当就不能提高工作效率。作为定界区域的长方形,第一，其本身不能有任何颜色，即必须是透明的图形；第二，其堆栈顺序必须在图案图形的最后面。

应用定界框制作图案，对于要求极严格的几何纹样的四方连续有着重要的意义，同学们应该熟练地掌握。

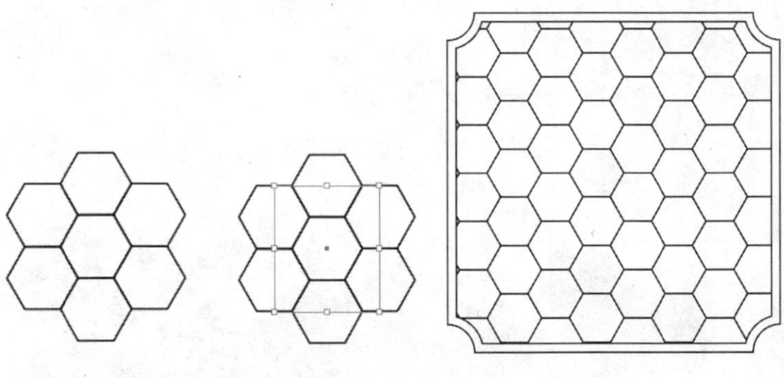

图 3–14

现在你能否把纹样二用定界框来定义图案呢？试试看！

图 3–14 中四方连续的图案，动手做一做，请参照下面的提示。

提示：如果正六边形的中心点没有显示出来，请执行窗口 > 属性命令，把属性调板显示在屏幕上。在选中六边形的时候，单击属性调板中的显示中心按钮。

三、*图案的再编辑*

放到图案库中的图案随时可以取出来进行修改，然后重新定义图案，再次放回图案库中。

（1）执行窗口 > 色板命令，把色板调板显示在屏幕上。

（2）用鼠标指针选取色板调板中的某个图案拖放在屏幕上，比如龟纹图案（这个图案图形是成组的），如图 3–15 所示。

（3）用编组选择工具（ ）选择要修改的图形，比如龟纹图案中的七个六边形，使其填充色由原来的透明变为黑色。

（4）用选择工具选中图案，执行编辑 > 定义图案命令，在新色板对话框中把修改后的图案命名为“龟纹图案”，单击确定钮。

（5）把图案库中的“龟纹图案”赋予一个图形，如图 3–18 所示。

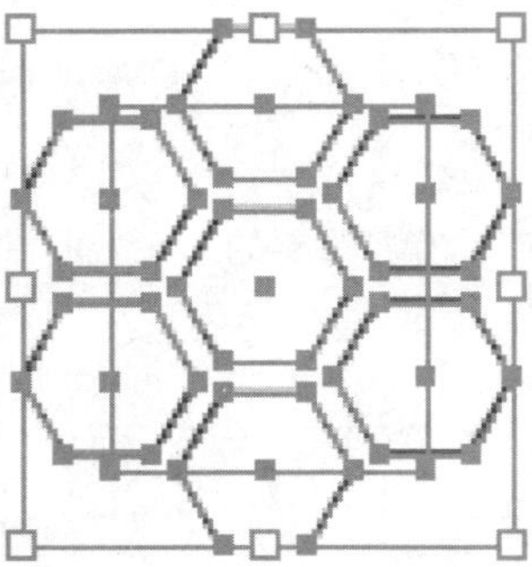
图 3–15

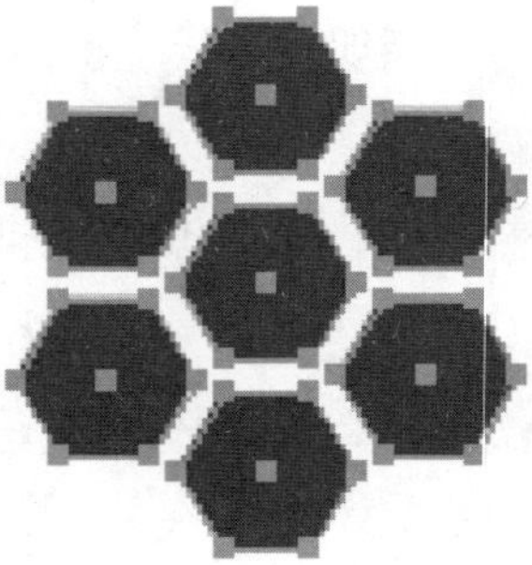
图 3–16

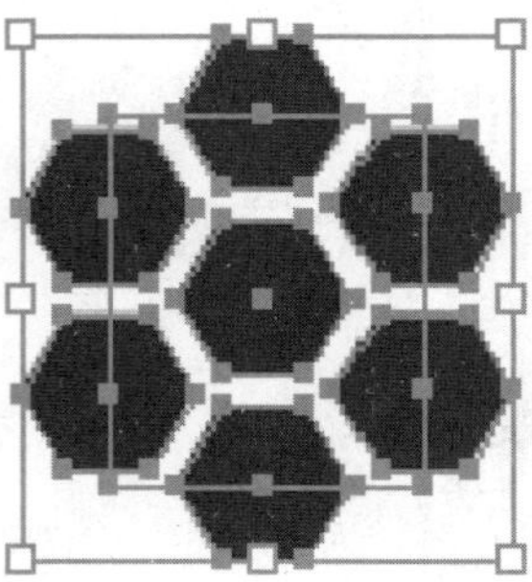
图 3–17

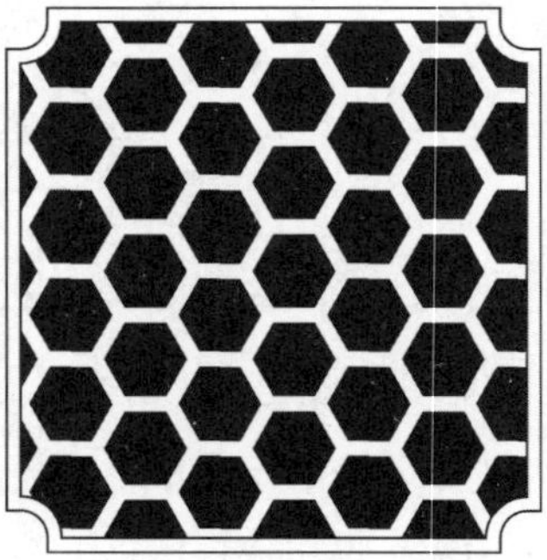
图 3–18

一、*画笔工具（ ）与画笔效果*

Illustrator 中提供了丰富多样的笔刷效果，我们在创作插图的时候也经常会用到不同的画笔效果来丰富其表现力。比如画《丹柿》中的枝干、《凤凰》中的凤尾和顶冠、《蝴蝶》中的斑点以及《四方连续图案》中的图案边框都使用了笔刷效果。

在主菜单窗口下的画笔库中有水彩、油墨、粉笔、炭笔、铅笔等多个笔刷调板。在这些画笔库中任选一个，然后用工具箱中的画笔工具（ ）在屏幕上涂画，非常有趣。

当然，这些画笔效果也可用于别的绘图工具画出的路径上，方法是先画出路径，在其处于激活状态的时候，单击画笔库中的某种画笔。如图 3–19 所示 .

图 3–19

Illustrator 的笔刷样式虽然很多，但可以归为四种类型：

1. 书法画笔（ Calligraphic Brush ）

这种画笔的效果是在路径的转折处出现粗细变化，类似于中国毛笔的书写效果，但远不及中国毛笔书写灵活多样。如图 3–20 所示。

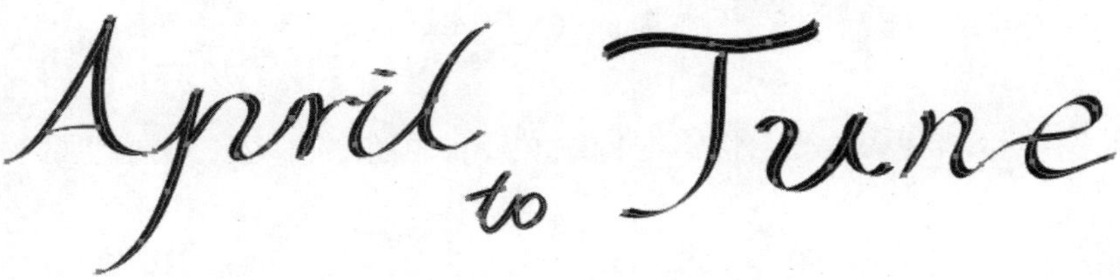

图 3–20

2. 散点画笔（Scatter Brush）

该种画笔的效果是在路径上随机地散布着某个纹样，比如一朵花、一片叶子、一只鸟或一只蝴蝶等。如图 3–21 所示。

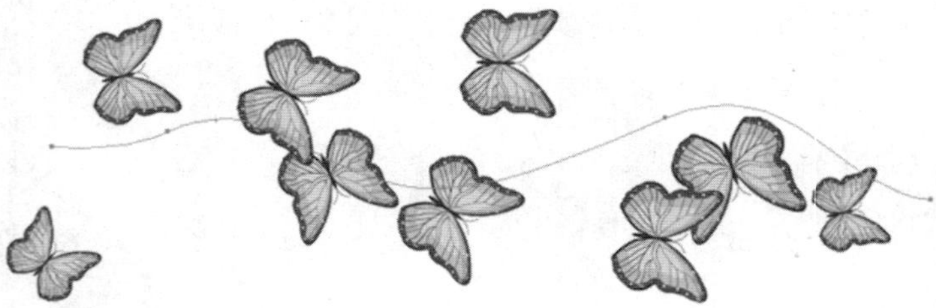

图 3–21

3. 艺术画笔（Art Brush）

这种画笔也叫线条画笔，其效果是沿着路径的方向平坦地展开一个图案纹样，比如一支铅笔、一把剪刀、一个笔触等。如图 3–22 所示。

图 3–22

4. 图案画笔（Pattern Brush）

该类画笔可绘制一种由拼贴图组成的图案，这种图案沿路径不断重复，产生二方连续的效果，用于边框是非常理想的装饰图案。如图 3–23 所示。

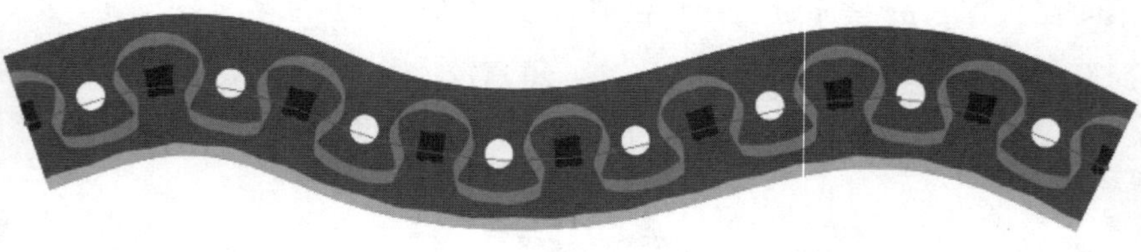

图 3–23

图案画笔最多可绘制五种拼贴图：图案边上的拼贴图、内角的拼贴图、外角上的拼贴图以及开头和结尾的拼贴图。

外角和内角的确定与路径绘制的方向有关。如果形成一个角的绘制方向是沿着顺时针勾勒的，该角为外角；如果形成一个角的绘制方向是沿着逆时针勾勒的，该角为内角。如图 3–24 所示。

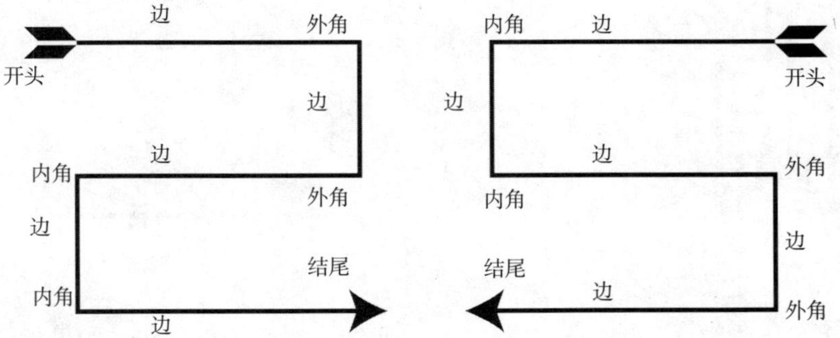

图 3–24

二、*设计个性化的图案画笔*

我们应用画笔效果的时候，主要是在画笔库提供的多个画笔调板中进行的。若想设计个性化的画笔，必须在画笔调板中进行。了解画笔调板和画笔库中的画笔调板的用途是十分必要的，前者可以创建新的画笔，后者则是直接应用。

我们以图 3–25 中的图案画笔为例来介绍某种个案画笔的制作方法。

图 3–25

1. 制作纹样

本图案画笔中用到两个拼贴图，一个是外角拼贴图，一个是边线拼贴图。参照下面的图示完成两种纹样的绘制。如图 3–26 所示。

图 3–26

2. 定义图案

图案定义在制作画笔的过程中是非常关键的一步。

我们看到的图案画笔，边线拼贴图一般与外角拼贴图的高度是一致的，制作相对容易一些。而本例的图案画笔，因为外角拼贴图有点特别，所以在定义图案的过程中特别应该注意某些地方的设置。

把外角拼贴图的纹样定义为图案，命名为“Corner”。

在定义边线拼贴图纹样（凤凰图及上下的横线）为图案的时候，拼贴图的大小（与外角拼贴图相比）、拼贴图的图案定义区域（即界定长方形的大小）都对后面设定画笔有着直接的影响。我们分别定义几种，如图 3–27 和图 3–28 所示。

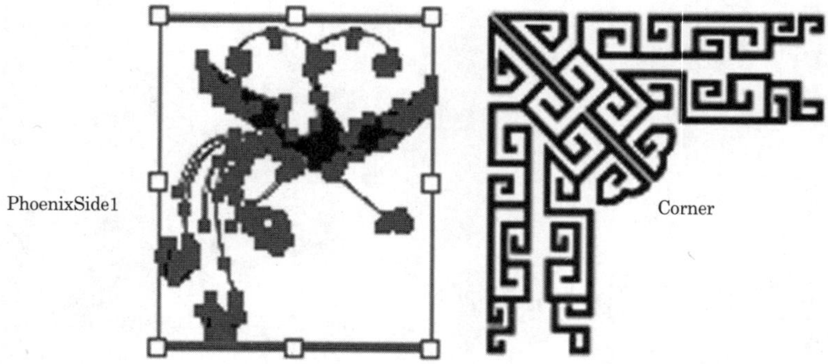

图 3–27

3. 定义画笔

执行窗口 > 画笔命令，把画笔调板显示在屏幕上。

从画笔调板的窗口菜单中选取新建画笔命令，进入新建画笔对话框中。本例中定义的

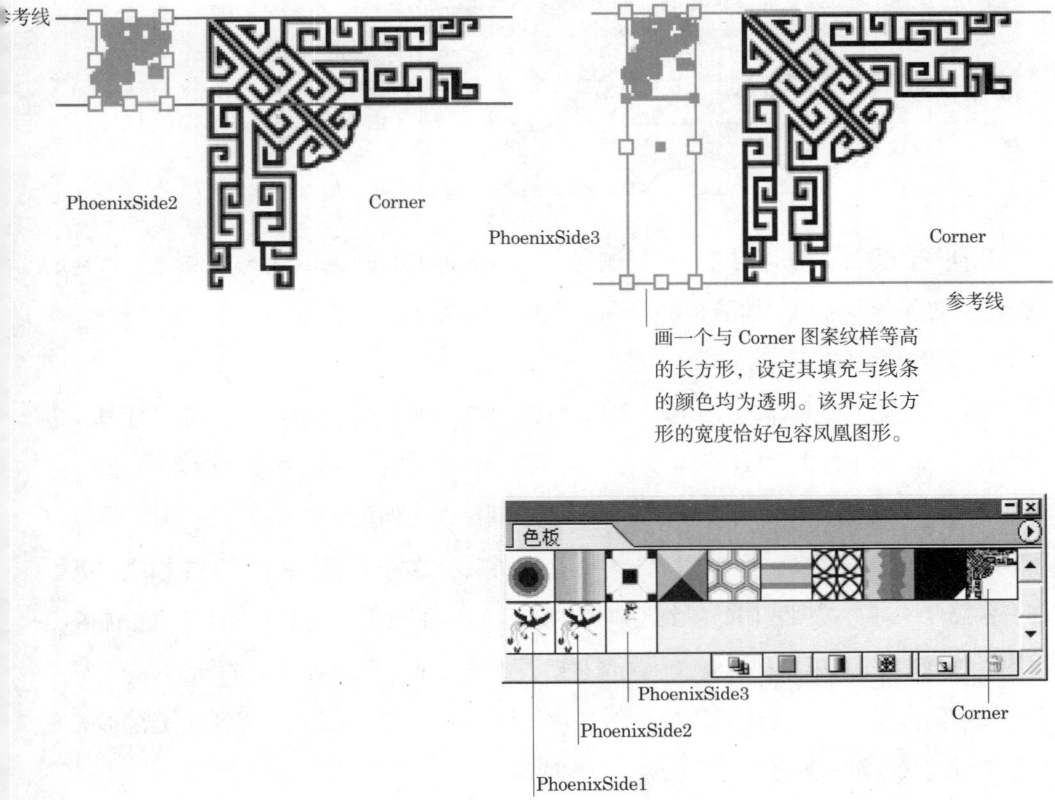

图 3–28

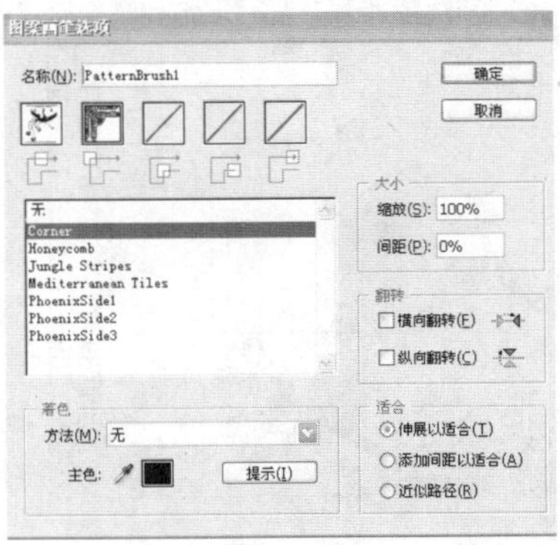

图 3–29

是图案画笔，因此选取新建图案画笔，单击确定钮，进入图案画笔选项对话框。

在图案画笔选项对话框中，单击顶部的边线拼贴框，并从其下方的图案库中选择 PhoenixSide1；单击外角拼贴框，并从图案库中选择 Corner，在名称栏内键入该图案画笔的名称“PatternBrush1”，单击确定钮。

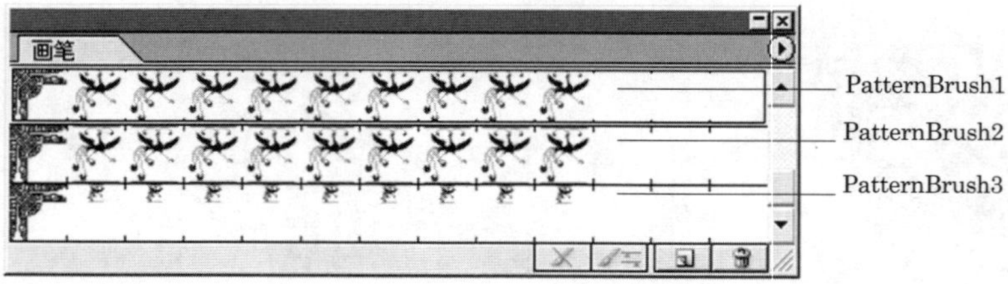

图 3–30

用同样的方法，分别定义边线拼贴为 PhoenixSide2 和 PhoenixSide3 的画笔。创建的画笔被放在画笔调板中，如图 3–30 所示。

4. 应用图案画笔

图案画笔常用作装饰边框，因此我们把制作的三种画笔赋予同样的正方形（注意：边框中凤凰图案的重复次数取决于正方形的大小以及线条的宽度次数），如图 3–31 所示。

从图中可以看出，第一种画笔中，因为凤凰拼贴图与外角拼贴图的高度一样，所以与图 3–25 的效果相差太远；第二种画笔中，凤凰拼贴图的高度与外角拼贴图中横栏与纵栏部分的高度一样，按照我们的想象是应该达到图 3–25 的效果，但事与愿违。真正能够实现图 3–25 效果的是第三种画笔，在凤凰拼贴图中增加了一个透明的长方形，其高度与外角拼贴图的高度一致。在这里，透明的长方形起到一种占位符的作用。别看它是隐形的，对于有效定义图案和画笔来说却是功不可没的。

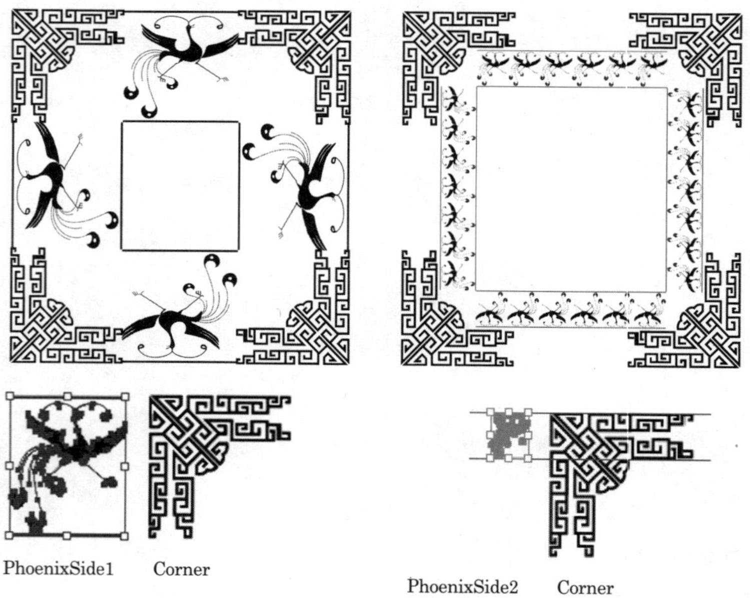

图 3–31

第四章 明暗光影

现实生活中，玻璃杯、陶瓷器皿、金属器件、塑料物体、木制桌椅、棉织物等，给我们的视觉和触觉都是不一样的。它们有的光滑，有的粗糙；有的坚硬，有的柔软；有的冰冷，有的温暖；有的高雅，有的通俗，等等。不同物体表面的质地、平滑程度不同，造成了它们对光的反射和折射能力不同。比如玻璃，其表面很光滑，当光投射到玻璃物体上时，产生的反射现象比较明显，视觉效果中这类物体有清晰的高光点。同时因为玻璃是透明的，不同的玻璃介质对光有着不同的折射能力，也决定了玻璃物体与环境背景叠加的视觉效果不同。同样是表面比较光滑的金属物体，其呈现出的光影效果与玻璃是不尽相同的。金属物体对光的反射能力也比较强，因此视觉效果中金属物体的表面也有高光区域，越光滑的表面其高光区域越小。金属介质是不透明的，所以光线投射到它们表面时主要被反射，光线无法穿透金属物体，环境背景中的任何东西都是看不到的。

光线投射在物体上的视觉效果主要是由高光、暗部以及高光和暗部之间的过渡部分构成的。高光与暗部之间的过渡部分对于表现光影是非常重要的。可以说，一幅表现物体质感的插图成功与否，主要是取决于过渡部分的视觉效果。

Illustrator 提供了渐变填充、图形混合、网格渐变、透明与合成模式等多种表现手段。只要掌握了这些表现手法，拥有耐心与毅力，就一定能够做出更多更好的插图作品。

第一节 渐变填充

图形的填色类型是渐变，可以是双色渐变，也可以是多色渐变。下面的案例主要是通过渐变填充的方式来表现物体表面的质感。

一、手表

图 4–1

1. 制作表壳

（1）用工具箱中的椭圆工具（ ）绘制一个宽度与高度分别为 45mm 和 55mm（参考值）的椭圆。如图 4–2 所示。

（2）再绘制一个小一点的椭圆。如图 4–3 所示。

（3）用旋转工具（ ）将两个椭圆沿着逆时针方向旋转约 12 度。如图 4–4 所示。

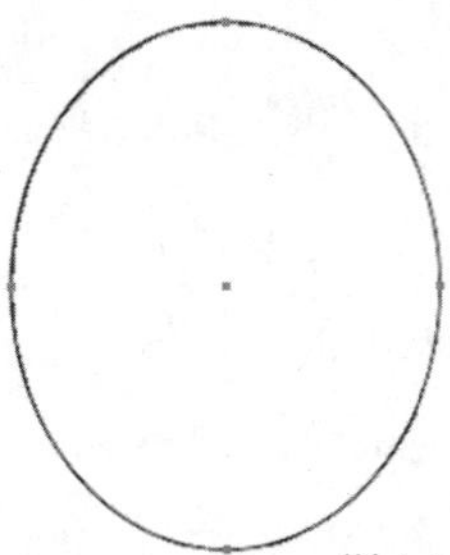

图 4–2

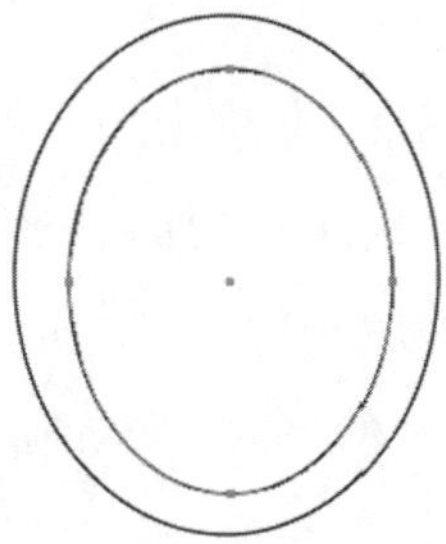

图 4–3

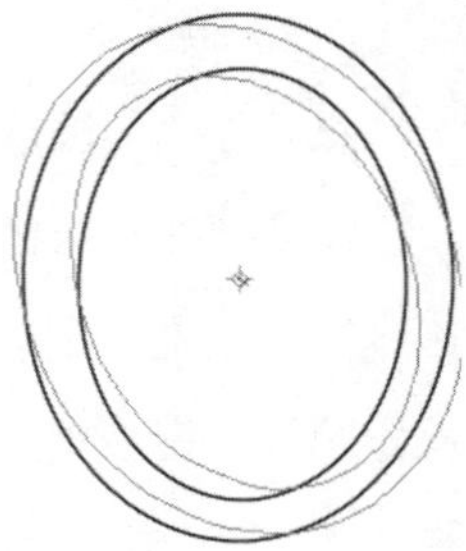

图 4–4

（4）用直接选择工具（ ）调整椭圆的外形轮廓。如图 4–5 所示。

（5）在两个椭圆处于选择的状态下，执行对象 > 复合路径 > 建立命令，并在工具箱的填色框中选择黑色。如图 4–6 所示。

复合路径命令的主要用途是在两个图形的重叠区域创建镂空的效果。

表壳的厚度是通过一个渐变色填充的图形来表现的。

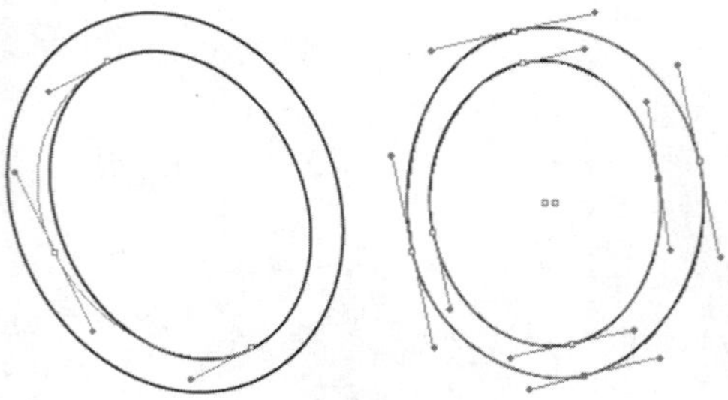

图 4-5

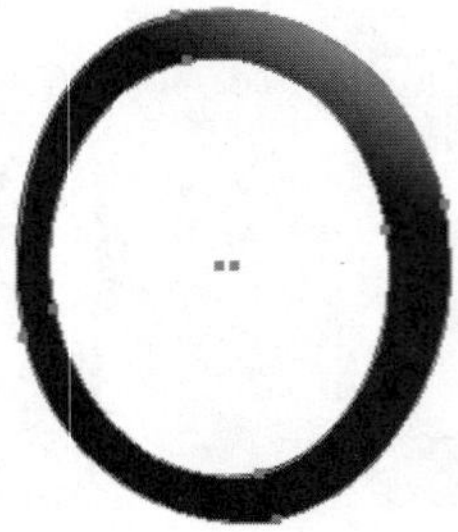

图 4-6

（6）用钢笔工具（ ）沿着椭圆环的内边勾勒一个月牙图形。单击工具箱底部的渐变填色框，月牙图形被填充以白色到黑色的水平渐变色，如图 4–7 所示。

图 4–7

（7）编辑渐变填充

在月牙图形被选中的情况下，双击工具箱底部的渐变框，进入渐变编辑对话框。

渐变填充有两种类型：径向和线性。本例选择线性渐变。颜色渐变的方向在角度栏中确定，该角度决定渐变色所表现的受光方向。这里键入 50 的值，光从右上方投射过来。确定第一个渐变滑块为 35% 的黑色，向右拖动该滑块使它的位置约为 14%（显示在位置栏中）；确定第二个渐变滑块为黑色，向左拖动该滑块使它的位置约为 41%。滑条上方的菱形块控制渐变色的比率，拖动它到大约 68% 的位置，如图 4–8 所示。

绘制一个渐变色填充的图形，除了可以在渐变编辑对话框的角度栏中改变渐变色的方向来实现外，还可以用工具箱中的渐变工具（ ）来实现。方法是，在图形处于选择状态下，用渐变工具从开始渐变的地方（可以在图形内部也可以在图形外部）单击一点，然后拉出一条射线，射线的方向决定渐变色的方向。松开鼠标后，就改变了渐变色的方向。如图 4–9 所示。

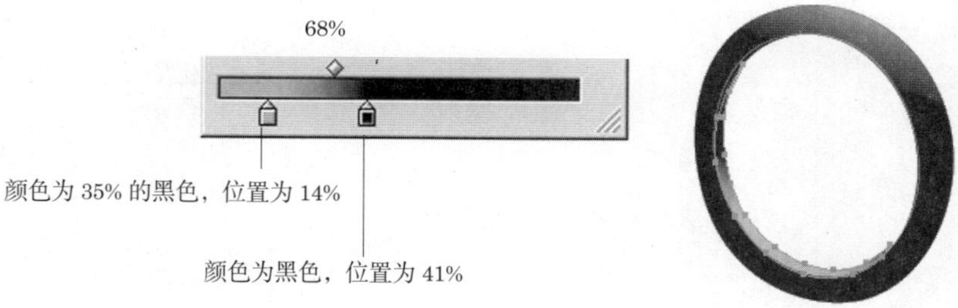

图 4–8

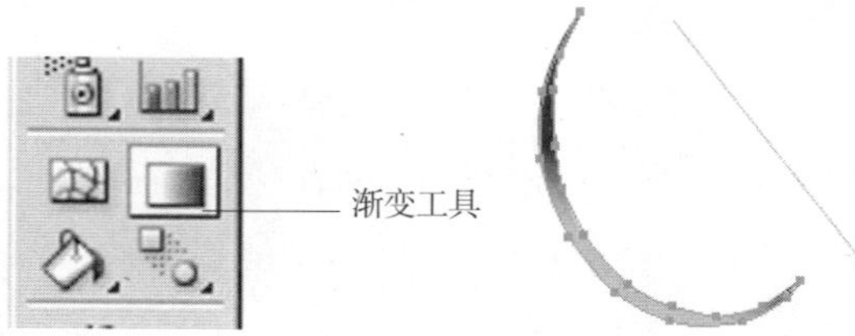

图 4–9

（8）选取工具箱中的编组选择工具（ ），单击选取环状图的内椭圆（如图 4–10 所示），并执行编辑 > 复制和编辑 > 粘贴命令，复制出另一个椭圆。这个图形是完全独立的，并不包含在环状图的成组图形中。如图 4–11 所示。

编组选择工具（ ）可以选择成组图形中的个别图形进行编辑，比如在本例中如果选择了环状图中的内椭圆，然后按下键盘上的 Alt 键移动鼠标也可以进行复制，但是以这种方式复制的图形仍然属于成组图形。

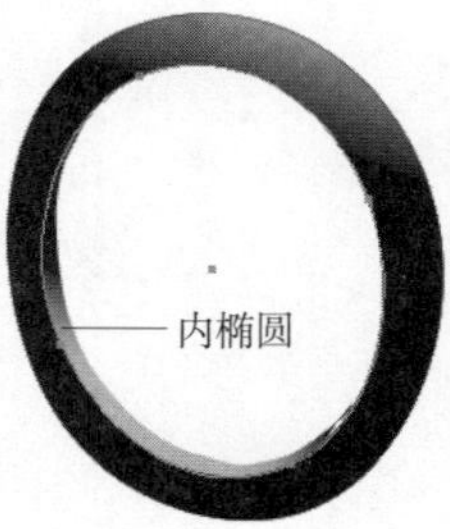

图 4–10

图 4–11

（9）用选择工具（ ）把复制的椭圆移到与原椭圆相重叠的位置（不必完全吻合）。

设定该椭圆的描边颜色为黑色，描边宽度为 0.25pt；设定该椭圆的填色为线性渐变色，渐变色的位置和颜色如图 4–12 所示。

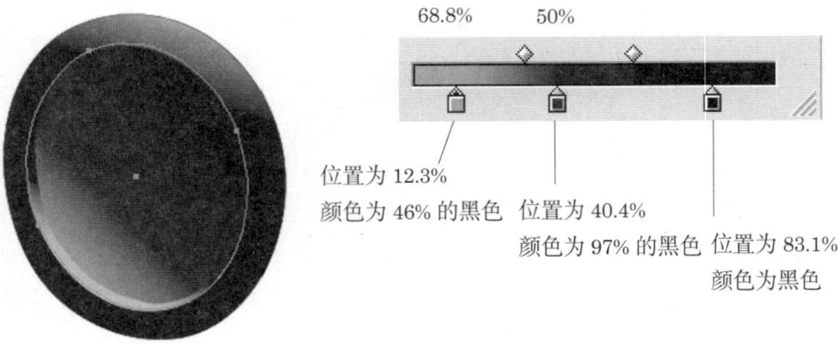

图 4–12

进入渐变编辑对话框后，默认的是黑白两色的渐变。用鼠标在渐变色滑条的下方单击即可增加一种新的渐变色，因此在 Illustrator 中可以方便地实现多色渐变。

（10）再次复制椭圆，设定其填色为无（透明），描边颜色为白色，线宽为 0.25pt。

为了确保该椭圆在最上面，请执行对象 > 排列 > 置于顶层命令，并用鼠标把该椭圆移到合适的位置。如图 4–13 所示。

图 4–13

（11）表壳厚度还要从其右侧边的造型来完善。用钢笔工具（ ）沿着表壳右侧外部轮廓勾勒一个狭长的图形，并设定其填充为线性渐变色，线性渐变色的参数设定请参阅图 4–14。

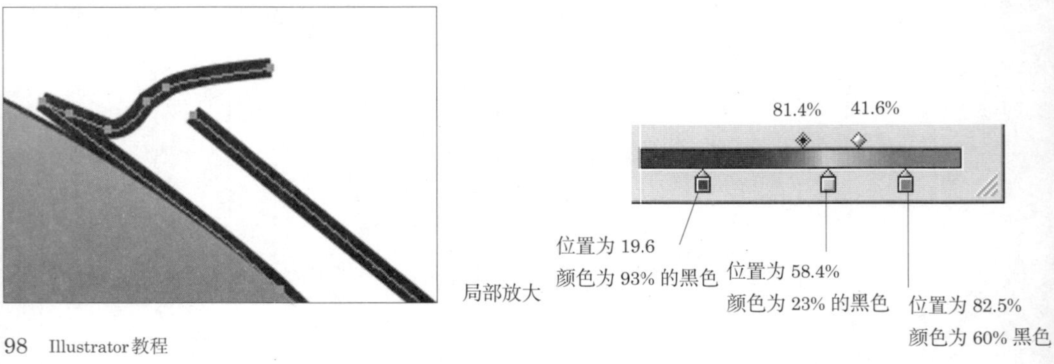

勾勒狭长图形的轮廓　　以线性渐变色进行填色　　释放图形后的效果

图 4–14

2. 旋钮的制作

旋钮也是通过渐变色填充来模拟金属表面的光泽效果。

（1）用钢笔工具（　）勾勒旋钮的柱体轮廓，并填以线性渐变色，渐变角度为 –45，渐变色的参数设定参见图 4–15。

在制作旋钮的时候，可以不必拘泥于书中所给的数值，只要明白这种效果通过线性渐变可以实现即可，具体的参数可自行调整。

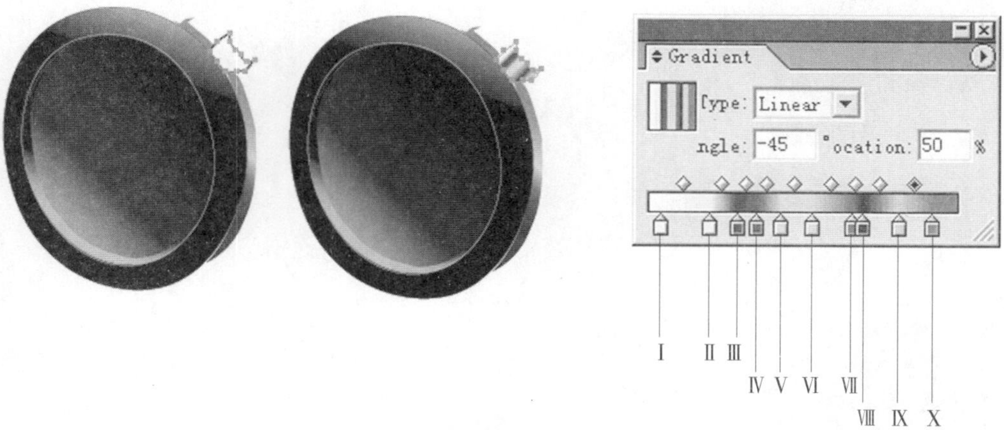

Ⅰ　位置为 3.94%，颜色为 4% 的黑色
Ⅱ　位置为 20.2%，颜色为 8% 的黑色
Ⅲ　位置为 28.6%，颜色为 87% 的黑色
Ⅳ　位置为 35.3%，颜色为 81% 的黑色
Ⅴ　位置为 43.2%，颜色为 22% 的黑色
Ⅵ　位置为 52.8%，颜色为 22% 的黑色
Ⅶ　位置为 66.2%，颜色为 70% 的黑色
Ⅷ　位置为 69.6%，颜色为 96% 的黑色
Ⅸ　位置为 80.9%，颜色为 27% 的黑色
Ⅹ　位置为 92.1%，颜色为 64% 的黑色

图 4–15

（2）其余的旋钮制作参照图 4–16 至图 4–22。

图 4–16

图 4–17

图 4–18

图 4–19

图 4–20

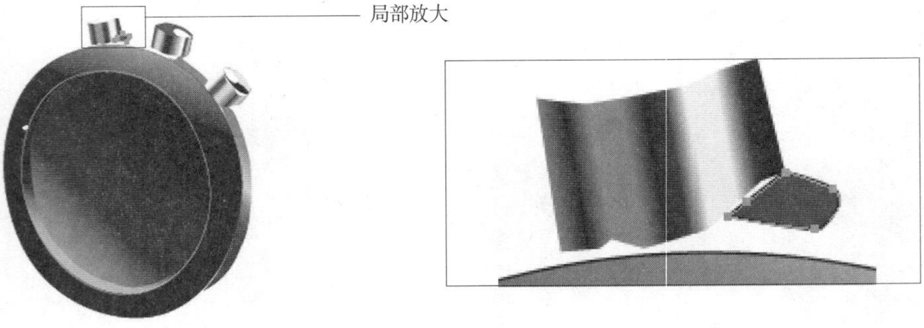

图 4–21

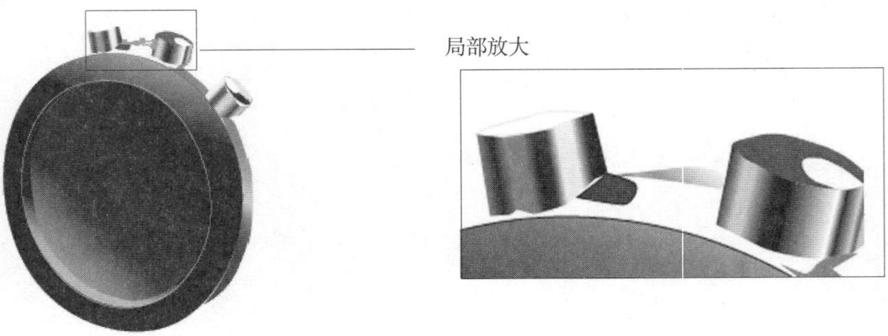

图 4–22

3. 金属链条的制作

参照图 4–23 至图 4–46，最终完成的效果如图 4–1 所示。

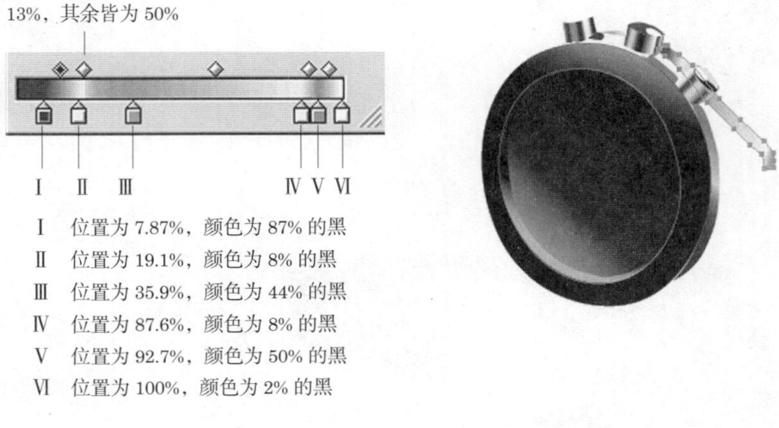

图 4–23

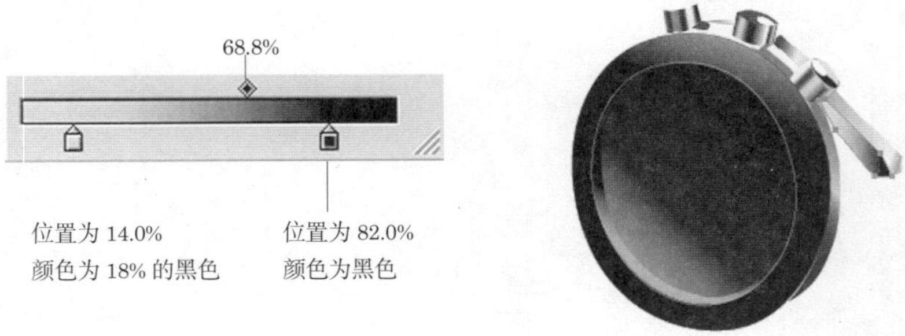

图 4–24

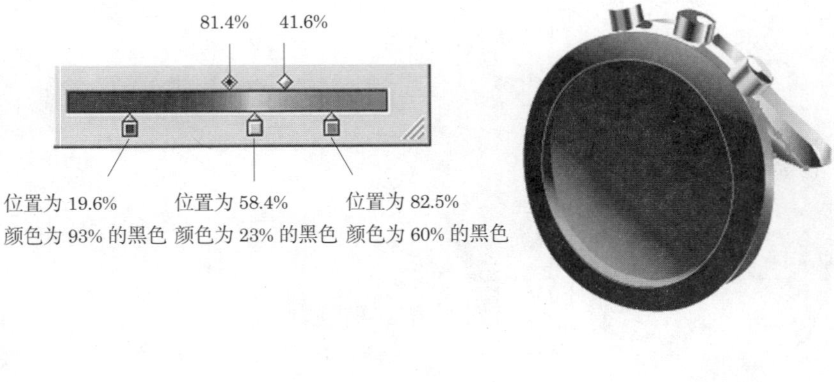

图 4–25

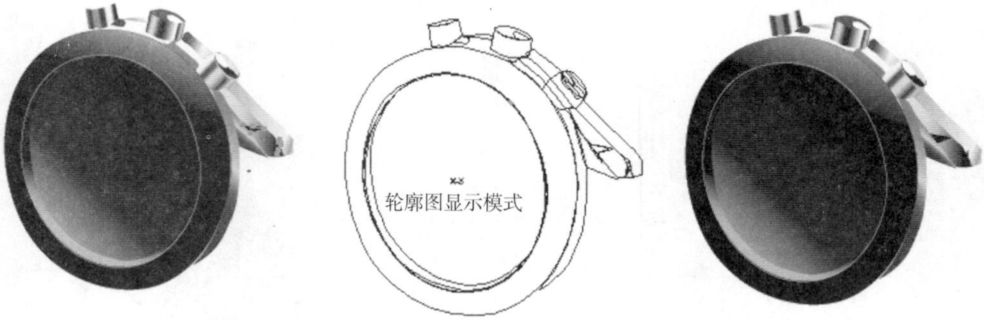

图 4–26

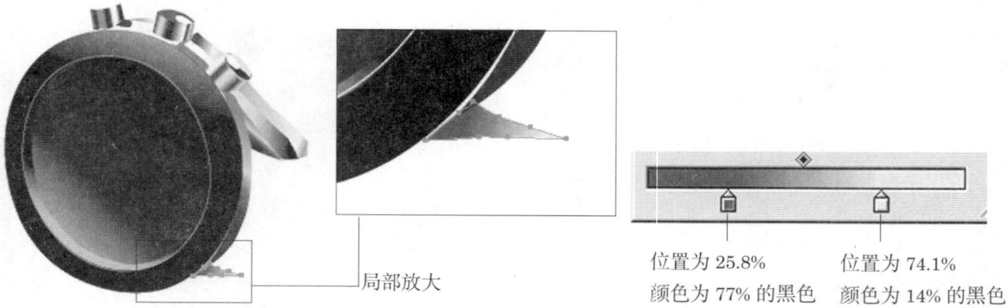

图 4–27

图 4–28

Ⅰ　位置为 46.6%，颜色为 23% 的黑色

Ⅱ　位置为 71.3%，颜色为 65% 的黑色

Ⅲ　位置为 85.3%，颜色为 40% 的黑色

Ⅳ　位置为 95.5%，颜色为 82% 的黑色

图 4–29

局部放大

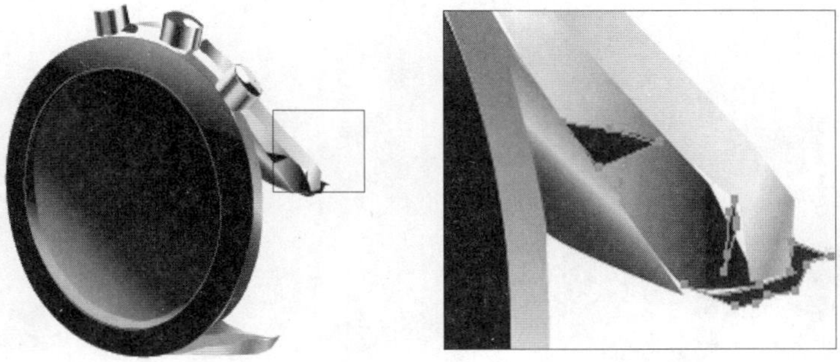

图 4–30

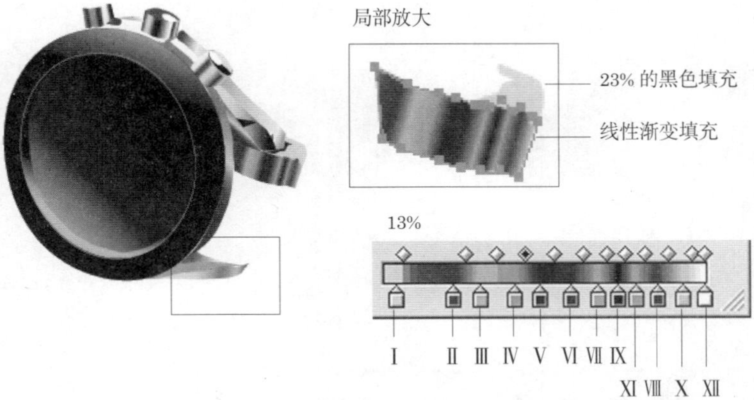

Ⅰ　位置为 3.93%，颜色为 23% 的黑色

Ⅱ　位置为 21.9%，颜色为 87% 的黑色

Ⅲ　位置为 29.7%，颜色为 39% 的黑色

Ⅳ　位置为 41.0%，颜色为 51% 的黑色

Ⅴ　位置为 48.8%，颜色为 97% 的黑色

Ⅵ　位置为 57.8%，颜色为 94% 的黑色

Ⅶ　位置为 66.8%，颜色为 46% 的黑色

Ⅷ　位置为 73.0%，颜色为 100% 的黑色

Ⅸ　位置为 78.0%，颜色为 49% 的黑色

Ⅹ　位置为 84.8%，颜色为 89% 的黑色

Ⅺ　位置为 93.2%，颜色为 30% 的黑色

Ⅻ　位置为 100%，颜色为白色

图 4–31

分解图

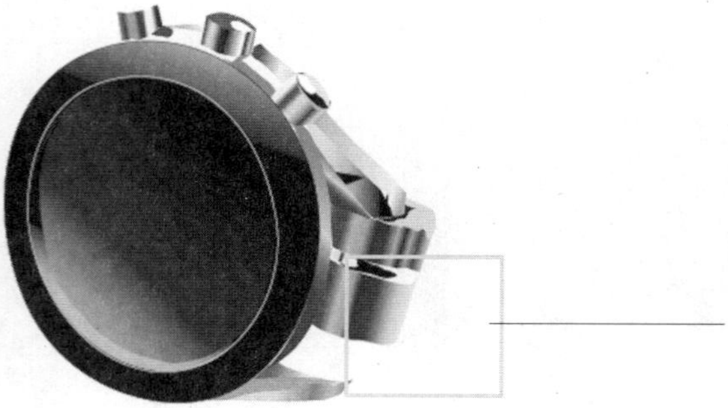

把此图形独立出来看的样子

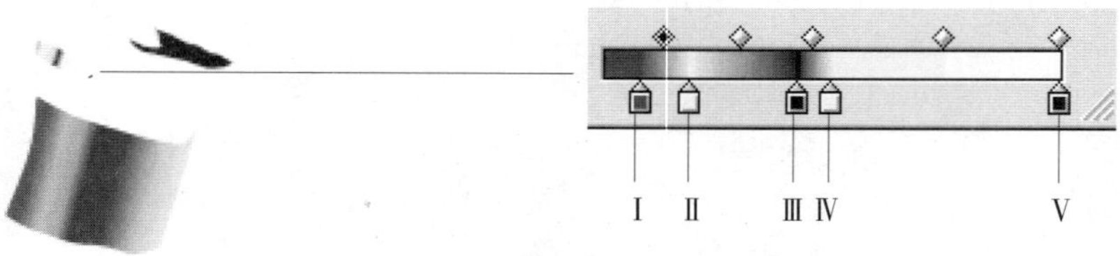

Ⅰ　位置为 7.87%，颜色为 87% 的黑色
Ⅱ　位置为 19.1%，颜色为 8% 的黑色
Ⅲ　位置为 42.7%，颜色为黑色
Ⅳ　位置为 50%，颜色为 8% 的黑色
Ⅴ　位置为 100%，颜色为黑色

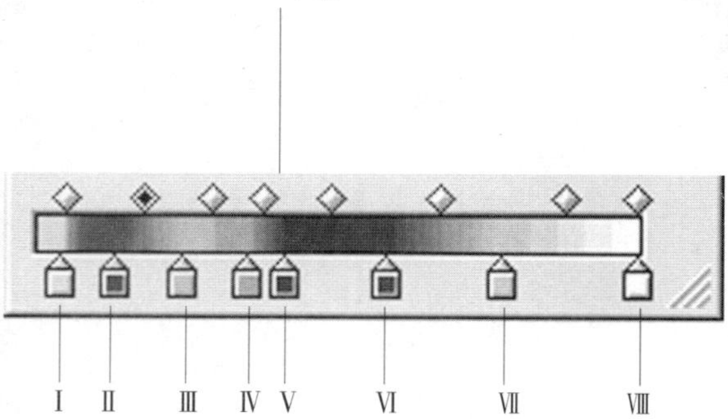

Ⅰ　位置为 3.93%，颜色为 23% 的黑色
Ⅱ　位置为 13.4%，颜色为 87% 的黑色
Ⅲ　位置为 24.7%，颜色为 39% 的黑色
Ⅳ　位置为 34.8%，颜色为 51% 的黑色
Ⅴ　位置为 41.5%，颜色为 97% 的黑色
Ⅵ　位置为 57.8%，颜色为 94% 的黑色
Ⅶ　位置为 77.5%，颜色为 30% 的黑色
Ⅷ　位置为 73.0%，颜色为白色

图 4–32

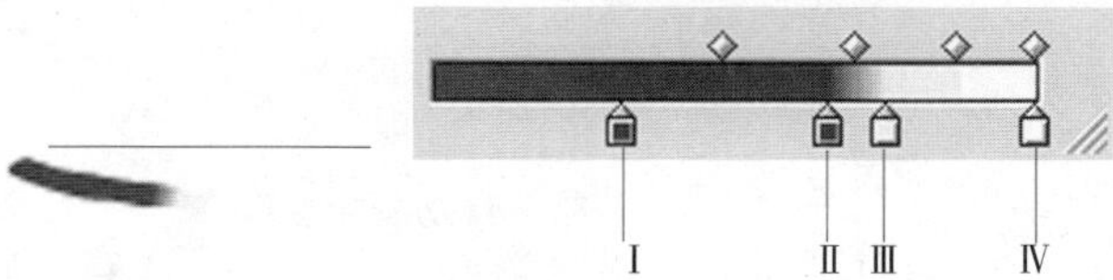

Ⅰ 位置为 30.9%，颜色为 87% 的黑色
Ⅱ 位置为 65.7%，颜色为 86% 的黑色
Ⅲ 位置为 75.2%，颜色为 8% 的黑色
Ⅳ 位置为 100%，颜色为白色

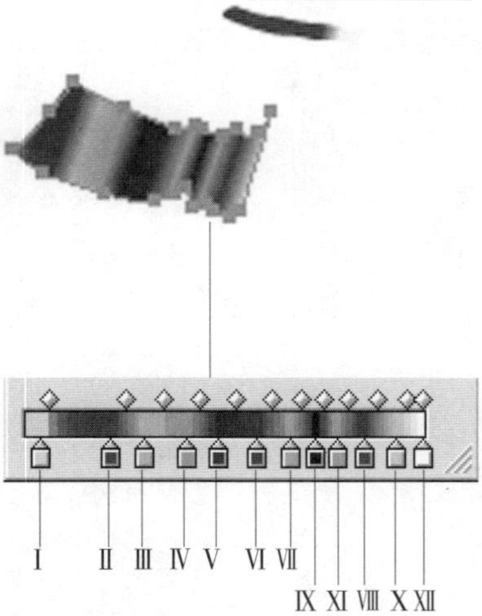

Ⅰ 位置为 3.93%，颜色为 23% 的黑色
Ⅱ 位置为 21.9%，颜色为 87% 的黑色
Ⅲ 位置为 29.7%，颜色为 39% 的黑色
Ⅳ 位置为 41.0%，颜色为 51% 的黑色
Ⅴ 位置为 48.8%，颜色为 97% 的黑色
Ⅵ 位置为 57.8%，颜色为 94% 的黑色
Ⅶ 位置为 66.8%，颜色为 46% 的黑色
Ⅷ 位置为 73.0%，颜色为 100% 的黑色
Ⅸ 位置为 78.0%，颜色为 49% 的黑色
Ⅹ 位置为 84.8%，颜色为 89% 的黑色
Ⅺ 位置为 93.2%，颜色为 30% 的黑色
Ⅻ 位置为 100%，颜色为白色

图 4–33

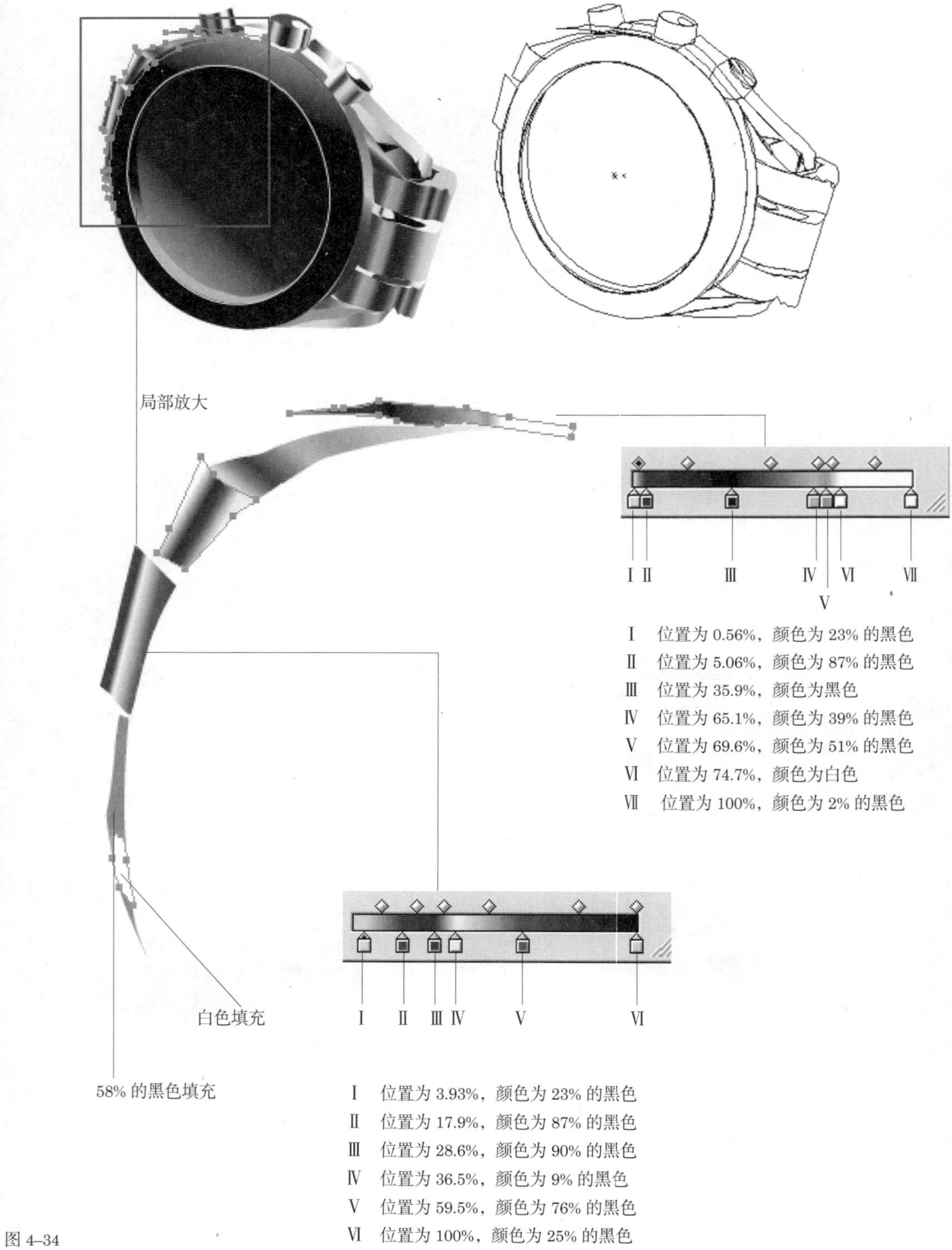
局部放大
Ⅰ Ⅱ Ⅲ Ⅳ Ⅴ Ⅵ Ⅶ
Ⅰ 位置为 0.56%，颜色为 23% 的黑色
Ⅱ 位置为 5.06%，颜色为 87% 的黑色
Ⅲ 位置为 35.9%，颜色为黑色
Ⅳ 位置为 65.1%，颜色为 39% 的黑色
Ⅴ 位置为 69.6%，颜色为 51% 的黑色
Ⅵ 位置为 74.7%，颜色为白色
Ⅶ 位置为 100%，颜色为 2% 的黑色
白色填充
Ⅰ Ⅱ Ⅲ Ⅳ Ⅴ Ⅵ
58% 的黑色填充
Ⅰ 位置为 3.93%，颜色为 23% 的黑色
Ⅱ 位置为 17.9%，颜色为 87% 的黑色
Ⅲ 位置为 28.6%，颜色为 90% 的黑色
Ⅳ 位置为 36.5%，颜色为 9% 的黑色
Ⅴ 位置为 59.5%，颜色为 76% 的黑色
Ⅵ 位置为 100%，颜色为 25% 的黑色

图 4–34

图 4–35

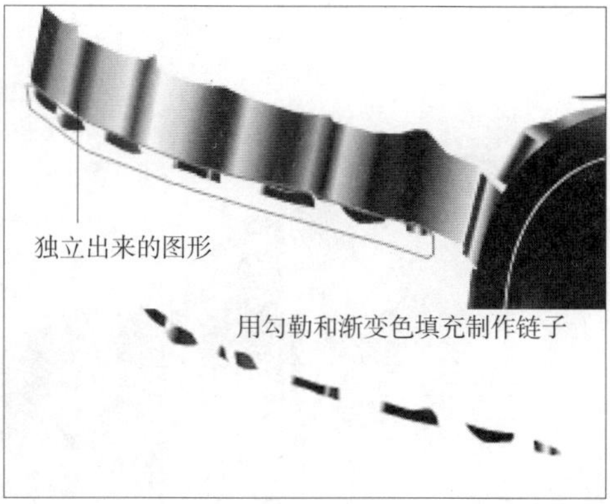

图 4–36

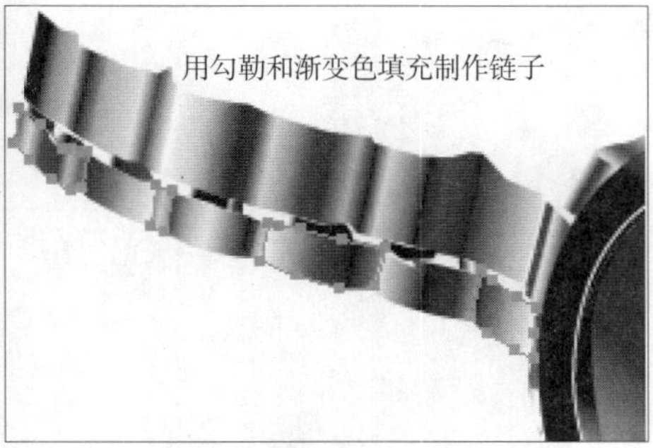

图 4–37

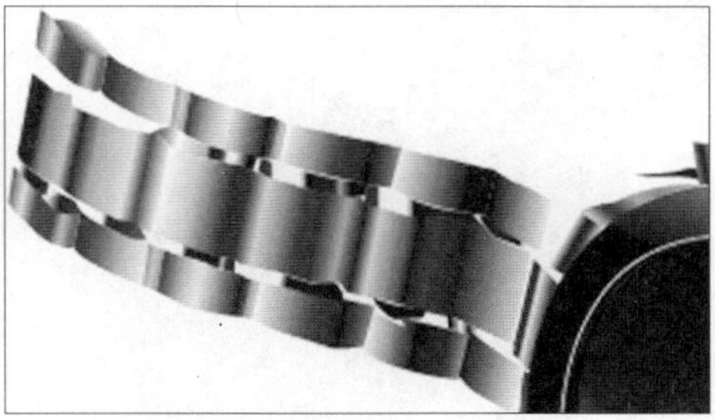
图 4–38

图 4–39

图 4–40

阴影

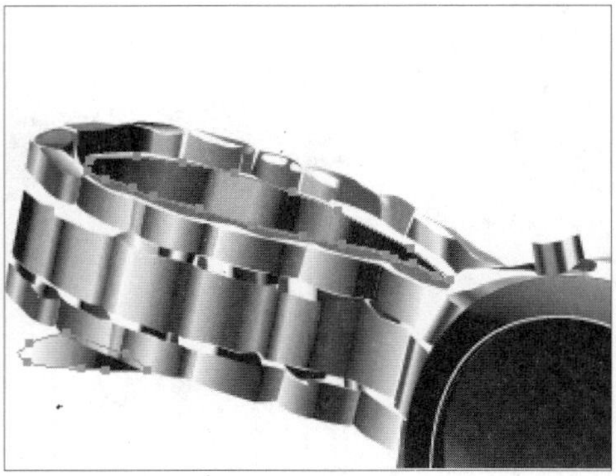

图 4–41

绘制一段弧线

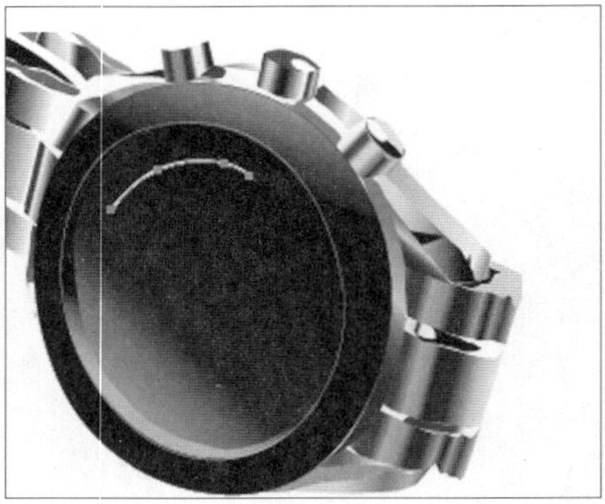

图 4–4

用路径文字工具在弧线上插入光标

图 4–43

输入数字

图 4–4

图 4–45

图 4–4

二、*热气球*

在下面的例子中，我们将绘制一个以热气球为主体的简单作品，最终完成效果如图 4–47 所示。

图 4–47

1. 使用矩形工具制作一个细长的矩形。

2. 使用选择工具，按住 Shift 和 Alt 沿水平方向进行复制。

3. 完成复制后按下快捷键 Ctrl+D 连续复制 7 个矩形，这样画面中就有了 9 个大小相等的平行矩形。如图 4–48 所示。

4. 为这 9 个矩形添加不同的渐变效果，效果如图 4–49 所示。

图 4–48

图 4–49

5. 使用椭圆工具建立一个圆形，并使用直接选择工具对其形状进行左右均衡的调整，效果如图 4–50 所示。

6. 将所有的图形选中，单击菜单栏中的对象 > 封套扭曲 > 从顶层对象建立命令，这时所有的矩形都将被放置在椭圆中，效果如图 4–51 所示。

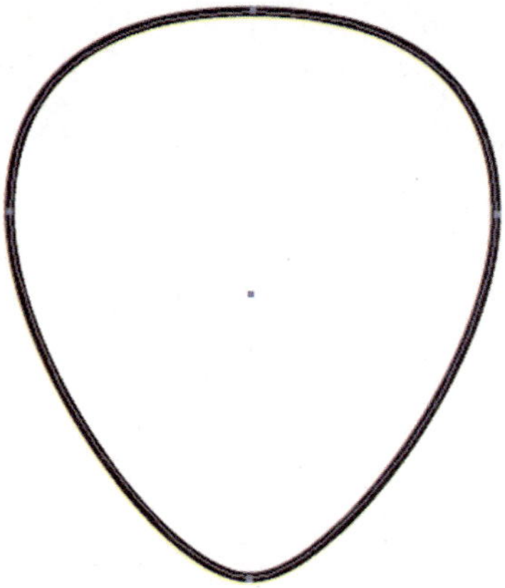

图 4–50

图 4–51

7. 使用直接选择工具对椭圆的形状进行调整，效果如图 4–52 所示。

8. 将图形复制，并使用选择工具对其位置和大小进行调整，效果如图 4–53 所示。

图 4–52

图 4–53

9. 单击菜单栏中的对象 > 排列命令，在出现的菜单中对图形的前后位置进行调整，效果如图 4–54 所示。

10. 使用钢笔工具绘制出热气球的运输舱，效果如图 4–55 所示。

图 4–54

图 4–55

11. 用同样的方法再绘制另外一个热气球，并对它们的前后、大小和位置进行调整，效果如图 4–56 所示。

12. 选中前面的热气球，单击菜单栏中的对象 > 封套扭曲 > 扩展命令，将其转换为多个图形，效果如图 4–57 所示。

图 4–56

图 4–57

13. 使用钢笔工具绘制一个图形，作为热气球的标语栏，效果如图 4–58 所示。

14. 将该标语栏和构成热气球的图形全部选中，在路径查找器调板中选择分割命令，将其分割成多个图形，并为这些图形分别填充渐变色，效果如图 4–59 所示。

15. 使用钢笔工具绘制一条曲线，并使用路径文字工具在该曲线上输入“SUMMER”字样，效果如图 4–60 所示。

16. 在气球的后面加入天空和云朵，并对画面的细节进行一定的调整后，最终完成效果如图 4–47 所示。

图 4–58

图 4–59

图 4–60

三、高跟鞋

在下面的例子中我们将主要使用 Illustrator 中丰富多变的路径和渐变效果来绘制一张高跟鞋的效果图，最终完成效果如图 4–61 所示。

1. 使用钢笔工具（ ）绘制出鞋子的大致结构，并使用添加锚点、删除锚点、直接选择工具和转换锚点工具对绘制的结构进行调整。如图 4–62 所示。

图 4–61

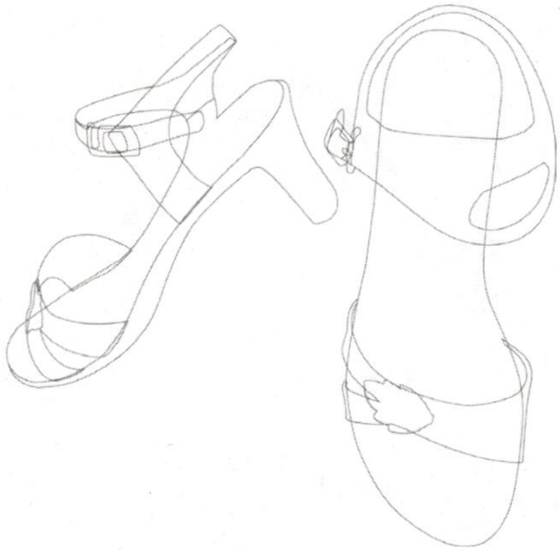

图 4–62

在本例中使用的工具比较少，但对使用钢笔工具的能力、造型的能力和色彩的归纳能力要求比较高，如果不能顺利地绘制出效果图的话，也可以找一些图像放到文件里进行描摹。不要以为描摹的作品缺乏艺术性，在进行描摹的时候对颜色和形体进行合理的归纳和整合也会创作出不错的作品。如图 4–63 所示。

图 4–63

2. 使用渐变工具为鞋子上色。如图 4–64 所示。

图 4–64

3. 继续使用钢笔工具和渐变工具为画面增加一些小的变化，效果如图 4–65 所示。

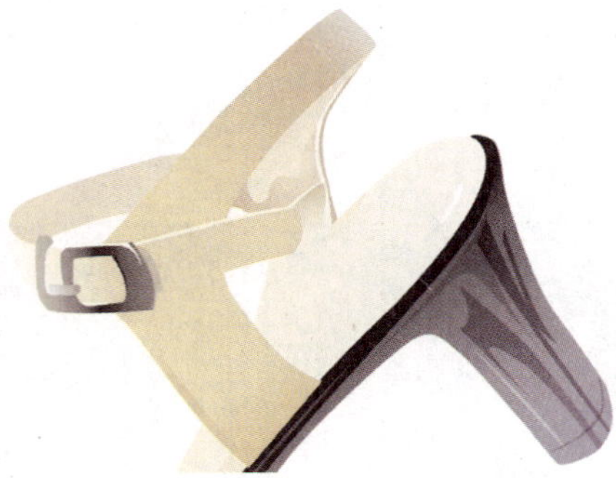

图 4–65

4. 在鞋体必要的部分绘制出缝纫线，效果如图 4–66 所示。

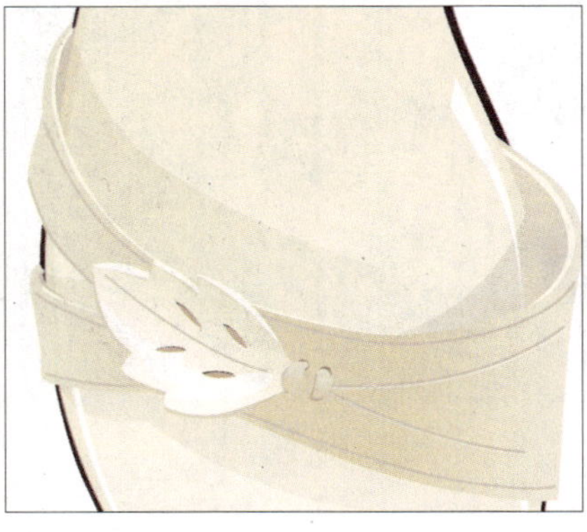

图 4–66

5. 在描边调板中对缝纫线的属性进行调整，使其产生真实的缝纫效果，如图 4–67 所示。

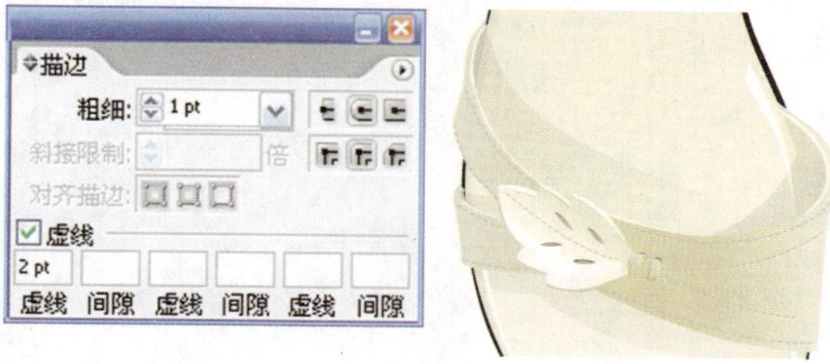

图 4–67

6. 使用椭圆工具在鞋带上打孔，每一个孔都由三个椭圆堆叠而成，效果如图 4–68 所示。

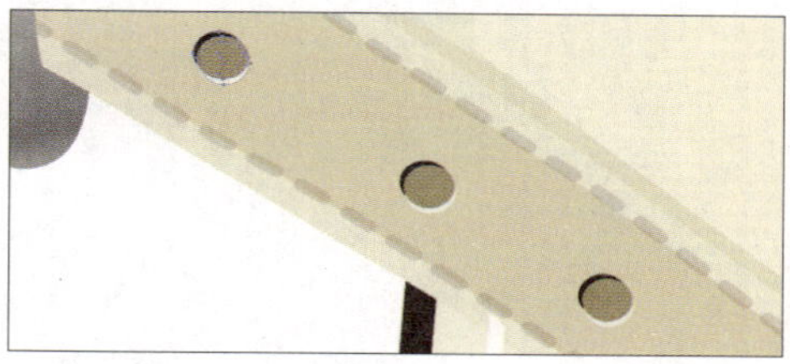

图 4–68

7. 继续绘制出鞋的支架和投影，最终效果图如图 4–61 所示。再画一位俏女郎，旁边放置我们绘好的高跟鞋，如图 4–69 所示。

图 4–69

一、光盘图形的制作是应用混合功能最典型的案例。

图形的混合功能通过路径图形之间的渐变混合，可以表现光影色调的过渡、光束效果以及富有韵律的线条排列，等等。

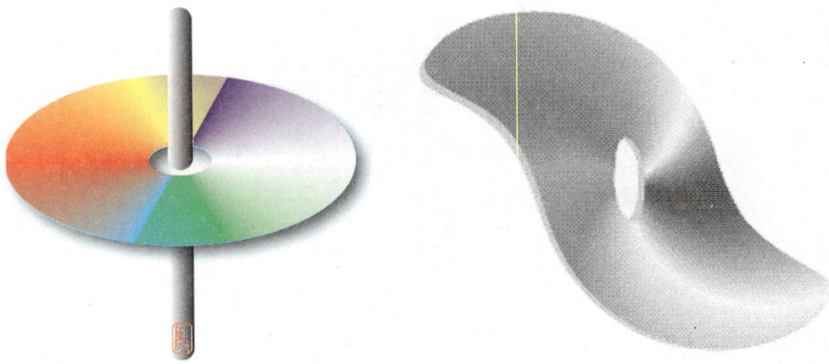

图 4–70

1. 用工具箱中的直线工具（ ＼ ），同时按着键盘上的 Shift 键，画一条长约 47mm 的水平线段。设定描边的颜色为白色，描边的宽度为 1pt。如图 4–71 左所示。

2. 执行窗口 > 信息命令，将信息调板显示在屏幕上。

信息调板可以辅助图形的创立，比如画直线时，在信息调板上可以看到直线的长度、直线倾斜的角度、起始点或终止点的坐标位置。

3. 选取工具箱中的旋转工具（ ），把鼠标指针放在线段左端点单击，然后松开鼠标，此时旋转中心移至线段左端。如图 4–71 右所示。

图 4–71

按着键盘上的 Alt 键，同时用鼠标在屏幕上拖曳。在信息调板上关于角度的参数变为约 60 度的时候释放鼠标，线段便在旋转了 60 度后被复制。如图 4–72 所示。旋转度数为正值，表示沿逆时针方向旋转；旋转度数为负值，表示沿顺时针方向旋转。保持线条的选择状态，这点很重要，因为下面进行的复制要执行再次变换命令。保持线段不被释放，能够使后面的复制承袭沿逆时针方向进行旋转 60 度，否则复制过程将变得比较繁琐。

4. 执行对象 > 变换 > 再次变换命令，或直接按下快捷键 Ctrl+D，第三条线段被复制。连续执行三次再次变换命令，复制出其余的三条线段。

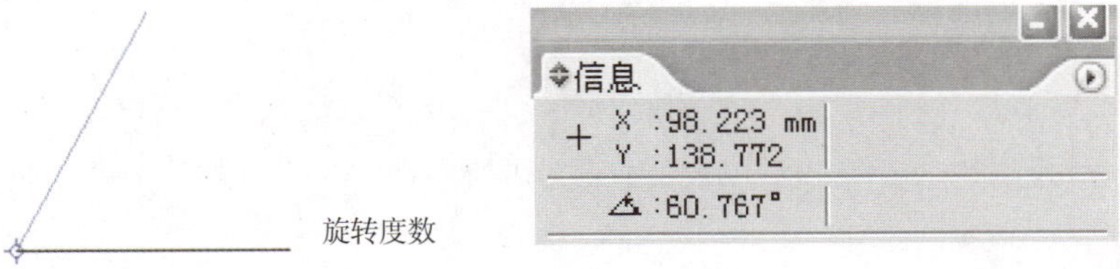

图 4–72

5. 按照逆时针方向依次设定六根线条的描边颜色分别为白色、蓝色、黄色、红色、青色和绿色。

6. 用选择工具（ ）同时选取六根线条，执行对象 > 混合 > 建立命令。从第一根白色线条开始，到最后的绿色线条结束，每两根线条之间产生比较平滑的过渡。如图 4–73 所示。

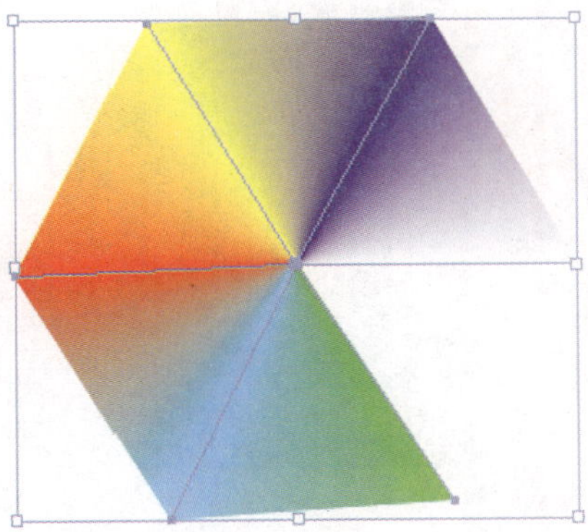

图 4–73

图形之间的混合可以指定混合步数。在混合图形组处于选中的状态下，执行对象 > 混合 > 混合选项命令，出现混合选项对话框。在间距栏后的可选项目中选取指定的步数，并在其后的输入栏内键入一个步数值。步数值越大，混合得越密，当然占用的存储空间也越大。本例中，该步数值在 200 以上。

7. 让绿色和白色线条之间产生混合

要想让绿色线条与白色线条之间产生混合，不能用编组选择工具（ ）直接选择这两根线条来进行。因为这两根线条不是独立的元素，它们已经附属于混合图形组了。

用选择工具（ ）选取混合图形组时，如果留意，你会发现这个混合图组形以六根线条的选择状态显示。

执行对象 > 扩展命令，扩展后的图形仍然是成组的。

8. 用编组选择工具（ ）选择绿色线条和白色线条，执行对象 > 混合 > 建立命令，则完成了最末一根线条与开始线条之间的混合，一个完整的混合图形才算真正完成。如图 4–74 所示。

9. 用椭圆工具（ ）画出两个同心椭圆，只设定描边的颜色，填充为透明。

按着 Alt 键画椭圆的时候，鼠标单击点为椭圆的中心。

同时选择两个椭圆，执行对象 > 复合路径 > 建立命令，两个椭圆构成一个特殊的复合图形，其重叠区域变成透明区域。因为光盘的中央有一个小孔，所以在本步骤中对椭圆做了镂空处理。如图 4–75 所示。

图 4–74

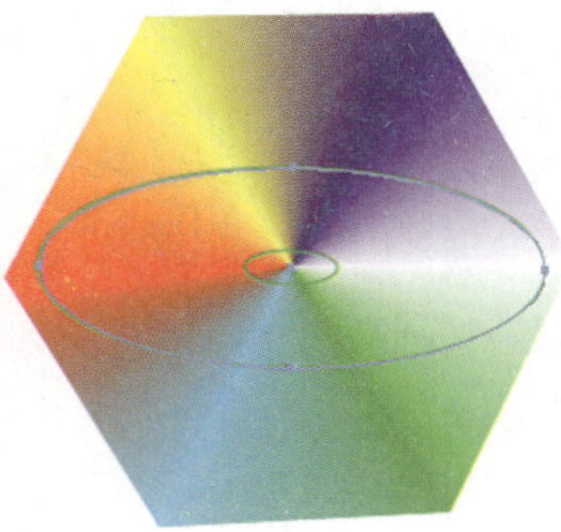

图 4–75

10. 同时选取椭圆的复合图形和线条的混合图形，执行对象 > 剪切蒙版 > 建立命令，椭圆作为蒙版将其下的混合线条进行了遮挡。如图 4–76 所示。

图 4–76

11. 给光盘加一点阴影使其具有立体感。

选择复合的椭圆图形,执行编辑>复制命令,然后执行编辑>粘贴命令,这种方式复制的复合椭圆不从属于蒙版组图形,可以进行独立的编辑。设定其填色为灰色。

选取对象 > 排列 > 置于底层命令，将粘贴的复合椭圆置于最后面，并移动其位置，使阴影图形与光盘图形略有偏移。如图 4–77 所示。

图 4–77

二、*汽车*

图 4–78

提示：主要使用渐变填充色或图形之间的过渡混合来表现玻璃或金属表面受光产生的光影效果。

1. 反光镜

2. 汽车后玻璃

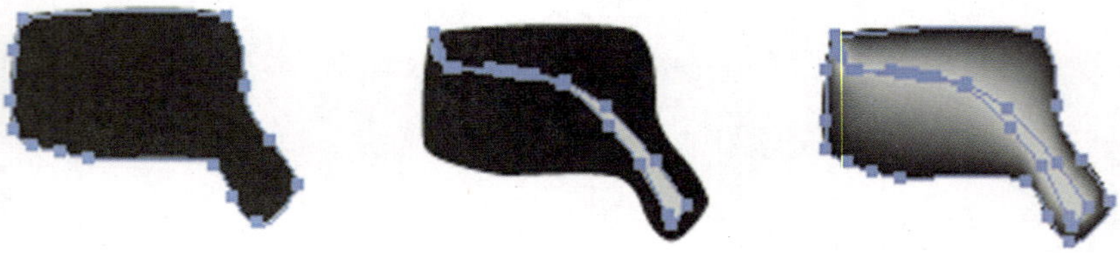

图 4–79　钢笔工具勾勒轮廓，黑色填充，描边为透明　　29% 的黑色填充，描边为透明　　选择两个图形，并执行对象 > 混合 > 建立命令

3. 汽车侧面玻璃

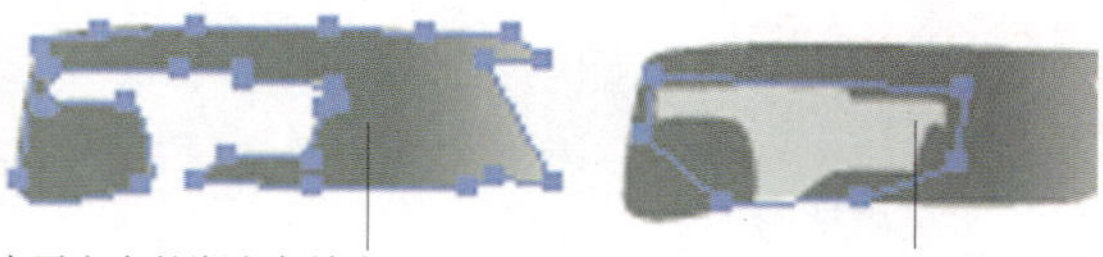

图 4–80　水平方向的渐变色填充　　25% 的黑色填充（视觉上是透明玻璃的感觉）

4. 车身弧度转接处

图 4–81　垂直方向的渐变色填充　　25% 的黑色填充

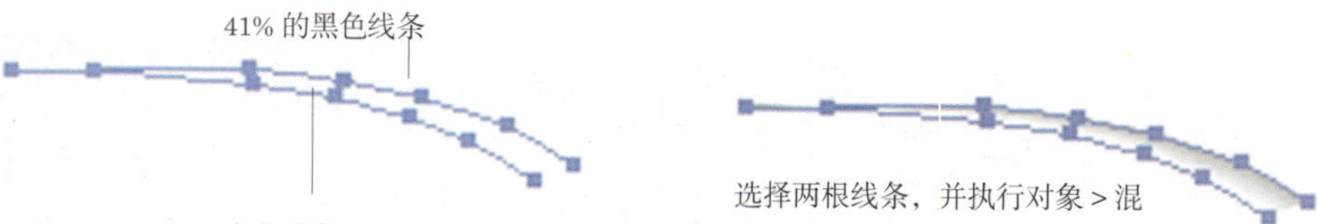

图 4–82　白色线条　　选择两根线条，并执行对象 > 混合 > 建立命令

一、*萝卜、西红柿*

本例中所有的插图轮廓皆使用钢笔工具进行勾勒，其中，白萝卜主要使用直接填色的方式来完成，而“心灵美”萝卜和西红柿则主要是通过渐变网格工具与填色工具来完成。

图 4–83

1. 绘制萝卜和叶梗的轮廓

用工具箱中的钢笔工具（ ）及相关的调整工具完成萝卜和叶梗轮廓的勾勒（见图 4–84）。这是最基础的一个步骤，一定要耐心地认真完成。

在本步骤中，三个萝卜的叠压关系为：radish 1 在最下面，radish 2 位于 radish 1 的上方，对 radish 1 有部分遮挡，而 radish 3 在最上方，对 radish 2 有部分遮挡。为了使这种遮挡关系能够一目了然，建议在勾勒好萝卜的轮廓之后，分别赋以白色。

如果图形的遮挡关系不正确，请使用对象 > 排列菜单下的一组命令进行调整：置于顶层、置于底层、前移一层、后移一层。

萝卜的茎叶部分只勾勒被切断的叶梗，叶子部分可在稍后再进行补画。图 4–85 是叶梗部分的局部放大图。

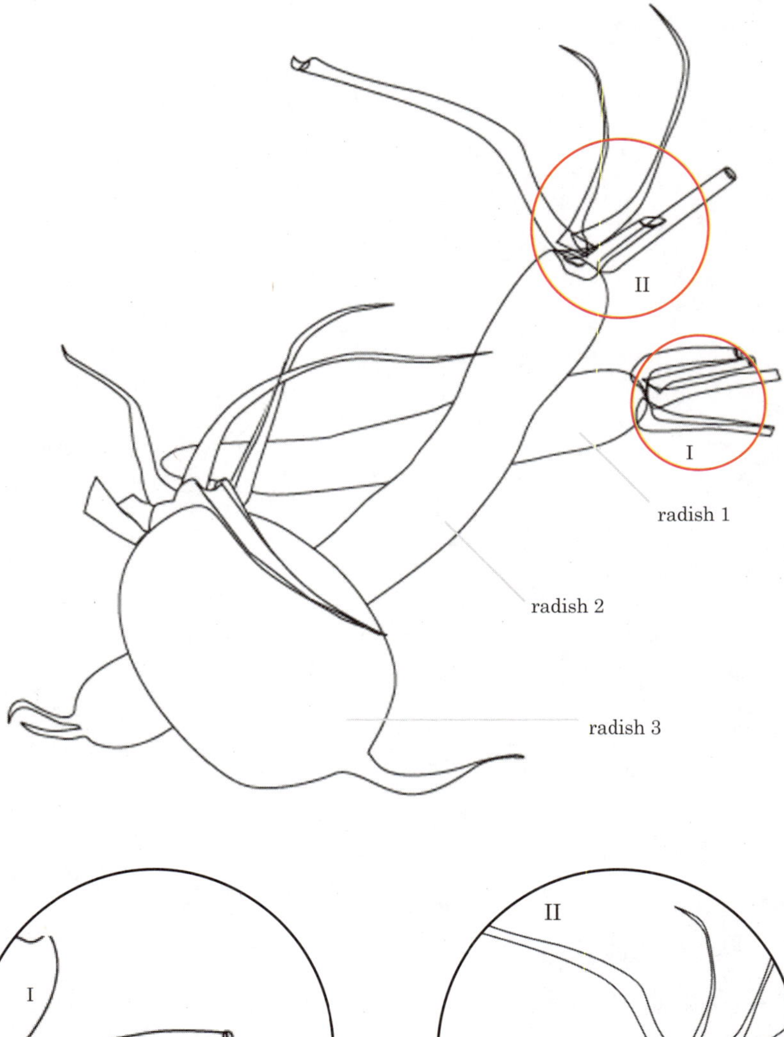

图 4–84

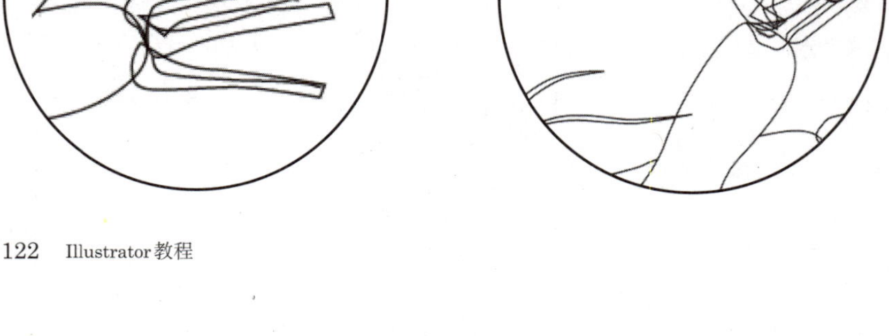

图 4–85

2. 给叶梗上色

在颜色调板中用青、品红、黄、黑四色调出一个绿色 C：36.4、M：21.9、Y：38.4、K：6.67，并将其赋予叶梗图形（见图 4–86）。请注意保持叶梗之间正确的叠压关系。

如果颜色调板没有出现在屏幕上，请勾选窗口主菜单下的颜色命令。调色的方法有多种，建议从颜色调板的窗口菜单中选择 CMYK，这是一种专门用于印刷分色的调色方法（见图 4–87）。

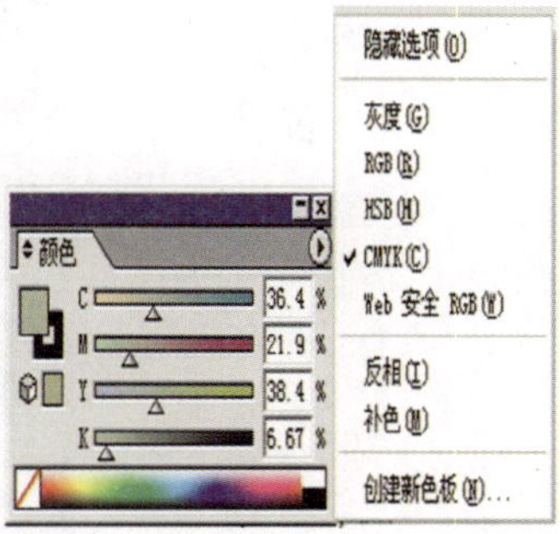

图 4–86

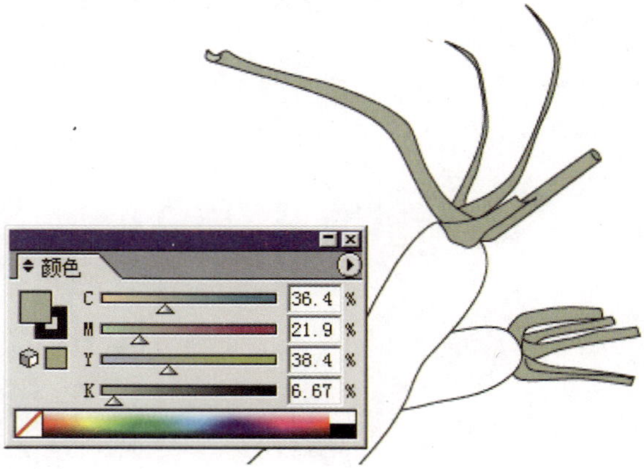

图 4–87

怎样把颜色赋予图形呢？

第一种方法：将工具箱的填色框内的颜色调好之后，用选择工具（ ）从填色框内点取颜色直接放置在图形上（该图形处于非选中状态）。参见图 4–88 所示。

第二种方法：选中图形，用实时上色工具（ ）创建实时上色组，然后用实时上色工具直接往图形上倾倒颜色。参见图 4–89 所示。

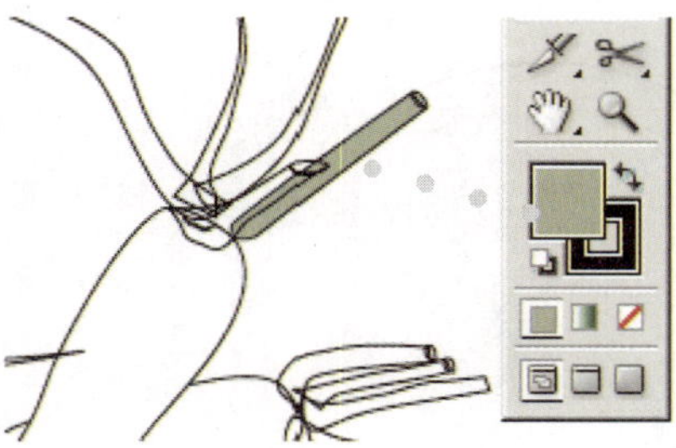

图 4–88

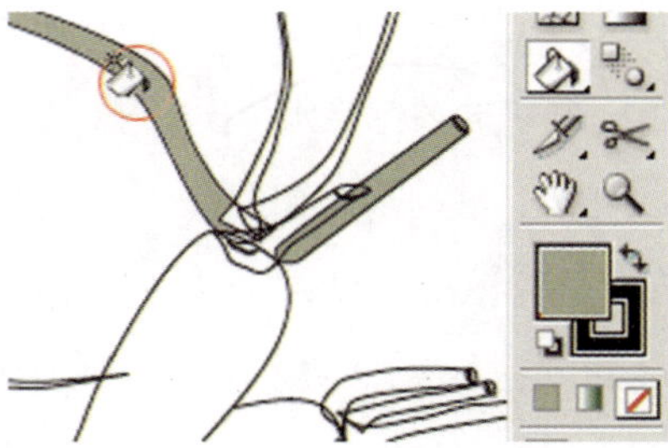

图 4–89

第三种方法：先选中图形，然后在工具箱的填色框内单击使其处于选择状态，接着在颜色调板中进行调色，颜色会实时地赋予所选中的图形。如图 4–90 所示。

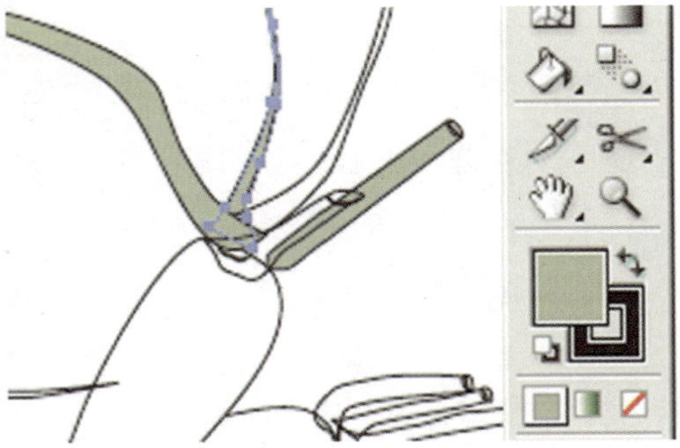

图 4–90

3. 给叶梗添加叶子

用钢笔工具勾勒 radish 1 和 radish 2 两个萝卜的叶子轮廓。如图 4–91 所示。

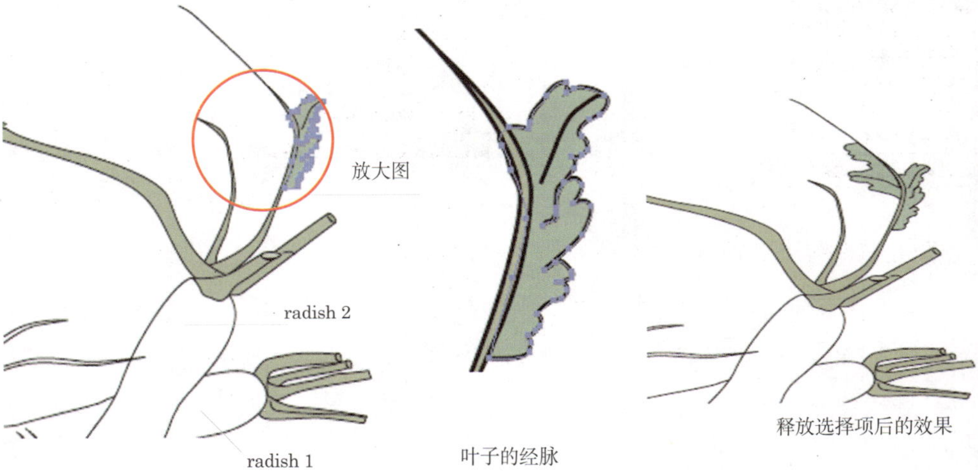

图 4–91

叶子的颜色要比叶梗更绿，其中的黄色成分要减少，青色成分要增加一些，参考值为 C：45.4、M：18.0、Y：36.8、K：4.31。叶子的经脉可以用钢笔工具画出一条独立的曲线。

图 4–92 中绘制的这部分叶子的颜色要深一些，因此要增加一些黑色成分，参考值为 C：52.9、M：29.8、Y：42.3、K：13.3。

创建叶子的卷边效果，实际上是再绘制三个图形，其填色见图 4–93 所示。

为了具有更好的视觉效果，有些叶子的填色可以使用渐变色。最后完成的叶子效果如图 4–94 所示。

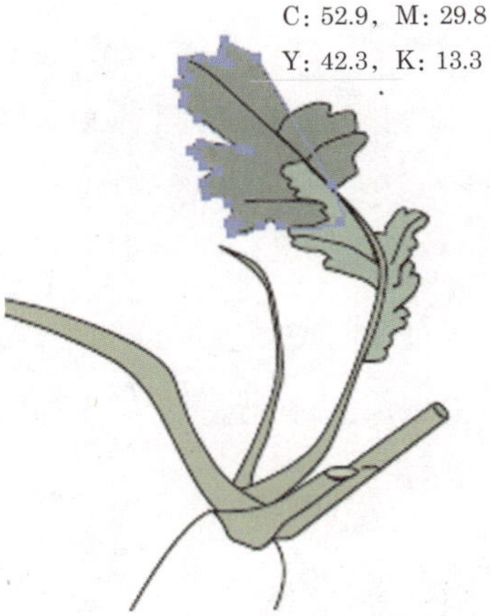

图 4–92

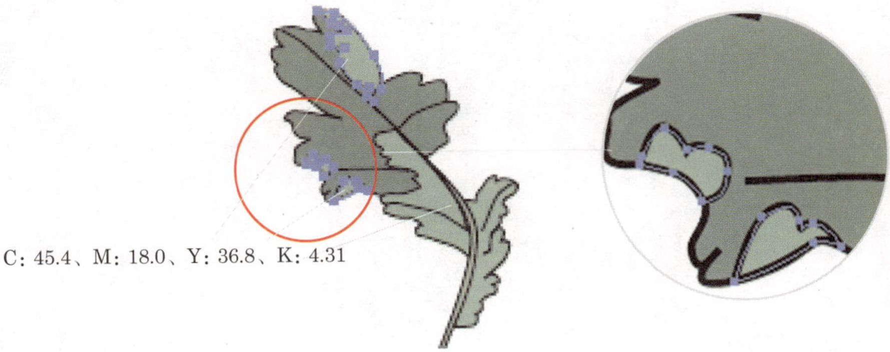

图 4–93

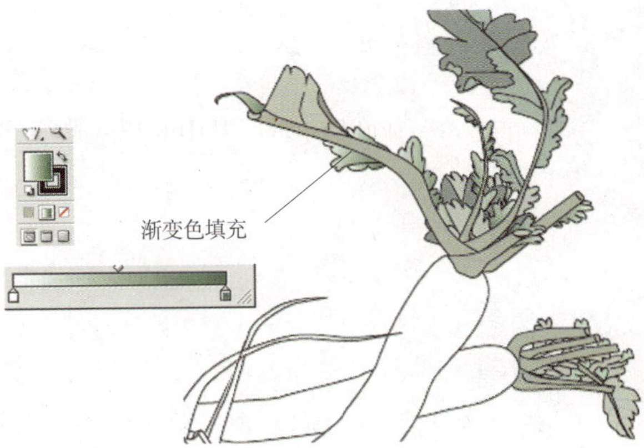

图 4–94

叶子彼此之间的叠压、遮挡随着叶子数目的增多而变得复杂，所以一旦发现不合理的遮挡，请用排列命令来调整前后的顺序关系。

渐变填色的渐变方向可以使用工具箱中的渐变工具（ ）来改变。例如，选择一片具有渐变色填充的叶子，然后从工具箱中选取渐变色工具，沿着水平方向拖曳或垂直方向拖曳，则渐变色将按照指定的方向排列（见图 4–95）。使用渐变色工具时，拖曳时的起始点位置和释放鼠标时的位置决定着渐变色的起始位置和终结位置。

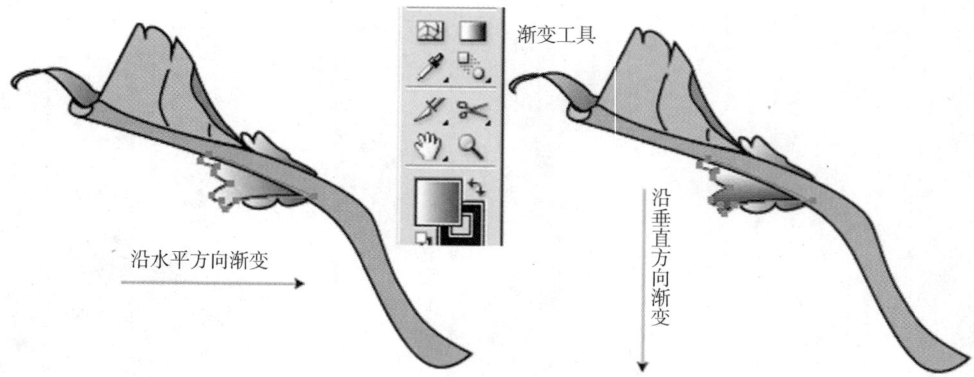

图 4–95

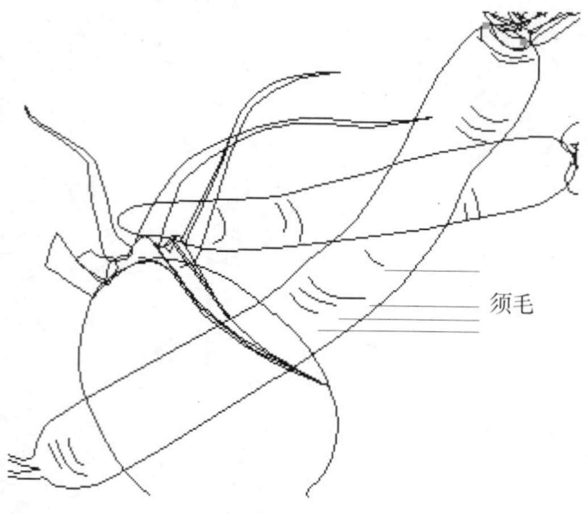

图 4–96

4. 给白萝卜添加须毛

（1）勾勒须毛。

用钢笔工具（ ）在萝卜上绘制若干条表现须毛的线条。图 4–96 为在轮廓视图下看到的图形。

（2）给须毛设定画笔效果。

执行窗口 > 画笔库 > 默认 _CMYK 命令，把默认 _CMYK 画笔调板从画笔库中调出。

萝卜上的须毛主要使用了细炭笔和羽化炭笔两种画笔效果。在须毛处于选中的状态下，单击炭笔（细）或炭笔（羽化）。如图 4–97 所示。

当鼠标指针移到某一画笔样本上并停留一小会儿时，荧屏上则出现该画笔的名称。

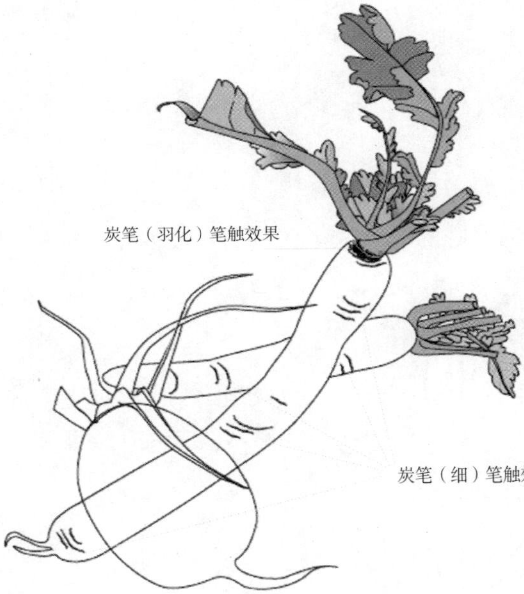

图 4–97

5. 创建第三个萝卜 radish 3 的网格图形

第三个萝卜的名字是 radish 3，它就是我们俗称的“心里美”萝卜。在第一步中勾勒萝卜的外形轮廓时，它内部的填充色为透明，只有黑色的描边线。

（1）选用工具箱中的网格工具（），将鼠标指针移至 radish 3 的轮廓边上单击，该图形被选中并且自动填充工具箱中填色框内的白色。效果见图 4–98。

（2）用网格工具（）在图示边线上 A 处单击，则出现一条网格线（如图 4–99 所示）。

网格对象由网格点、锚点和网格面片构成，其中网格点以菱形显示，具有锚点的一切属性，锚点以方形显示，可以在网格线上添加锚点、删除锚点。

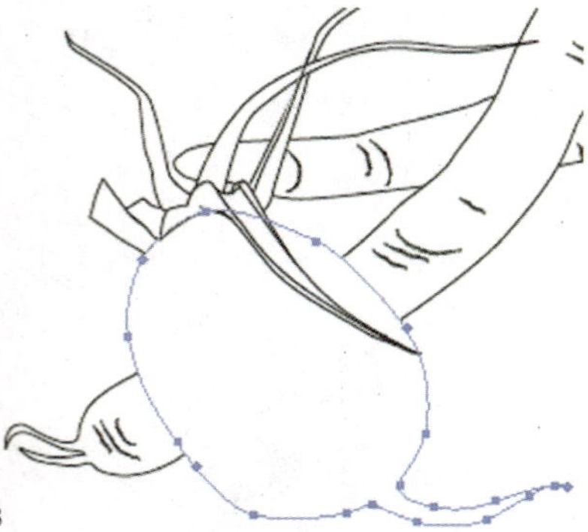

图 4–98

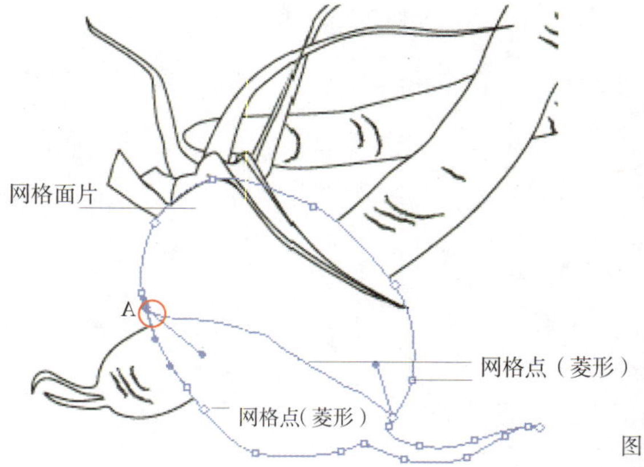

图 4–99

（3）继续添加网格线。

用网格工具（ ）在图示 B 处单击产生第二条网格线，如图 4–100；在 C 处单击产生第三条网格线，如图 4–101。

（4）给网格对象上色。

在颜色调板中调出 M：100、Y：80 的红色。

用选择工具（ ）选中萝卜的网格图形，把调出的红色放置在工具箱底部的填色框内，同时将该颜色赋予萝卜图形，如图 4–102 所示。

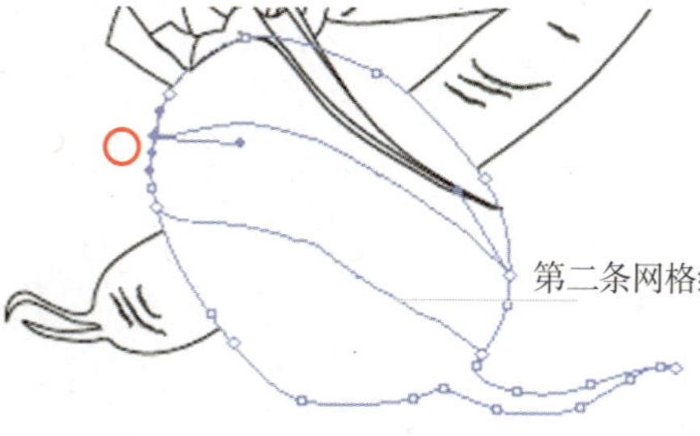

图 4–100

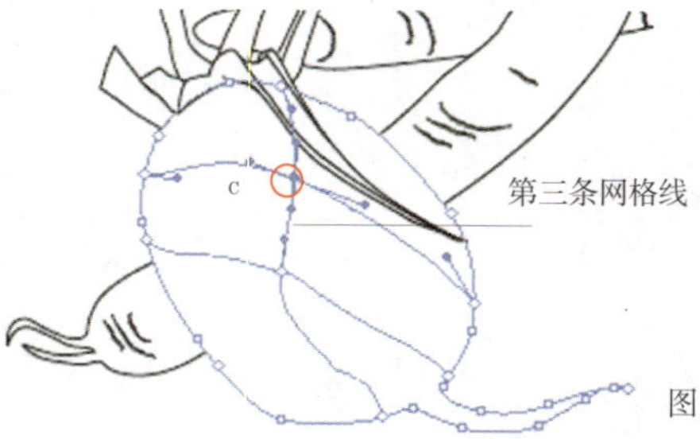

图 4–101

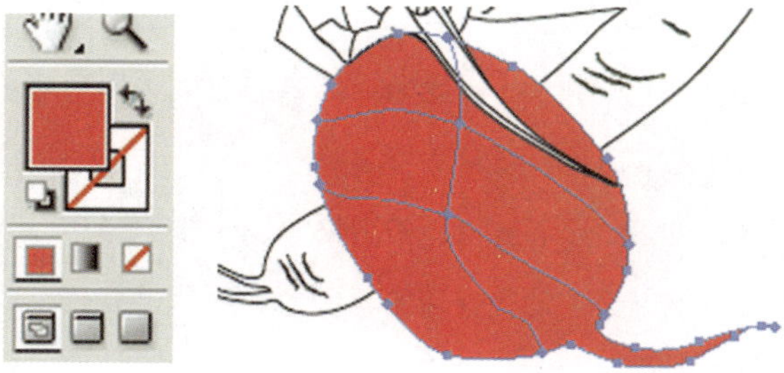
图 4–102

（5）给网格点上色。

在网格对象处于选中的状态下，用鼠标从颜色调板中点取白色拖放在网格点 D 上，在 D 点周围形成从白色到红色的径向渐变，如图 4–103 所示。

（6）调整网格线。

网格点具有锚点的一切属性。选择直接选择工具（ ）在网格对象上单击，使整个萝卜图形处于选中状态（网格点和锚点均显示为空心），然后点取网格点 D 移动到合适的位置，随之而改变的是网格渐变的效果。如图 4–104 所示。

（7）继续添加网格线并调整、上色。

为了表现萝卜的色彩，还需要继续添加网格线，如图 4–105 所示。

事实上，在创建 radish 3 的网格图形时，笔者也是经过了多次的修改，才获得比较满意的效果。

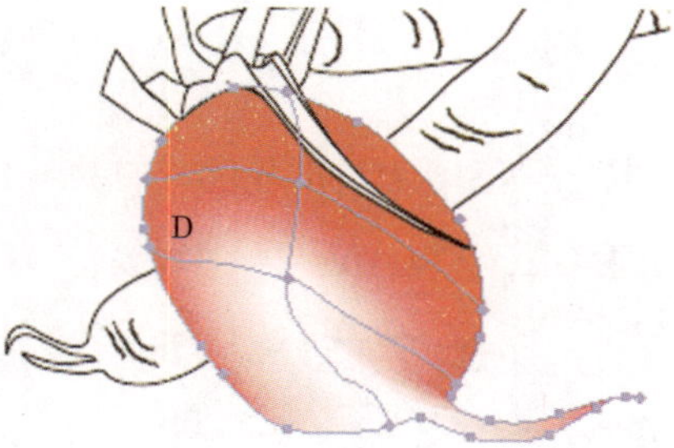

图 4–103

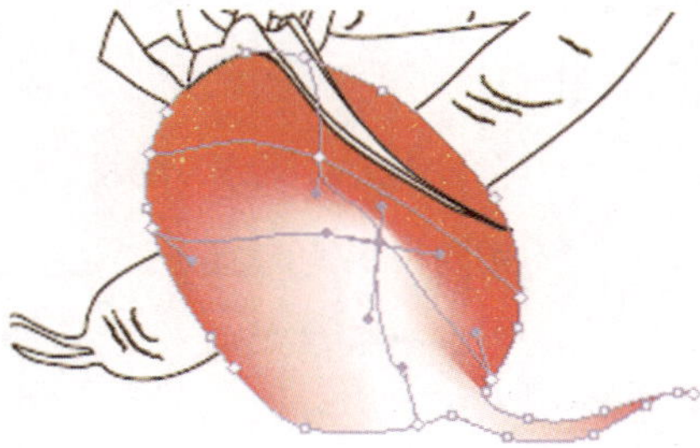

图 4–104

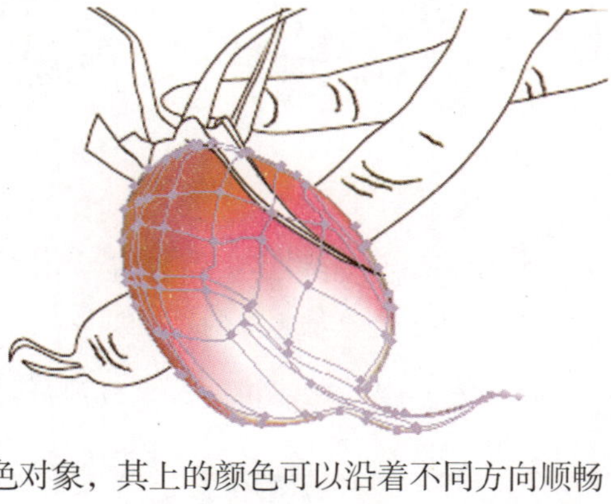

图 4–105

从这个图形看，网格对象实际上是一种多色对象，其上的颜色可以沿着不同方向顺畅分布，且从一点平滑过渡到另一点。

6. 给“心里美”萝卜添加须毛。

用钢笔工具（ ）画出若干条须毛线，然后在默认 CMYK 画笔库中赋予炭笔（细）或炭笔（羽化）的画笔效果。

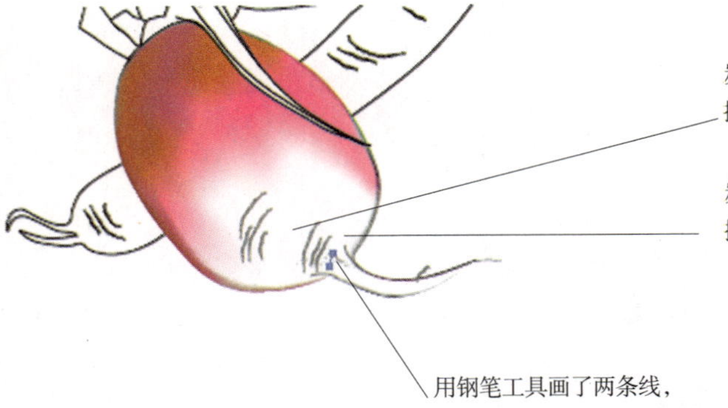

图 4–106

在萝卜的尖部，特意用钢笔工具画了两条伸入萝卜主体的线条，并赋予了炭笔（细）的效果。

7. 绘制西红柿

（1）在萝卜的右下方，用钢笔工具勾勒出两个西红柿的轮廓，如图 4–107 所示。

（2）用网格工具（ ）创建并编辑网格线，图 4–108 仅供参考。

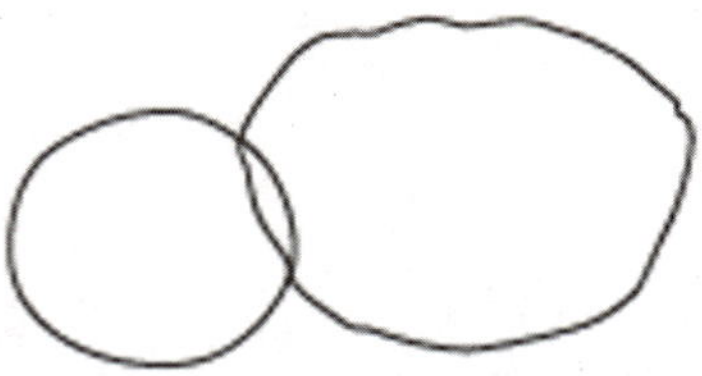

图 4–107

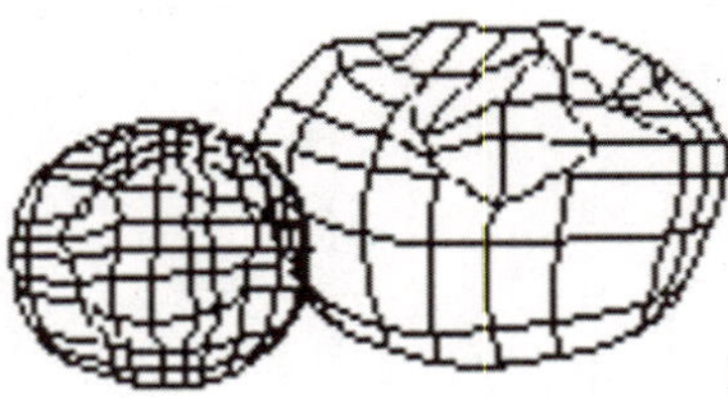

图 4–108

（3）上色。

用鼠标把白色、绿色、红色和黑色拖放在适当的网格区域，效果如图 4–109 所示。

（4）添加西红柿底部的几根线条。

用钢笔工具（ ）添加几条西红柿蒂周围的线条（见图 4–110）。

图 4–109

图 4–110

二、*计算机*

下图中的显示器及其中的水晶杯都是利用网格工具创建的图形，这里不再赘述其制作过程，只是把显示器及其中的水晶杯的网格线图加以显示，以做参考。

鼠标的质感效果是利用渐变填充完成的。

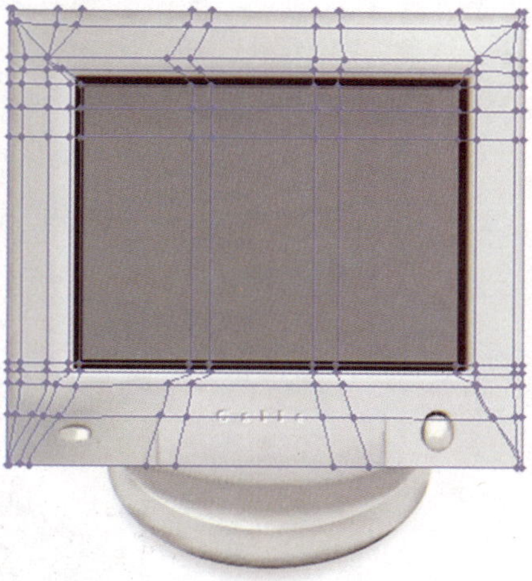

图 4–111

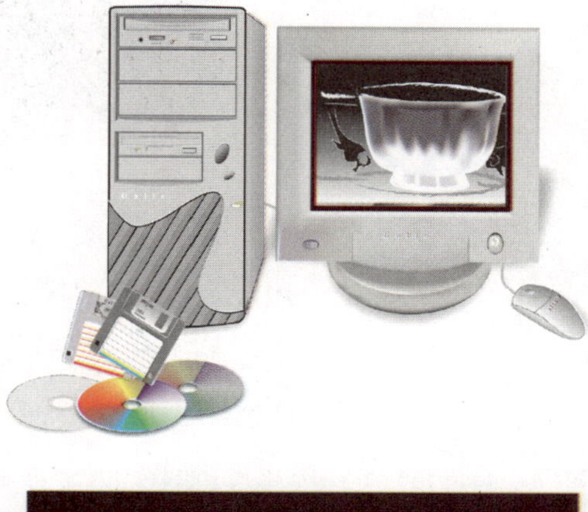

图 4–112

一、足球

图 4–113

1. 制作足球纹理

（1）用多边形工具绘制半径为 17.639mm 的五边形。

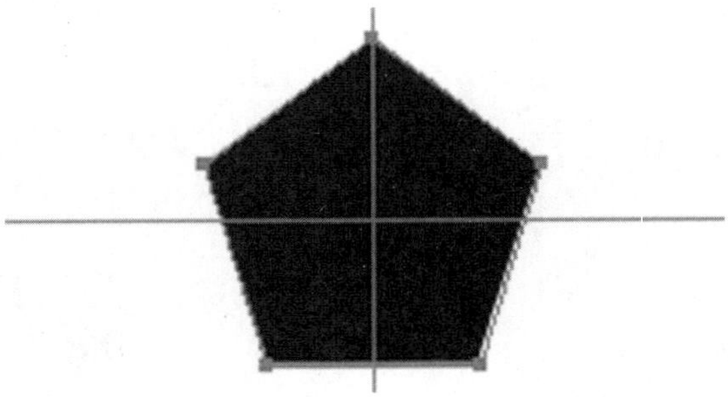

图 4–114

（2）旋转复制五边形。

在五边形处于选中的状态下，按着 Alt 键的同时用旋转工具（ ）单击参考线交点。在出现的旋转对话框的角度栏内输入 72，然后按下复制钮。

连续按下键盘快捷 Ctrl+D 三次，依次旋转并复制五边形，如图所示。

（3）用选择工具选中六个五边形，执行对象 > 封套扭曲 > 用变形建立命令。在变形选项对话框的样式栏内选择鱼眼，把弯曲值调到 100，按确定钮。

（4）剪切五边形图形组。

按着 Alt 键和 Shift 键的同时，用椭圆工具（ ）单击参考线的交点绘制一个正圆。

同时选择圆与多边形组图形，执行对象 > 剪切蒙版 > 建立命令。圆作为

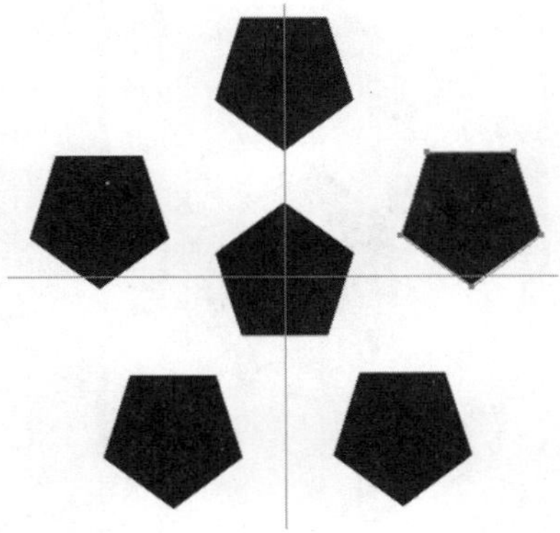

图 4-115

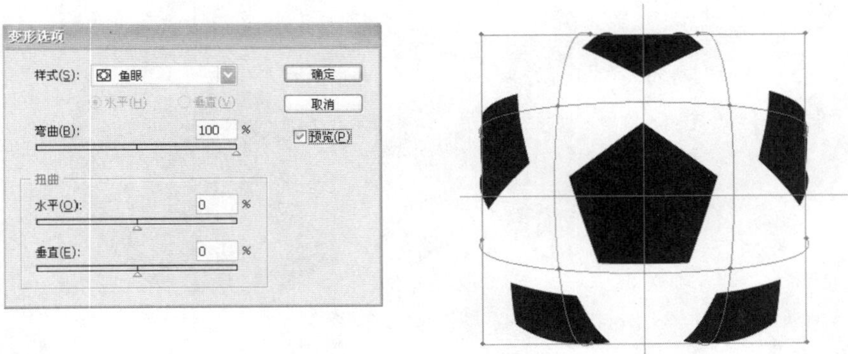

图 4-116

蒙版图形对多边形组图形进行了剪切蒙版的操作。如图所示。

2. 设定足球底面的效果

（1）用编组选择工具单击蒙版圆，执行编辑 > 复制和编辑 > 粘贴命令，复制一个新的独立的圆。

（2）给新的圆填充黑白径向渐变色，并在透明度调板中设定正片叠底的合成模式和 79% 的不透明度。

3. 再次编辑五边形

（1）选中封套扭曲后的五边形图形组，执行对象 > 扩展命令，解除图形组的封套关系。此时图形仍然是一个编组图形。

（2）用编组选择工具选中中间的五边形，执行滤镜 > 扭曲 > 收缩和膨胀命令。在收缩和膨胀对话框的数值栏内输入 5，单击确定钮，五边形有一种膨胀的变形感觉。

图 4–117

图 4–118

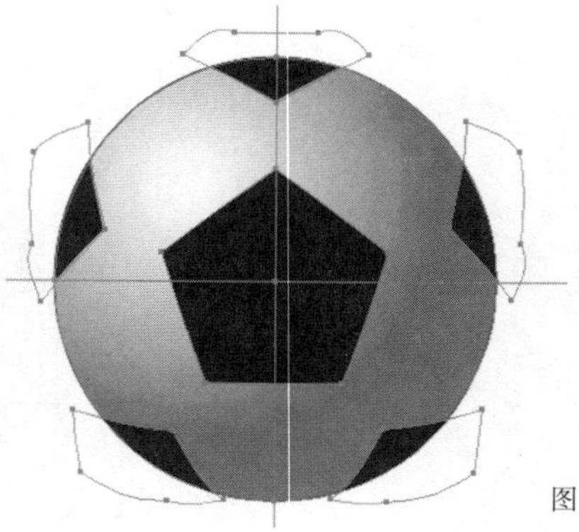

图 4–119

（3）给中央的五边形设定渐变色填充，使其符合足球受光照射时表面的真实效果，如图所示。同样给周边的图形添加渐变色。

4. 给足球边缘和五边形纹理边缘施加羽化效果

选中纹理图形，执行效果 > 风格化 > 羽化命令。在羽化对话框中设定 2mm 的羽化值，如图 4–122 所示。

同样给填充了渐变色的足球边缘的圆形施加羽化效果。

5. 添加阴影效果

（1）用椭圆工具（ ）绘制一个作为阴影的椭圆，填充线性渐变。

（2）在该椭圆处于选中的状态下，执行效果 > 风格化 > 羽化命令。

（3）用直接选择工具（ ）调整阴影的外形轮廓。

（4）执行对象 > 排列 > 置于底层命令，把阴影图形置后。如图 4–123 所示。

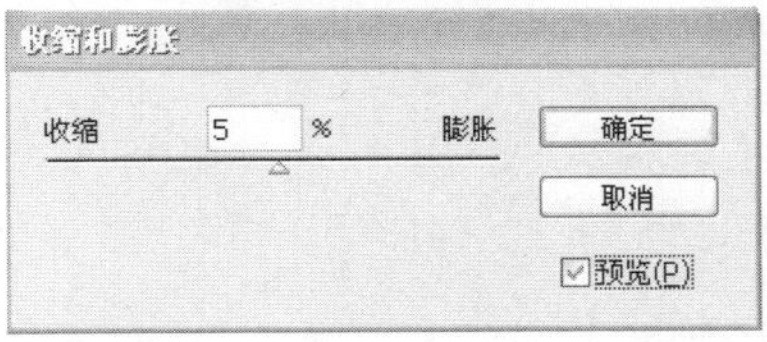

图 4–120

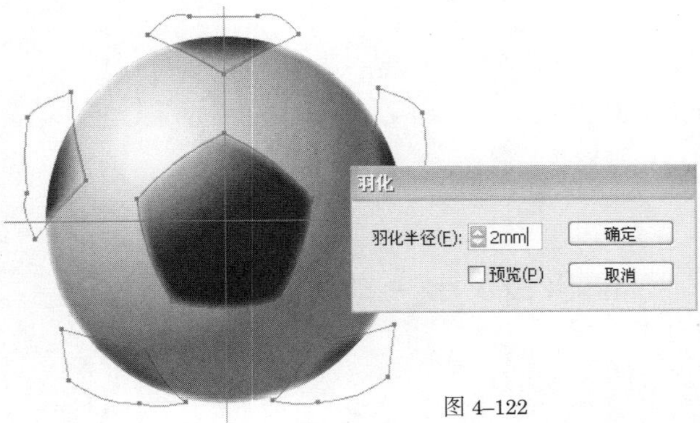

图 4–122

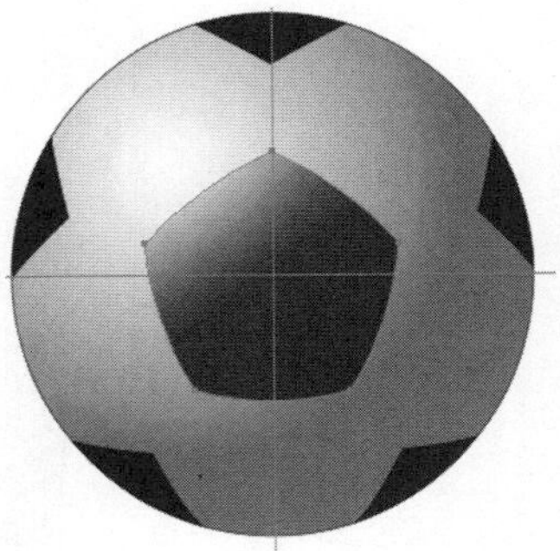

图 4–121

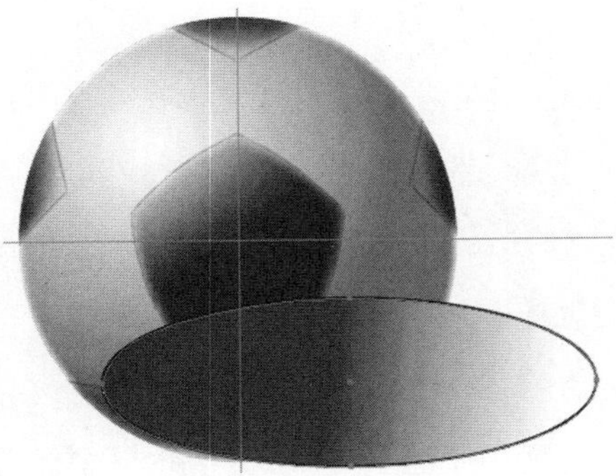

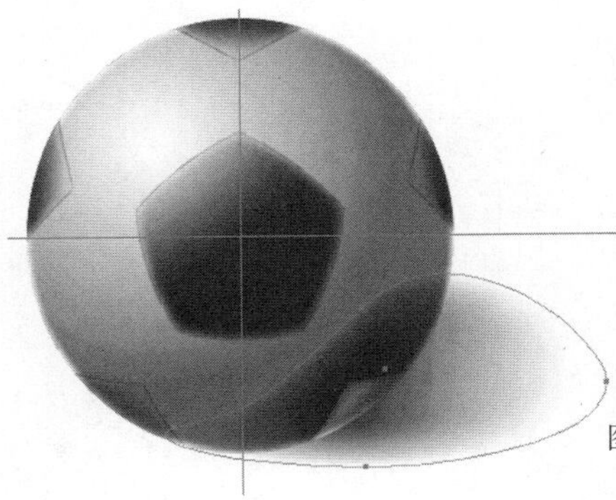

图 4–123

第五章 色彩

熟悉一些色彩理论和术语有助于我们理解色彩是怎样测得的，也容易理解色彩值在 Illustrator 的调色盘和对话框中的显示，更能帮助我们很好地应用色彩。

有一点非常重要，即色彩总是与光相伴随。有了光，世界上的万物才呈现出五彩缤纷的美丽；没有光，世界将失去色彩，陷入一片黑暗。

第一节 色彩基础

学过物理学的人都知道，光实际上是电磁波。在电磁波的光谱表中，大部分的光是我们的肉眼无法看到的，仅有一小部分能被我们的眼睛觉察到，太阳光就属于这部分可见光的范围。

著名的英国科学家牛顿曾经做过一个试验，他用一个棱镜成功地把太阳光束分解为赤、橙、黄、绿、青、蓝、紫等单色光（这些单色光通过棱镜不能再分解），如图 5–1 所示。

图 5–1

当我们把两种或两种以上的单色光混合在一起的时候，便产生了有颜色的光，称之为复合光。光混合得越多，就越亮。包含了所有色彩光谱的光是作为纯粹的白色光出现的。

我们的眼睛是怎样看到色彩斑斓的大自然的呢？当光线照射在物体上的时候，物体会吸收一部分光线，同时也会把一部分光线反射到我们眼睛，经过视网膜传送到大脑中枢而使我们产生关于色彩的判断。物体吸收哪些色光、反射哪些色光以及吸收与反射光的程度则取决于物体自身的物理属性，也就是它的固有色属性。比如一个固有色为红色的物体，它主要把照射其上的光束中的红色光线反射到人的眼睛中，而把光束中其余的光线吸收了，这是红色固有色的属性。

色彩构成的三个基本要素为色相（Hue）、饱和度（Saturation）和明度（Brightness）。

色相是物体反射的光的波长。

色相在标准的色轮上是作为一个位置来测量的，并且以 0—360 度之间的某个角度来描述。比如，位于色轮上 0 度的颜色为红色，位于 60 度的颜色是黄色，位于 120 度的颜色是绿色，位于 180 度的颜色是青色，位于 240 度的颜色是蓝色，而位于 300 度的颜色是品红色。如图 5–2 所示。

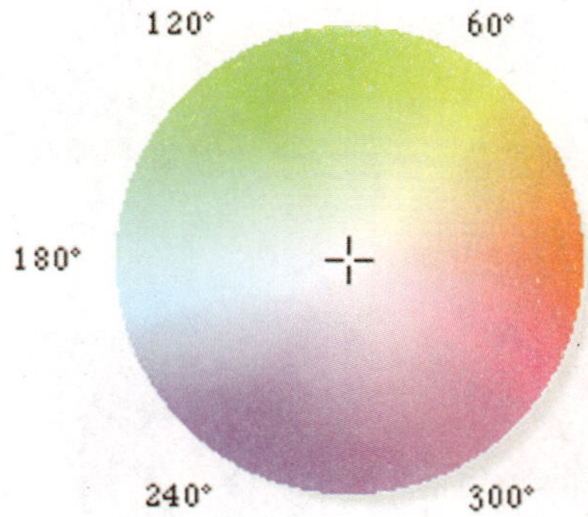

图 5–2

在色轮中，每一种颜色直接与其补色相对。要增强某一种颜色，只需减弱它的补色。我们知道，红色与青色互为补色，绿色与品红色互为补色，蓝色与黄色互为补色。观察色轮上颜色的分布规律,所有的互补色都是相对的。如图 5–3 所示。

图 5–3

饱和度，有时候也叫彩度或纯度，是颜色的强度或纯度。饱和度代表灰色成分在色相中所占的比率，由 0—100% 之间的一个百分比数值来表示。

亮度是指颜色的相对亮度或暗度，0% 为黑色，100% 为白色。

第三节 混色体系

色彩的混合大体上有两种体系，一种是加法混色，另一种是减法混色。

加法混色是指以红、绿、蓝为三原色的色光混合。三原色光等量混合可以获得白色光。电视、显示器等都属于加法混色。如图 5–4 所示。

减法混色是指以品红、黄、青为三原色的色料混合。三原色等量混合可以得到黑色。水彩画、水粉画、油画、粉笔画、印刷色等都属于减法混合。如图 5–5 所示。

图 5–4

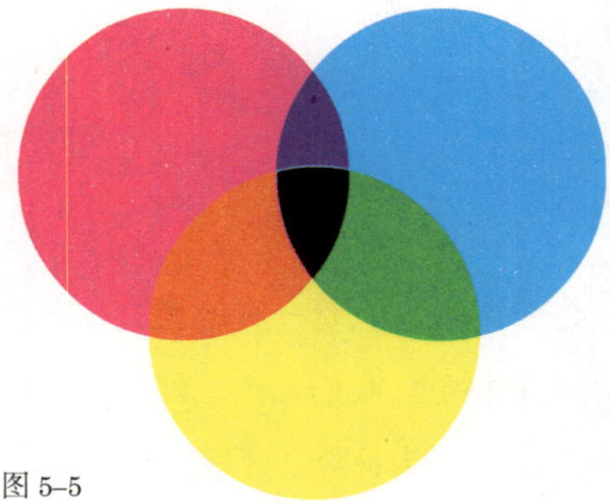

图 5–5

在印刷理论上，品红色与黄色混合将产生红色，但实际上，当品红色和黄色等量混合时得到的不是红色而是橘红色，因此要想在实际印刷中获得理想的红色，我们在设计颜色的时候就要减少一点黄色。据美国印刷行业专家 Lorry Bala 介绍，当 95% 的品红色与 80% 的黄色混合时，将会获得一种较为理想的红色。同样，当 95% 的青色和 80% 的品红色混合时将会获得比较纯正的蓝色。当 95% 的黄色与 85% 的青色混合时则会获得比较纯正的绿色。

了解了色彩混合的体系之后，在使用 Illustrator 制作插图或进行平面设计时，就要根据最终的用途来决定使用哪一种颜色模式来调配颜色。在 Illustrator 中，文档可选用两种颜色模式，执行文件 > 文档颜色模式命令，可以选择 CMYK 颜色模式或者 RGB 颜色模式。一般来说，如果文件是要印刷在纸张、布匹等质地上，也就是通过印刷油墨来实现颜色的转换，在 Illustrator 中要选定 CMYK 颜色模式；如果文件是应用在网络、视频演示或输出为幻灯片的时候，在 Illustrator 中就要使用 RGB 颜色模式。

第四节 常用的颜色模型与调色方式

颜色模型是用于描述和重现色彩的三维立体模型。计算机图形、图像上常用的颜色模型有 HSB 模型、RGB 模型、CMYK 模型、CIE L×a×b× 模型和 HSV 模型等。每一种颜色模型都有相应的色彩空间，比如 CIE L×a×b× 模型有固定的色彩空间，它与人感知颜色的方式直接相关，被认为是与设备无关的颜色模型，如图 5–6 所示；而 RGB 颜色模型则可能有许多不同的色彩空间，如计算机显示器、扫描仪、数码相机等设备都使用同样的 RGB 颜色模型，但它们各自的色彩空间却不尽相同。因此，像 RGB、HSL、HSB、CMYK 等颜色模型被认为是与设备密切相关的颜色模型。

由于色彩空间不同，在不同设备之间传递文档时，颜色在外观上会发生改变。 颜色变化有多种原因：不同的图像源（扫描仪和软件使用不同的色彩空间生成图片）、计算机显示器的品牌不同、软件应用程序定义颜色的方式不同、印刷介质的不同（报纸印刷用纸与杂志印刷用纸相比，重现的色域较小）、打印和印刷设备的不同，以及其他因素。以上诸多原因导致实现“所见即所得”的目标还任重而道远。

颜色模式以颜色模型为基础。色域是颜色系统可以显示或打印的颜色范围。人眼看到的色谱比任何颜色模型中的色域都宽。图 5–7 显示了 Lab、RGB 和 CMYK 三种颜色模式色域范围的不同。正是因为 RGB 颜色模式下的某些颜色不在 CMYK 颜色模式的色域范围内，所以有时候我们在显示器屏幕上看到的某些颜色比如鲜亮的绿色、蓝色打印出来的时候会发暗。

在 Illustrator 中调色要用到颜色调板。执行窗口 > 颜色命令可以切换颜色调板的显示与隐藏。

在颜色调板中用到的调色方法有五种：灰度、RGB、HSB、CMYK、Web 安全 RGB。这五种调色法所使用的颜色色域是不完全相同的。

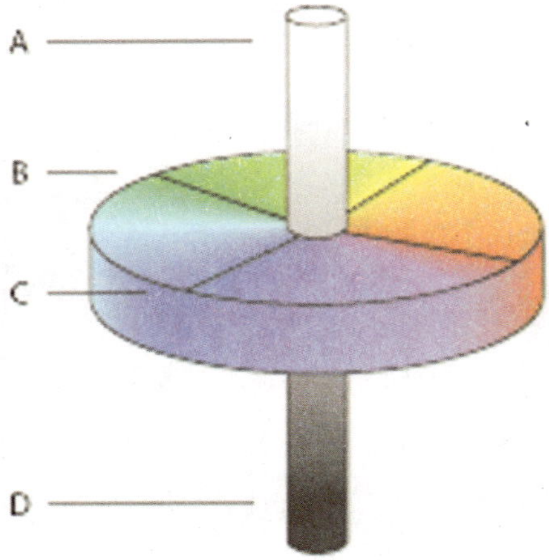

L×a×b× 模型

A 亮度 =100（白色）
B 绿色到红色分量
C 蓝色到黄色分量
D 亮度 = 0（黑色）

图 5–6

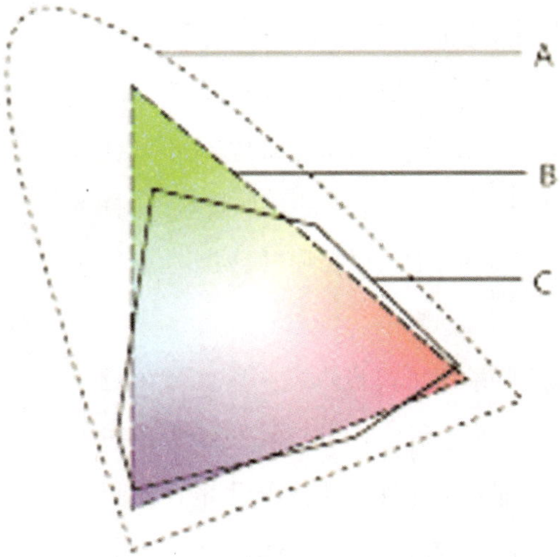

Lab 色域
RGB 色域
CMYK 色域

图 5–7

用于印刷的颜色又分为专色与印刷色两种。

一、专色

所谓的专色，就是要用专门的油墨来印刷的色彩，专色的区域在菲林片上显示为密不透风的实色区域，而且要单独地出在一张菲林片上。如果一件印刷品使用的专色越多，需要输出的专色菲林片也越多，成本自然增高。同时，菲林片越多，印刷工人在印刷时，其对齐的难度加大，从而增加了工艺的难度，因此专色不宜滥用。

图 5–8 所示的是一个茶叶的包装罐插图，作为底色的铁锈红要用专色来印刷。在 Illustrator 中要制作包装罐的平面展开图，其底色图形是一个铁锈红的长方形。

图 5–8

在颜色调板中调配出铁锈红的颜色，拖放在色板的色板格内。双击该色格进入色板选项的对话框，给色板起名为“铁锈红”，并在颜色类型中选择专色,按确定钮。这里为了理解的方便,专色的名称为中文,但是在实际工作中，建议专色的名称以拼音的方式来标明，以保证专色能被胶片输出设备正确地识别。如图 5–9 所示。

把色板调板中的铁锈红专色赋予茶叶罐的底图。与专色相叠加的区域如要镂空、叠印等，涉及很多工艺技术，本书在此不做讨论。

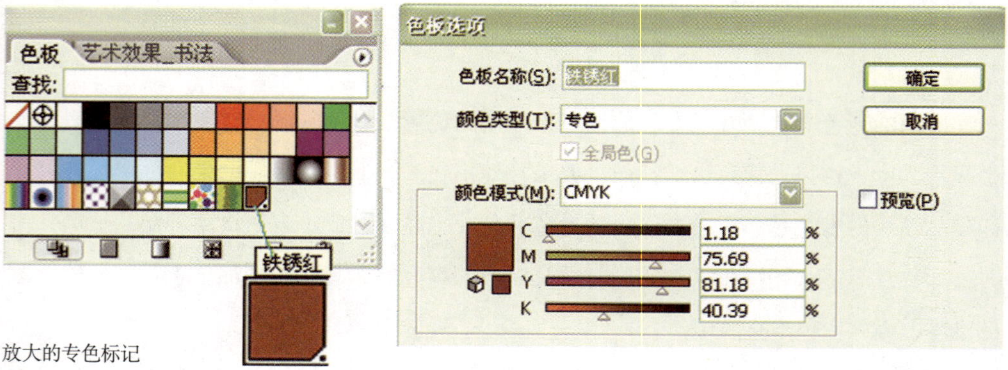

图 5–9　放大的专色标记

二、印刷色

印刷色是指把文件里的颜色按其青、品红、黄、黑的比率构成分布在相应的菲林片上，不同于专色的是，这些颜色是通过网线来显示的，网点的疏密、网角的大小等构成了浓淡不一的颜色。所有使用印刷色的图像将来分别只用青、品红、黄、黑四种油墨进行印刷。

第六节　印刷色中的全局色和非全局色

调制某种印刷色的时候，在色板选项中如果勾选了全局色，那么所有使用全局印刷色的图形将随着全局印刷色的改变而改变，而无需选中图形进行修改。比如在第二章第二节的挂毯制作中，从一开始就把蓝色设定为全局印刷色，无论是图形的填色部分还是描边部分，只要使用这种蓝色，在以后修改挂毯图案的整体颜色时就方便快捷多了。

在图 5–10 中，全局印刷色在色板中的右下角也有一个标记。在所有图形未被选中的情况下，双击色板调板中的全局色蓝色，进入色板选项，调整四色滑块为橘黄色，单击预览钮，图案中使用全局色的图形其蓝色自动更新为橘黄色，按确定钮。

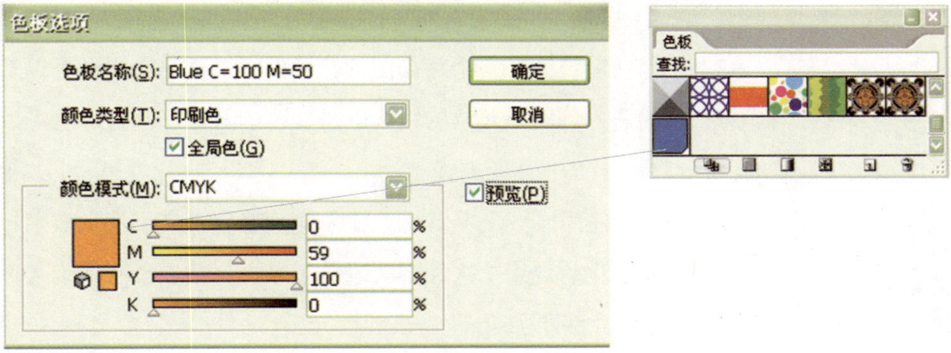
色板选项
色板名称(S): Blue C=100 M=50
确定
颜色类型(T): 印刷色
取消
全局色(G)
颜色模式(M): CMYK
预览(P)
C
0
%
M
59
%
Y
100
%
K
0
%
色板
查找:

图5–10

图5–11

第六章 文字

第一节 区域文字工具与串接文字

Illustrator 工具箱中的区域文字工具（横排的和竖排的），把文字设计在一个路径图形范围内。这个路径图形可以是封闭的，也可以是开放的；可以是规范的矩形、圆形，也可以是自由形式的不规范路径。

使用区域文字工具（T）排列文字，文字视觉效果接近于图形化的效果。这种排法避免了呆板、枯燥，使得版式添加了生气，活跃了版面。

区域文字工具的使用方法如下：

首先绘制一个即将作为文本框的路径图形，然后选择工具箱中的区域文字工具（横排的或者竖排的），单击路径图形。当路径图形转变为文本框（有插入光标显示）的时候，输入文字即可。

为了获得良好的视觉效果，文字的字号不宜过大。

下面以图 6–1 中的排版为例来介绍区域文字工具的具体用法。

这幅用文字来表现画面的作品是根据画家马蒂斯的一幅剪纸进行再创作的。当文字在一个图形内部进行排列的时候，给我们的视觉效果是面的体现。

图 6–1

一般的排法是用文字工具（T）键入文字，然后找一些马蒂斯的剪纸作品，通过扫描仪或数码相机把剪纸作品转变为计算机可接受的数字影像，与文字组合在一起。我们这里利用 Illustrator 的区域文字工具，选用了马蒂斯的一幅剪纸作品作为容器，来承纳介绍马蒂斯剪纸作品的文章（笔者的一位朋友写的一篇介绍马蒂斯剪纸作品的文章）。

1. 制作路径图形容器

（1）扫描马蒂斯剪纸作品。

文字要沿着马蒂斯剪纸作品的轮廓内部排列，所以我们先用扫描仪把剪纸作品输入到计算机里，并命名此文件为《蓝色人体》。

（2）执行文件 > 置入命令，把影像文件《蓝色人体》导入 Illustrator 文档中，以备描摹轮廓的底图。如图 6–2 所示。

（3）用实时描摹功能绘制剪纸人体的轮廓线。

用钢笔工具（✒）可以勾勒剪纸人体的轮廓，本例介绍用实时描摹的功能自动描摹位图外形轮廓的方法。Illustrator 中对象菜单下的实时描摹命令可以对选中的位图进行描摹。在位图处于选中的状态下，执行对象 > 实时描摹 > 建立并扩展命令，获得的效果如图 6–3 所示。在描摹图形的下方添加了一块背景，看得出有些应透明的区域却填充了白色。

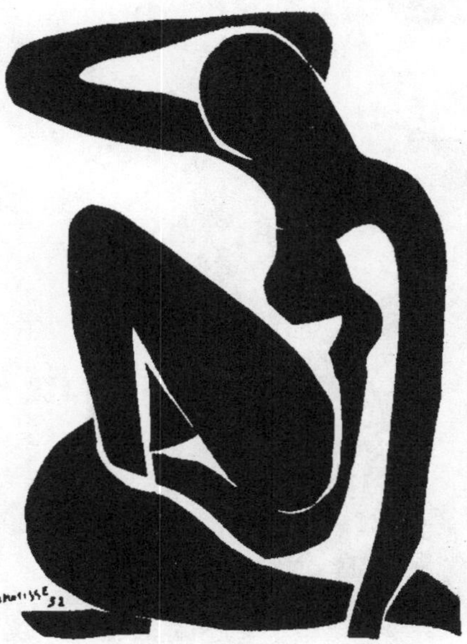

图 6–2

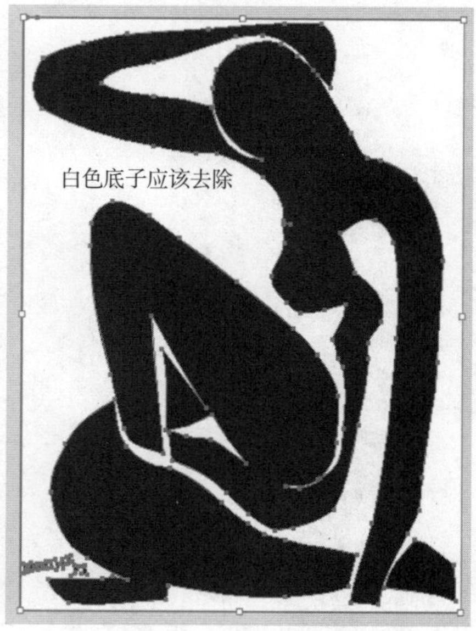

图 6–3

（4）去除白色区域

用编组选择工具（ ）选中描摹图形组中的白色方框，按下键盘上的 Delete 键删除。如图 6–4 所示。

按着 Shift 键的同时，用编组选择工具（ ）选中描摹图形组中的黑色填色的图形，向左下方偏移，露出其下的白色人体图形。如图 6–5 所示。

选中白色人体图形进行删除，把绿色的背景图形删除，如图 6–6 所示。

图 6–4

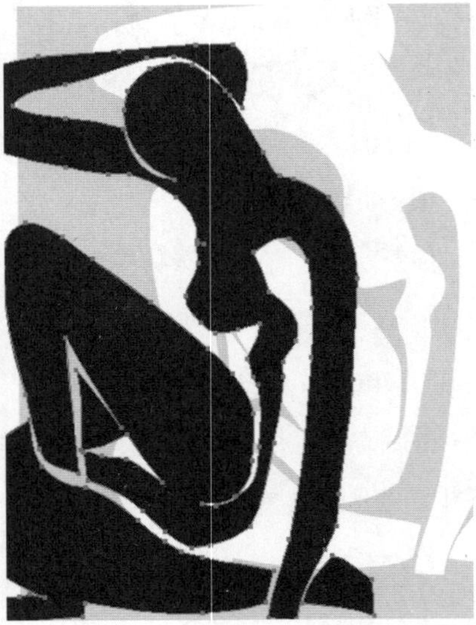

图 6–5

图 6–6

2. 把文字排入剪纸人体轮廓内

选择工具箱中的区域文字工具（T），单击剪纸人体路径图形，出现提示："要在路径内创建文本，您必须单击一个非复合、非蒙版路径。"我们在上一步中完成的剪纸人体图形实际上是一个复合图形。

本例将通过剪断路径并重新组合路径的方法，把原来的两条路径转变为一条路径，从而实现在人物轮廓内排文的效果。

（1）选中剪纸人体轮廓图形，执行对象 > 剪切路径 > 释放命令，将复合效果解除。

（2）用工具箱中的剪刀工具（✂）在图中所示的内路径和外路径上剪断。如图 6–7 所示。

（3）用直接选择工具（↖）分别把断点调开一定的距离。如图 6–8 所示。

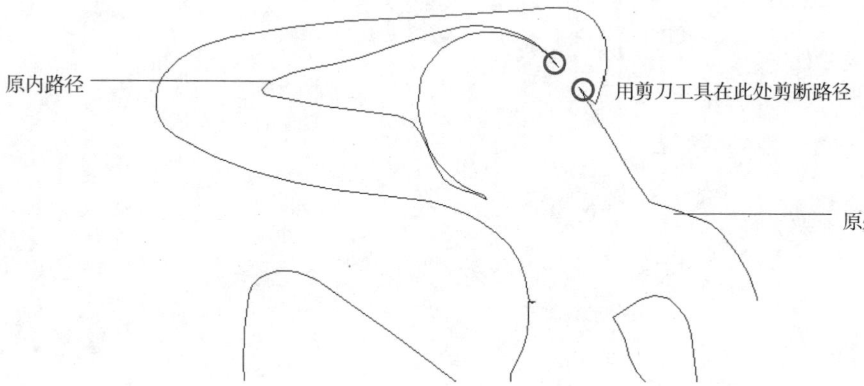

图 6–7

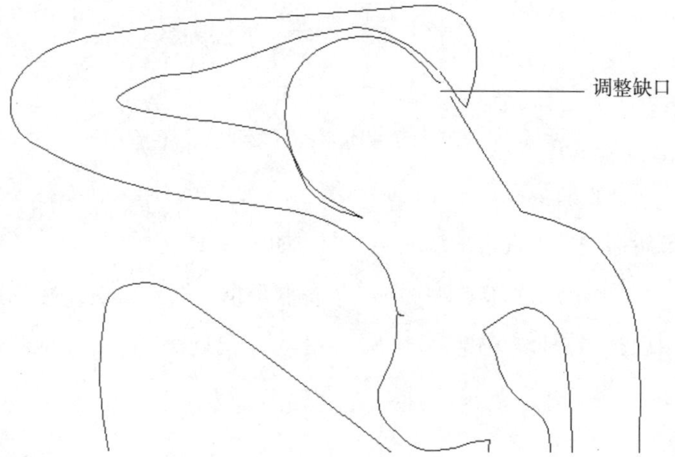

图 6–8

（4）同时选择原内路径上的一个断点与外路径上的一个断点，执行对象 > 路径 > 连接命令，这样便把两条路径转变成了一条路径。如图 6–9 所示。

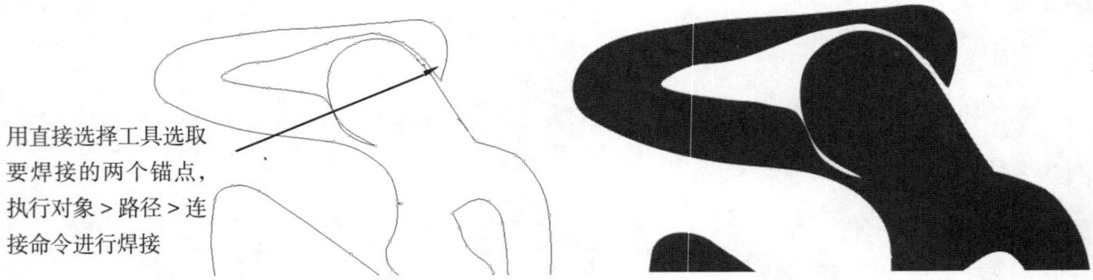

图 6–9

（5）选择工具箱中的区域文字工具（ T ），在调整后的路径上单击，即可插入光标。输入文字，则文字以路径为容器进行排列。如图 6–10 所示。

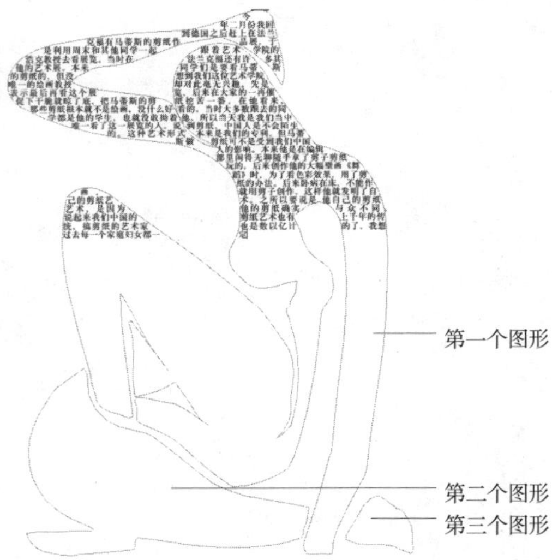

图 6–10

（6）文字排满第一个图形后，如何让文字流向第二个图形内继续排文呢?

我们可以在第一个图形内继续输入文字，因为文本框无法容纳多余的文字，所以在图形容器底部出现带加号的小方框。如图 6–11 所示。

（7）用选择工具（ ）单击加号小方框，出现载文符号，把光标移至第二个图形上出现链接符号。单击鼠标，则多余的文字出现在第二个文本框中。如图 6–12 和图 6–13 所示。

两个文本框之间的文字是串接的。比如在第一个文本框中增加文字内容时，文本会自动向第二个文本框流动；如果在第一个文本框中删除一部分文字，则第二个文本框中的文字会倒流到第一个文本框中。

（8）用同样的方法使文字流到右下角的第三个图形内部。最终效果如图 6–1 所示。

（9）如果我们不想保持文本框之间的文字串接关系，用选择工具选中文本框后，执行文字 > 串接文字 > 移去串接文字命令，解除文本框之间的串接关系。

解除串接关系的文本框是彼此独立的，编辑文字的时候互不影响。

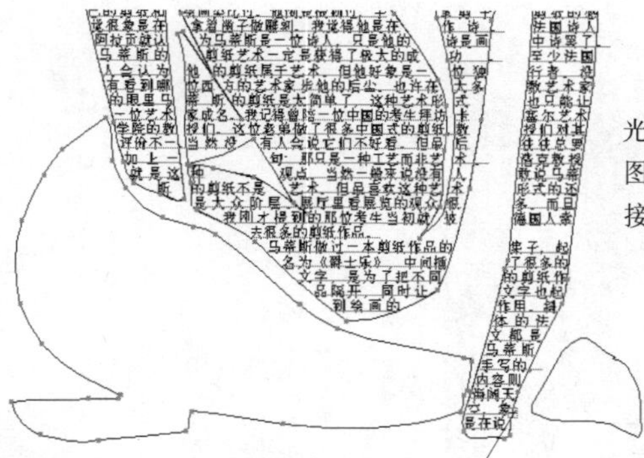

图6–11

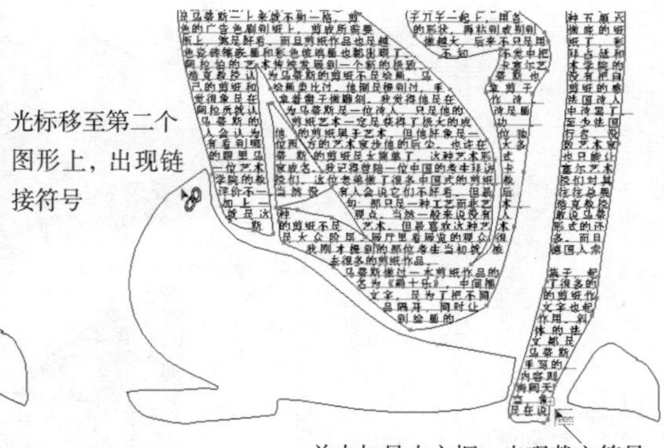

图 6–12

图 6–13

所谓文字绕排是指当文字遇到图形或图像时，能绕开图形或图像而进行排列。

Illustrator 在文字控制方面提供了文字绕排的功能，其命令为对象 > 文本绕排 > 建立文本绕排。在 Illustrator 11 版本中文字绕排的功能较之前的版本强大了许多。

文字绕排和分栏布局在控制版面效果方面非常重要，也比较常用。我们以图 6–14 (《马蒂斯的剪纸艺术》) 为例来介绍如何进行文字绕排和分栏布局。

今年二月份我回到德国之后赶上在法兰克福有马蒂斯的剪纸作品展，于是利用周末和其他同学一起跟着艺术学院的浩克教授去看展览。当时在法兰克福还有许多其他的艺术展。本来同学们是要看马蒂斯的剪纸的，但没想到我们这位艺术学院唯一的绘画教授却对此毫无兴趣。先是表示最后再看这个展览，后来在大家的一再催促下干脆就晾了底，把马蒂斯的剪纸挖苦一番。在他看来，那些剪纸根本就不是绘画，没什么好看的。当时大多数跟去的同学都是他的学生，也就没敢拗着他。所以当天我是我们当中唯一看了这一展览的人。

说到剪纸，中国人是不会陌生的。这种艺术形式本来是我们的专利。但马蒂斯做剪纸可不是受到我们中国人的影响。本来他是在编辑部里闲得无聊随手拿了剪子剪纸玩的，后来创作他的大幅壁画《舞蹈》时，为了看色彩效果，用了剪纸的办法。后来卧病在床，不能作画，就用剪子创作。这样他就发明了自己的剪纸艺术。之所以要说是他自己的剪纸艺术，是因为他的剪纸确实与众不同。说起来我们中国的剪纸艺术也有上千年的传统，搞剪纸的艺术家也是数以亿计的了。我想过去每一个家庭妇女都一定做过剪纸。可是这么多的艺术家搞了这么多年的剪纸，却始终没什么变化。作品的尺幅并不大，基本上总是用剪子，色彩也单一。但是马蒂斯一上来就不拘一格，剪子刀子一起上，用各种五颜六色的广告色刷到纸上，剪成所需要的形状，再粘到或别到做底的纸板上，煞是好看。而且剪纸作品也是越做越大，后来不只是用纸了，彩色瓷砖镶嵌画和彩色玻璃画也都出现了。不知不觉中把拜占廷和阿拉伯的艺术传统发展到一个新的及至。卡塞尔艺术学院的浩克教授认为马蒂斯的剪纸不是绘画，马蒂斯也没有把自己的剪纸和绘画类比过。他倒是提到过，手拿剪子剪纸的感觉很象是在拿着凿子做雕刻。我觉得他是在作诗。法国诗人阿拉贡就认为马蒂斯是一位诗人，只是他的诗是画中诗罢了。

马蒂斯的剪纸艺术一定是获得了极大的成功。至少法国人会认为他的剪纸属于艺术。但他好象是一位独行者。没有看到哪位西方的艺术家步他的后尘。也许在大多数艺术家的眼里马蒂斯的剪纸是太简单了，这种艺术形式也只能让一位艺术家成名。我记得曾陪一位中国的考生拜访卡塞尔艺术学院的教授们。这位老弟做了很多中国式的剪纸，教授们对其评价不一。当然没有人会说它们不好看。但最后往往总要加上一句：那只是一种工艺而非艺术。浩克教授就是这种观点。当然一般来说没有人敢说马蒂斯的剪纸不是艺术。但最喜欢这种艺术形式的还是大众阶层。展厅里看展览的观众很多。而且我 刚才提到的那位考生当初就被德国人索去很多的剪纸作品。

马 蒂 斯 的 剪 纸 艺 术

图 6–14

1.文字输入

文字输入的方法有几种，比如我们可以用文字工具 (T) 在屏幕上划出一个矩形区域，释放鼠标后，光标被插在了文本框的左上角，键入文字即可。也可以先用矩形工具 (▭) 绘制一个长方形，然后选择区域文字工具，在矩形上单击插入光标输入文字。这两种方法的效果是一样的。

如果文本已经在文字软件如写字板上完成，可以用复制与粘贴的方式将文字直接导入矩形文本框中。

2.导入剪纸人体图形

（1）把在第一节中描摹的图形通过复制、粘贴的方式放置到 Illustrator 文档中文本元素的前面。与图形重叠部分的文字被图形遮挡。

（2）为了使剪纸人物图形位于文字的中央，用选择工具（ ）同时选择剪纸人体图形和文字框，在对齐调板中单击水平居中对齐钮（ ）和垂直居中对齐钮（ ）。

3.让文字沿着剪纸人体图形的外形轮廓绕排

（1）只选择前面的剪纸人体图形，然后执行对象 > 文本绕排 > 建立文本绕排命令，出现文本绕排选项对话框。单击勾选预览前的方形框，可以直接预览到绕排效果。如图 6–15 所示。

图 6–15

位移栏内的数值以磅为单位，控制文字绕排时图与文之间的间隔。本例为键入 6pt 的效果。

在 Illustrator CS2 中，文字可以沿着矢量图形的外形轮廓来绕排，无论图形的轮廓多么复杂，绕排效果都比较理想。

实际上，文字除了可以绕排图形外，也可以绕排图像或另一个文字元素。

（2）反向绕排。

执行对象 > 文本绕排 > 建立文本绕排 > 释放命令，清除前面的绕排效果。

选中剪纸人体图形，设定其填充为透明，描边为黑色。这样的设定便于我们理解反向绕排命令。

只选中剪纸人体图形，执行对象 > 文本绕排 > 建立文本绕排命令进入文本绕排选项对话框。勾选预览钮和反向绕排钮，并设定位移栏内的数值为 0，可以预览到一部分文字填充到了剪纸人体图形的内部，而图形之外的地方没有文字，单击确定钮。如图 6–16 所示。

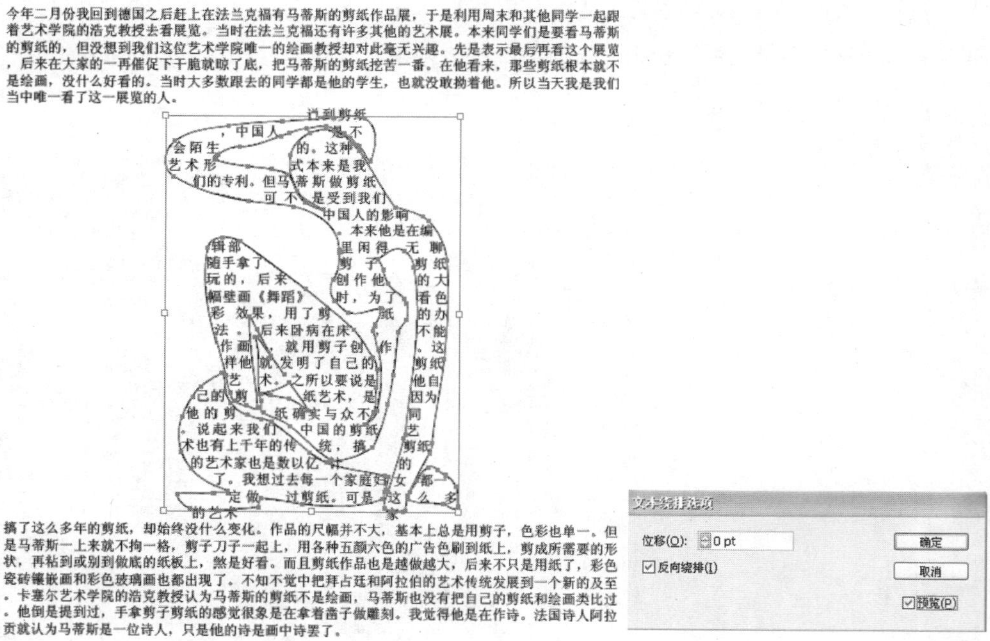

图 6–16

4. 文本分栏

对于区域文字而言，我们可以用区域文字选项命令来控制其内部文本的分栏状况。

用选择工具（ ）选中文本元素，执行文字 > 区域文字选项命令。在其对话框中，宽度与高度栏内的数值表示文本的宽度与高度。

行与列分别控制纵栏与横栏的情况，间距控制栏与栏之间的距离即栏间距。本例中设定列为 2，表示将文本分为两个横栏。如图 6–17 所示。

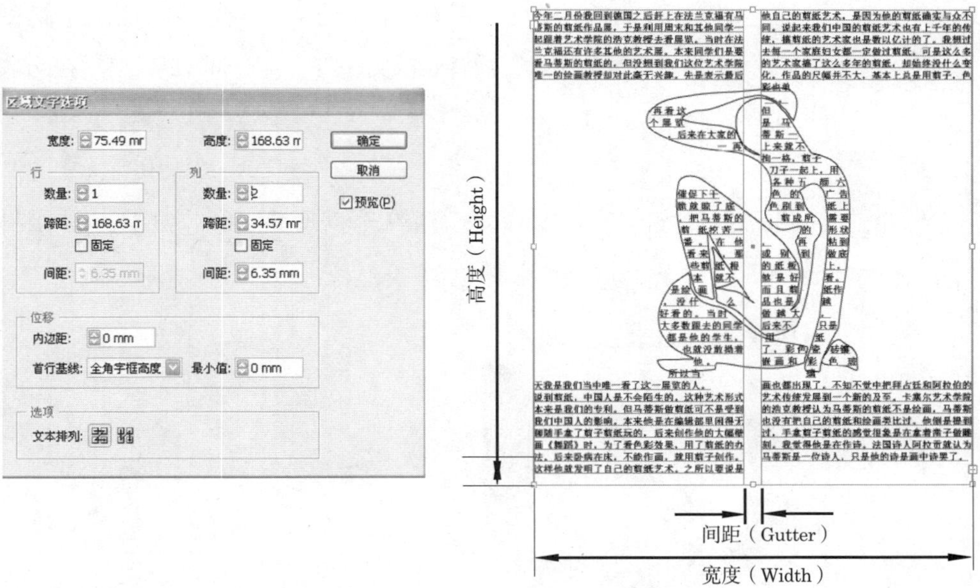

图 6–17

位移控制文本缩进的情况。比如在内边距栏内键入 5mm 时，原文本框的大小不变，但文本内缩 5mm 才进行排文。如图 6–18 所示。

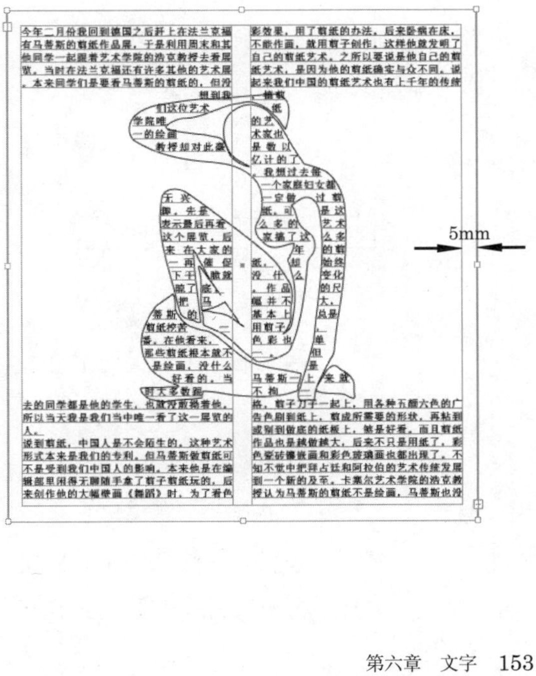

图 6–18

第三节 文字转为轮廓图形

文字作为文档中的一种元素，有其相关的命令进行操作。当我们把文字作为字体来进行设计的时候，通常要把文字转变为轮廓图形，然后在此基础上用直接选择工具调整文字的外形轮廓。

本例中的文字（图 6–19）是基于宋体字来设计的，但使用字库中的宋体字，然后转变为轮廓字编辑是比较麻烦的，所以我们使用钢笔工具（ ）绘制，然后用直接选择工具（ ）来调整文字外形。

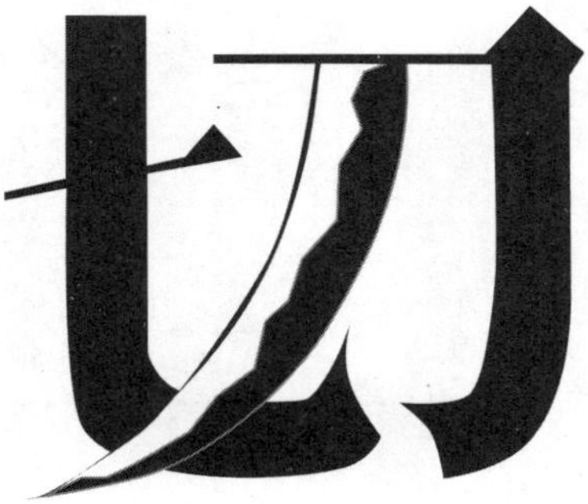

图 6–19

我们可以用工具箱中的矩形网格工具（ ）来画，也可以用两根线条之间的混合来制作，还可以用复制线条的方法来完成。如图 6–20 所示。

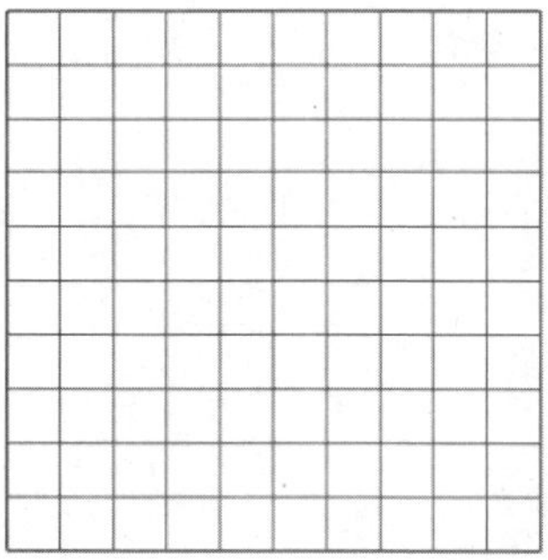

图 6–20

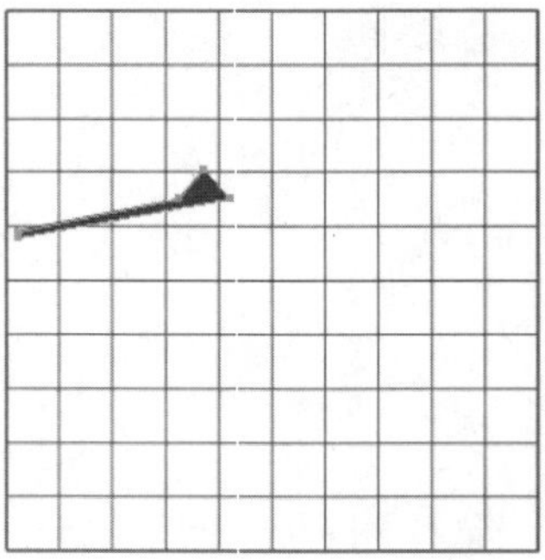

图 6–21

1. 勾勒向右倾斜的横笔划

在网格的相关位置用钢笔工具（ ）直接单击，画出直线段路径。如图 6–21 所示。

2. 勾勒竖弯钩的笔划

这个笔画中有直线也有曲线，所以在用钢笔工具（ ）勾勒的时候，要注意直线点和曲线点的正确使用。勾勒完成后，可以用直接选择工具（ ）对外形再做微调。如图 6–22 所示。

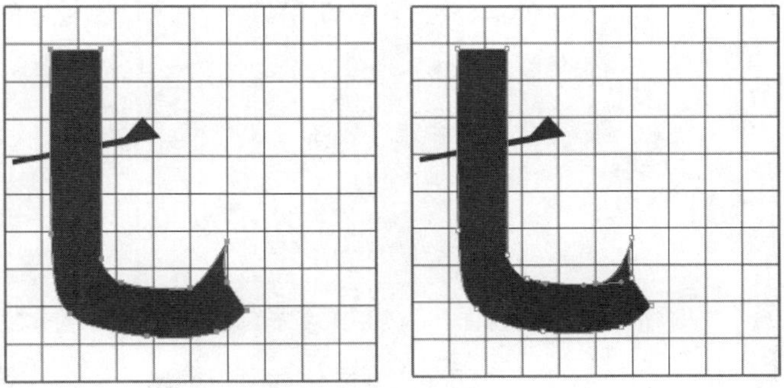

图 6–22

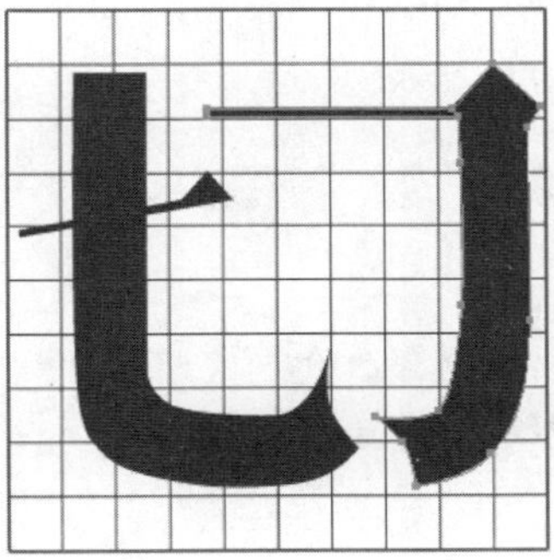

图 6–23

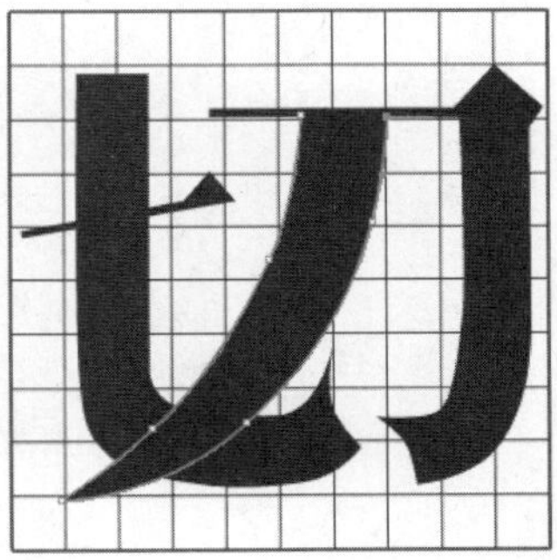

图 6–24

3. 勾勒横折钩的笔划

要注意横笔向竖笔转折处的钝角以及钩的弧线部分的处理。如图6–23所示。

4. 勾勒撇的笔划，如图 6–24 所示

5. 勾勒锯齿图形

锯齿图形的左边路径不必与其下的撇笔完全重合，应该略缩进去一些。勾勒之后，要用直接选择工具（↖）修整外形。如图 6–25 所示。

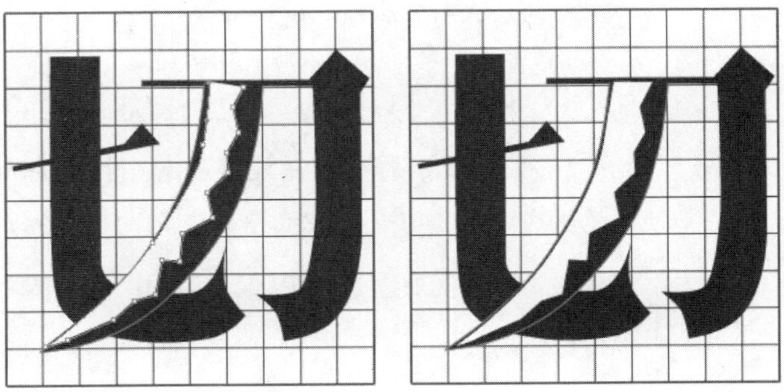

图 6–25

Illustrator 中关于字符属性与段落属性的控制主要在文字调板中。从主菜单窗口下选取文字命令,其下有多项子命令,包括 OpenType、制表符、字形、字符、字符样式、段落、段落样式等。

一、*字符属性的设定*

执行窗口 > 文字 > 字符命令，将字符调板显示在屏幕上。如果该调板显示的内容较少，可以从其窗口弹出式菜单中选取显示选项命令，使更多的选项显示在字符调板中。如图 6–26 所示。

图 6–26

1. 字体

所谓字体，指的是文字的外表样式风格。现在计算机主机中安装的中文字库中一般都包含有宋体、楷体、隶书、魏碑体、篆字体、黑体、综艺体、琥珀体，等等。

2. 字体的大小

字体的大小以 pt 为单位进行衡量。

无论是设定字体还是设定字体大小，都要用文字工具（ T ）划选文字，然后在字符调板上或者执行文字 > 字体和文字 > 大小命令来设定。如果对整个文本框内的文字进行设定，可以用工具箱中的选择工具（ ▶ ）文本框来进行整体的设定。

3. 水平缩放

水平缩放可以改变字符的扁平度。比如输入文字“胖与瘦”,用文字工具划选文字“胖”,在水平缩放栏内选取 200%,该字被加宽处理,但字的高度不变;用文字工具划选文字“瘦”,在水平缩放栏内选取 50%,该字变窄,字的高度不变。如图 6–27 所示。

图 6–27

4. 设定行距

设定段落中行与行之间的间隔距离,以使文字的排列看上去紧密或者疏朗。

5. 基线设定

基线是字符排列的参考线,也就是说,字符是沿着基线来依次排列的。当改变基线的位置时,字符将随着基线而升高或降低。正值使得字符位置升高,负值使得字符位置降低。如图 6–28 所示。

利用设定基线移动可以为某些字符制作上脚标或下脚标。方法是:选择字符,在字符调板的设定基线移动栏中选择一个数值。在改变字符基线位置的同时,要改变字符的大小,才能使它看上去更像脚标。如图 6–29 所示。

图 6–28

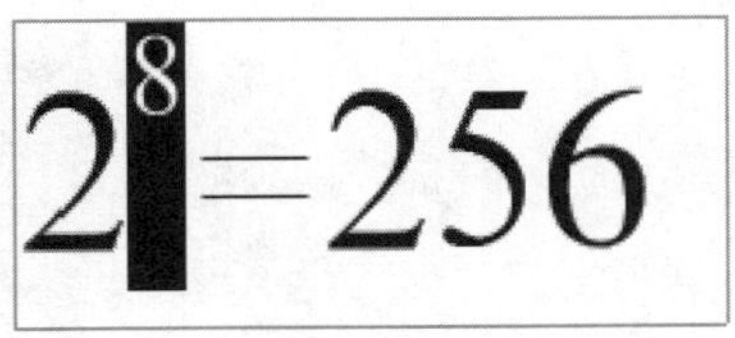

图 6–29

6. 调整字符间距

对于字符间距的调整,命令有多个,方便实用。比如对多个选择的字符进行间距调整时,可以使用字符调板中的设置所选字符的字符间距调整命令来实现。

7. 字符旋转

字符旋转命令允许在段落文本中选择某些字符进行旋转。如图 6–30 所示。

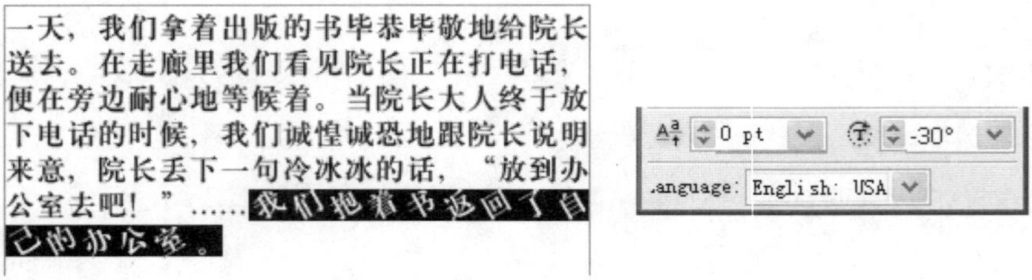

图 6–30

二、段落属性的设定

在文字排版中，段落的概念是指两个回车键之间的一段文字。在输入文字的过程中，按下回车键，就开始了另外一个新的段落。Illustrator 中对段落的控制包括文字与文本框之间的对齐、文字的缩进设定以及连字设定等内容。

执行窗口 > 文字 > 段落命令，将段落调板显示在屏幕上。如图 6–31 所示。

1. 段落对齐

段落对齐有 7 种：

（1）左对齐。

（2）居中对齐。

（3）右对齐。

（4）两端对齐，末行左对齐。

（5）两端对齐，末行居中对齐。

（6）两端对齐，末行右对齐。

（7）全部两端对齐。

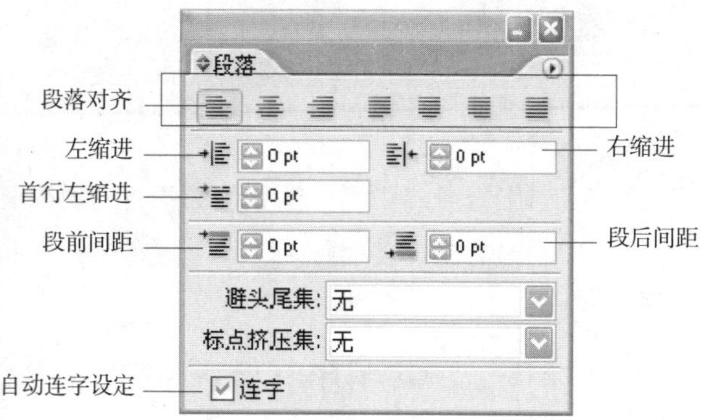

图 6–31

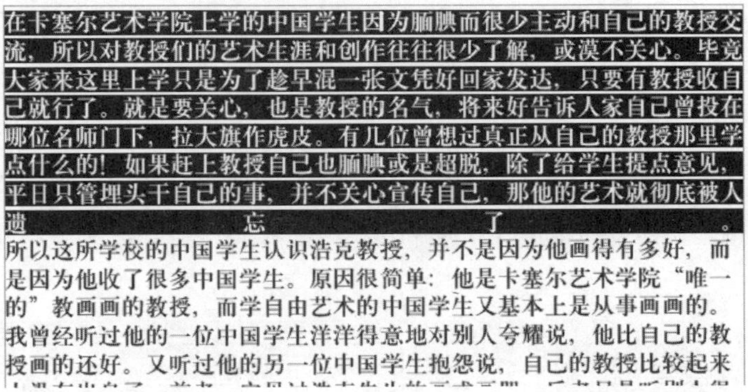

在卡塞尔艺术学院上学的中国学生因为腼腆而很少主动和自己的教授交流，所以对教授们的艺术生涯和创作往往很少了解，或漠不关心。毕竟大家来这里上学只是为了趁早混一张文凭好回家发达，只要有教授收自己就行了。就是要关心，也是教授的名气，将来好告诉人家自己曾投在哪位名师门下，拉大旗作虎皮。有几位曾想过真正从自己的教授那里学点什么的！如果赶上教授自己也腼腆或是超脱，除了给学生提点意见，平日只管埋头干自己的事，并不关心宣传自己，那他的艺术就彻底被人遗　忘　了　。

所以这所学校的中国学生认识浩克教授，并不是因为他画得有多好，而是因为他收了很多中国学生。原因很简单：他是卡塞尔艺术学院“唯一的”教画画的教授，而学自由艺术的中国学生又基本上是从事画画的。我曾经听过他的一位中国学生洋洋得意地对别人夸耀说，他比自己的教授画的还好。又听过他的另一位中国学生抱怨说，自己的教授比较起来

图 6–32

例如在图 6–32 中，把光标插在要设定段落的任意位置，单击段落调板中的全部两端对齐钮，最后一行的文字尽管少，也被强制对齐文本框的两端。

2. 段落缩进设定

我们可以通过设定段落调板中的段前间距和段后间距来控制段落与段落之间的距离。在图 6–33 中，设定段后间距为 8pt。

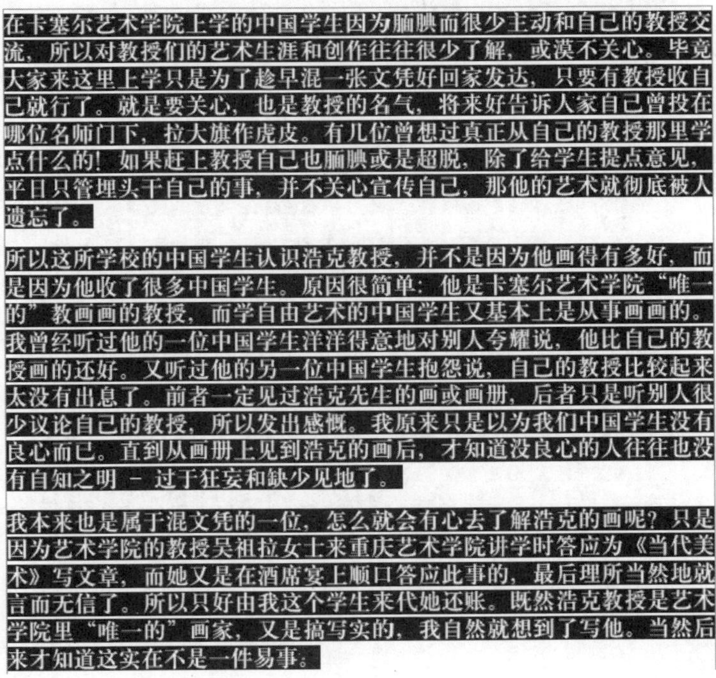

在卡塞尔艺术学院上学的中国学生因为腼腆而很少主动和自己的教授交流，所以对教授们的艺术生涯和创作往往很少了解，或漠不关心。毕竟大家来这里上学只是为了趁早混一张文凭好回家发达，只要有教授收自己就行了。就是要关心，也是教授的名气，将来好告诉人家自己曾投在哪位名师门下，拉大旗作虎皮。有几位曾想过真正从自己的教授那里学点什么的！如果赶上教授自己也腼腆或是超脱，除了给学生提点意见，平日只管埋头干自己的事，并不关心宣传自己，那他的艺术就彻底被人遗忘了。

所以这所学校的中国学生认识浩克教授，并不是因为他画得有多好，而是因为他收了很多中国学生。原因很简单：他是卡塞尔艺术学院“唯一的”教画画的教授，而学自由艺术的中国学生又基本上是从事画画的。我曾经听过他的一位中国学生洋洋得意地对别人夸耀说，他比自己的教授画的还好。又听过他的另一位中国学生抱怨说，自己的教授比较起来太没有出息了。前者一定见过浩克先生的画或画册，后者只是听别人很少议论自己的教授，所以发出感慨。我原来只是以为我们中国学生没有良心而已。直到从画册上见到浩克的画后，才知道没良心的人往往也没有自知之明 - 过于狂妄和缺少见地了。

我本来也是属于混文凭的一位，怎么就会有心去了解浩克的画呢？只是因为艺术学院的教授吴祖拉女士来重庆艺术学院讲学时答应为《当代美术》写文章，而她又是在酒席宴上顺口答应此事的，最后理所当然地就言而无信了。所以只好由我这个学生来代她还账。既然浩克教授是艺术学院里“唯一的”画家，又是搞写实的，我自然就想到了写他。当然后来才知道这实在不是一件易事。

图 6–33

平常阅读文章的时候，我们已经习惯了每个段落的第一行缩进去 2 个字距离的排列，这样便于分隔段落。在图 6–34 中，文字的大小为 12pt，在段落调板中设定首行左缩进为 24pt。

我们还可以结合使用首行缩进与左缘缩进产生另外一些排版方式。在图 6–35 中，设定左缩进为 24pt，设定首行左缩进为 –24pt，则段落的第一行文字凸出于其他行的文字。

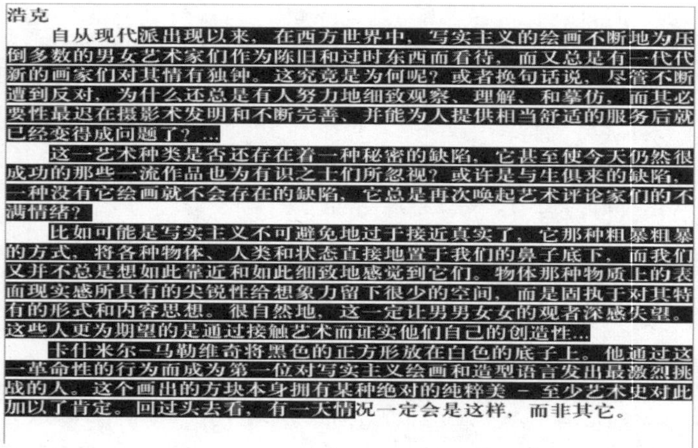

浩克

自从现代派出现以来，在西方世界中，写实主义的绘画不断地为压倒多数的男女艺术家们作为陈旧和过时东西而看待，而又总是有一代代新的画家们对其情有独钟。这究竟是为何呢？或者换句话说，尽管不断遭到反对，为什么还总是有人努力地细致观察、理解、和摹仿，而其必要性最迟在摄影术发明和不断完善、并能为人提供相当舒适的服务后就已经变得成问题了？...

这一艺术种类是否还存在着一种秘密的缺陷，它甚至使今天仍然很成功的那些一流作品也为有识之士们所忽视？或许是与生俱来的缺陷，一种没有它绘画就不会存在的缺陷，它总是再次唤起艺术评论家们的不满情绪？

比如可能是写实主义不可避免地过于接近真实了，它那种粗暴粗暴的方式，将各种物体、人类和状态直接地置于我们的鼻子底下，而我们又并不总是想如此靠近和如此细致地感觉到它们。物体那种物质上的表面现实感所具有的尖锐性给想象力留下很少的空间，而是固执于对其特有的形式和内容思想。很自然地，这一定让男男女女的观者深感失望。这些人更为期望的是通过接触艺术而证实他们自己的创造性...

卡什米尔–马勒维奇将黑色的正方形放在白色的底子上。他通过这一革命性的行为而成为第一位对写实主义绘画和造型语言发出最激烈挑战的人。这个画出的方块本身拥有某种绝对的纯粹美 – 至少艺术史对此加以了肯定。回过头去看，有一天情况一定会是这样，而非其它。

图 6–34

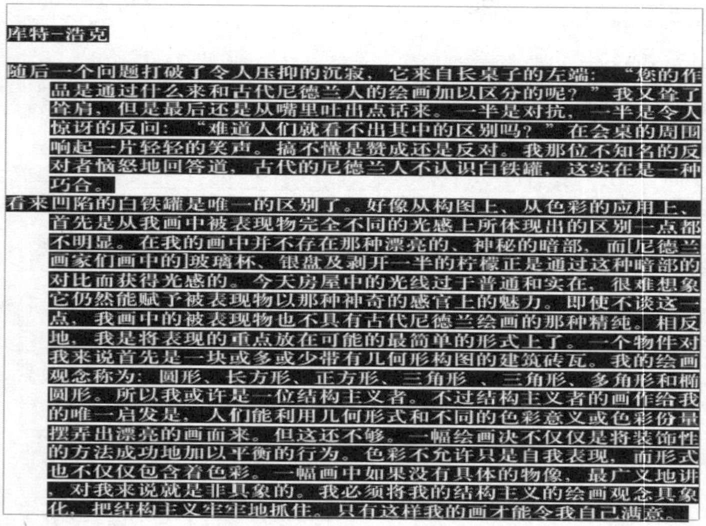

库特–浩克

随后一个问题打破了令人压抑的沉寂，它来自长桌子的左端：“您的作品是通过什么来和古代尼德兰人的绘画加以区分的呢？”我又耸了耸肩，但是最后还是从嘴里吐出点话来。一半是对抗，一半是令人惊讶的反问：“难道人们就看不出其中的区别吗？”在会桌的周围响起一片轻轻的笑声。搞不懂是赞成还是反对。我那位不知名的反对者恼怒地回答道，古代的尼德兰人不认识白铁罐，这实在是一种巧合。

看来凹陷的白铁罐是唯一的区别了。好像从构图上、从色彩的应用上、首先是从我画中被表现物完全不同的光感上所体现出的区别一点都不明显。在我的画中并不存在那种漂亮的、神秘的暗部，而[尼德兰画家们画中的]玻璃杯、银盘及剥开一半的柠檬正是通过这种暗部的对比而获得光感的。今天房屋中的光线过于普通和实在，很难想象它仍然能赋予被表现物以那种神奇的感官上的魅力。即使不谈这一点，我画中的被表现物也不具有古代尼德兰绘画的那种精纯。相反地，我是将表现的重点放在可能的最简单的形式上了。一个物件对我来说首先是一块或多或少带有几何形构图的建筑砖瓦。我的绘画观念称为：圆形、长方形、正方形、三角形 、三角形、多角形和椭圆形。所以我或许是一位结构主义者。不过结构主义者的画作给我的唯一启发是，人们能利用几何形式和不同的色彩意义或色彩份量摆弄出漂亮的画面来。但这还不够。一幅绘画决不仅仅是将装饰性的方法成功地加以平衡的行为。色彩不允许只是自我表现，而形式也不仅仅包含着色彩。一幅画中如果没有具体的物像，最广义地讲，对我来说就是非具象的。我必须将我的结构主义的绘画观念具象化，把结构主义牢牢地抓住。只有这样我的画才能令我自己满意。

图 6–35

3. 连字符

连字符的设定主要是针对强制齐行的拼音文字而言的，在行末一个单词较长时，Illustrator 将按照其音节把单词分开，并在分开处加上连字符号“–”。

一、*镂空浮雕字*

本例制作的镂空浮雕字主要是应用图形样式调板中的浮雕命令完成的，字的中央是镂空的。图形样式调板像变换魔术的百宝箱一样，让我们制作效果字变得轻而易举。

1. 输入文字

（1）选取工具箱中的文字工具（ T ），输入两行文字。第一行为“电脑美术”，第二行为“FineArts”，字号大小为 80pt，字体可以任意选取。

图 6–36

（2）执行文字 > 创建轮廓命令，把文字转变为轮廓字。如图 6–37 所示。

图 6–37

2. 镂空默认时，轮廓字的内部填充为黑色，描边为透明。为了做出文字中间为镂空的效果，我们单击工具箱底部的互换填色和描边钮，文字内部变成透明，描边为黑色。如图 6–38 所示。

图 6–38

3. 把图形样式赋予轮廓文字

（1）执行窗口 > 图形样式命令，把图形样式调板显示在屏幕上。

（2）在图形样式调板中，从其窗口弹出式菜单中选取打开图形样式库 > 图像效果命令，把图像效果调板显示在屏幕上。如图 6–39 所示。

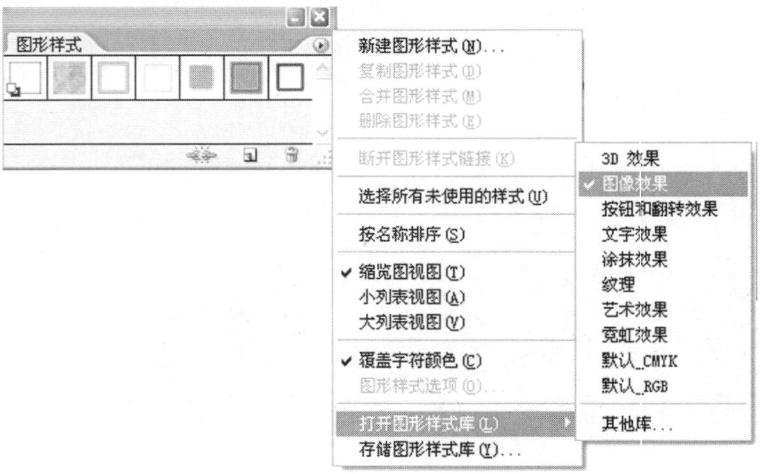

图 6–39

（3）在轮廓字处于选中状态的时候，单击图像效果调板中的浮雕钮，如图 6–40 所示。

实际上，到此为止，镂空字已经制作完成。如果我们还想给镂空字增加一些效果，比如让文字的笔画随意一点，可以执行效果 > 风格化 > 涂抹命令。如图 6–41 所示。

图形样式库中除了图像效果外，还提供了多种霓虹灯效果、涂抹效果、3D 效果等，以方便我们制作多样化的文字特效。

图 6–40

图6–41

二、*挤压成型的管状字*

本例是直接应用效果 > 3D > 凸出和斜角命令实现的效果，看上去像建材管材拉伸而成的文字，这主要是因为我们因为选用了一种比较特别的字体——汉仪醒示体。如图 6–42 所示。

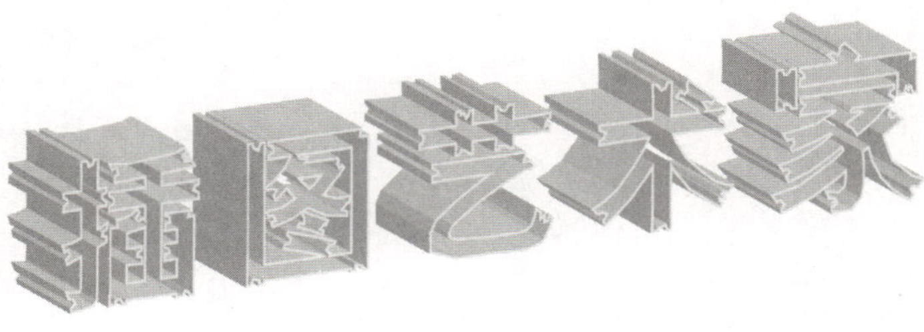

图 6–42

1. 从工具箱中选取文字工具，输入“插图艺术家”，并设定其字体为汉仪醒示体，字号大小为 80pt。

执行文字 > 创建轮廓命令，将文字转变为轮廓图形。如图 6–43 所示。

2. 用工具箱中的选择工具激活轮廓图形字，执行效果 > 3D > 凸出和斜角命令，进入凸出和斜角对话框。勾选预览钮前的方形选项框，这样在屏幕上可即刻看到文字被拉伸的预视图。如图 6–44 所示。

图 6–43

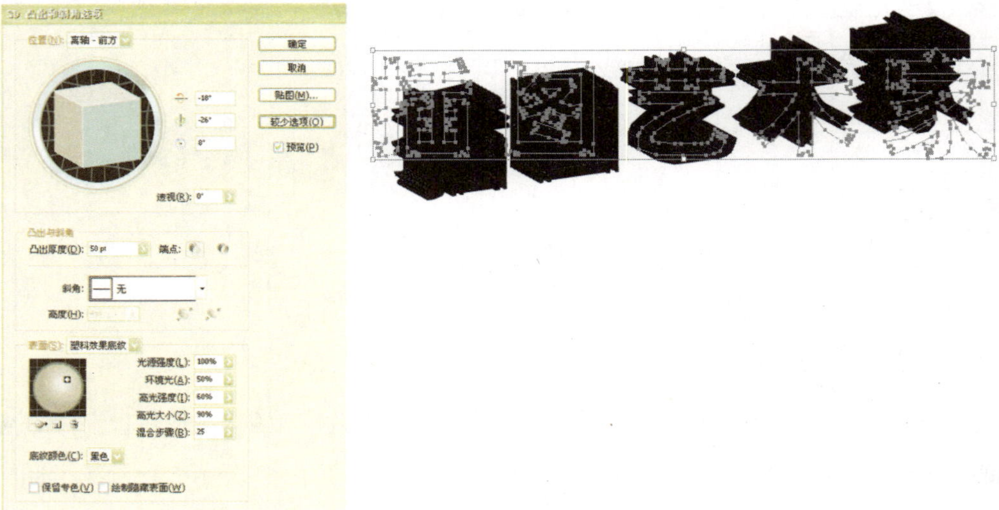

图 6–44

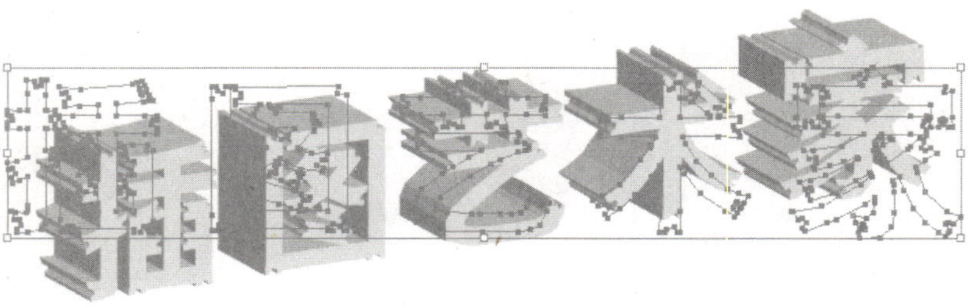

图 6–45

实际上，为了有效地控制拉伸效果，一定要勾选预览钮。

3. 默认的拉伸效果很不理想，被拉伸的文字完全处于黑色之中，这是因为在对话框底部的底纹颜色中使用的是黑色。

从底纹颜色后的弹出式菜单中选取无或者自定，被拉伸文字的厚度层次便显现出来。如图 6–45 所示。

第七章 绘画功能应用案例

本章主要介绍 Illustrator 在绘画和插图方面的典型应用。在这些案例的制作过程中，钢笔工具和铅笔工具使用得比较多。无论用哪种工具，都不可能一次把轮廓勾勒完善。应用钢笔群组工具和选择工具群组来进行轮廓的修正，是必不可少的工作。

第一节 丹柿图

《丹柿》是我国著名花鸟画家俞致贞老先生所作的一幅国画作品。本案例将通过临摹国画作品《丹柿》，介绍 Illustrator 在绘画中的应用。

图 7–1

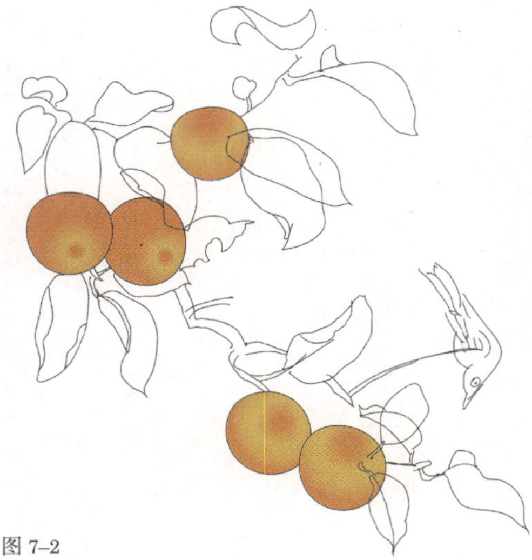

图 7–2

图 7–3

图 7–4

图 7–5

1. 勾勒草图

用钢笔（ ）或铅笔（ ）工具勾勒枝干、叶子的轮廓，并用椭圆工具（ ）画出柿子的外形轮廓。如图 7–6 所示。

用椭圆工具画出的圆

图 7–6

手绘功底好的同学可以用铅笔工具（ ）勾勒枝干、叶子和柿子。有条件的同学，可以在计算机上配一个手写板，用压力感应笔代替鼠标，效果会更好一些。

使用铅笔工具之前先用鼠标双击铅笔图标，在出现的铅笔工具首选项中把保真度和平滑度设得较低一些，这样用压力感应笔勾勒的时候，鼠标指针移动的轨迹基本上就是图形的轮廓。建议不勾选保持选定和编辑所选路径按钮，因为在勾勒叶子和枝干的过程中，图形之间彼此相邻或部分叠压，若勾选了这两个选项，当画完一个图形，接着再画另一个图形时，将会把前面的图形修改了。

手绘功底不是很好的同学可以用钢笔工具（ ）把每一片叶子勾勒出来。为了便于绘画，建议在屏幕上用参考线组成格状图或者执行视图 > 显示网格命令把网格线显示在屏幕上，以方便确定叶子的位置。

我们不要奢望一次就能把轮廓勾勒到位。在后面的制作过程中，我们还会用直接选择工具（）对轮廓进行调整。这部分的绘制要耐心，并且尽量准确。图形的前后叠压关系可以暂不考虑。

2. 调整柿子的外形轮廓并以渐变色填充

（1）在前面绘制草图的步骤中，柿子是用椭圆工具（）绘制的，现在用直接选择工具（）调整图中五个柿子的外形，如图 7–7 所示。

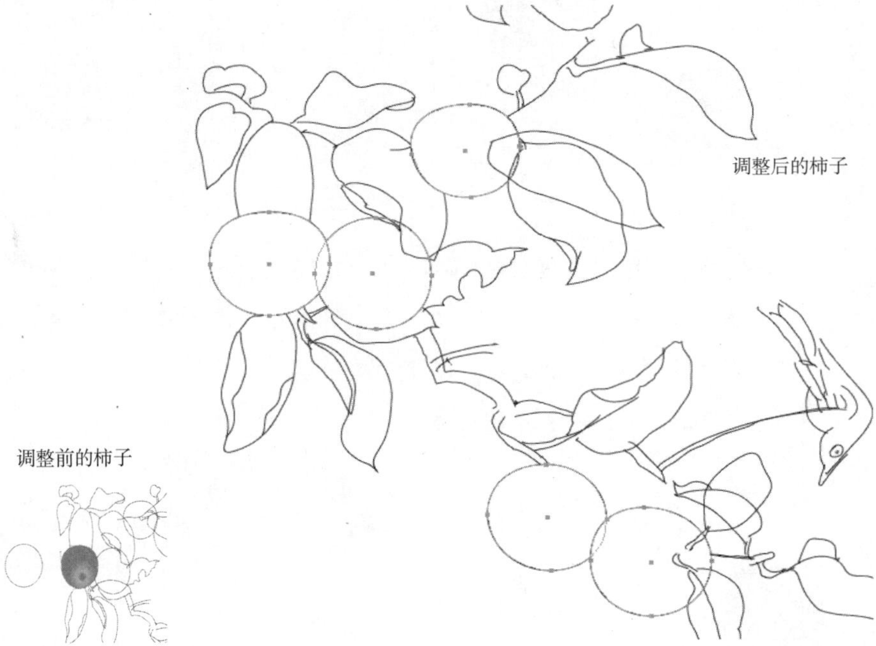

图 7–7

（2）执行窗口 > 色板命令和窗口 > 颜色命令，将色板和颜色调板显示在屏幕上。

在颜色调板中用 CMYK 的方式分别调出橘红（参考值为 C：83、Y：100、K：13）、橘黄（参考值为 C：42、Y：100、K：13）和黄色（参考值为 Y：67），并把调出的颜色拖放在色板的颜色格中备用。如图 7–8 所示。

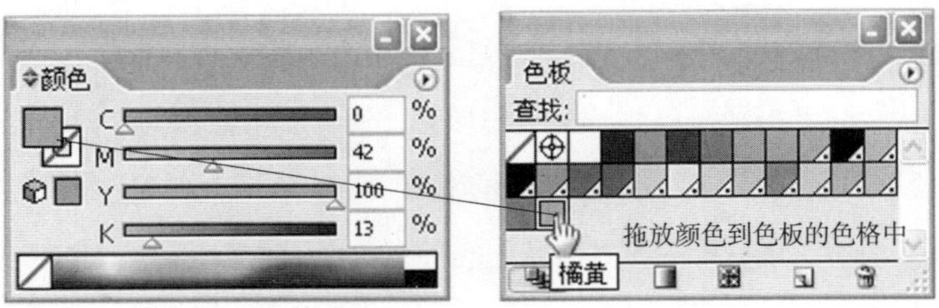

图 7–8

（3）选中一个柿子图形，单击工具箱底部的填充框，然后单击渐变填充类型，默认的黑白渐变赋予了柿子图形。

执行窗口 > 渐变命令，将渐变调板显示在屏幕上。如图 7–9 所示。

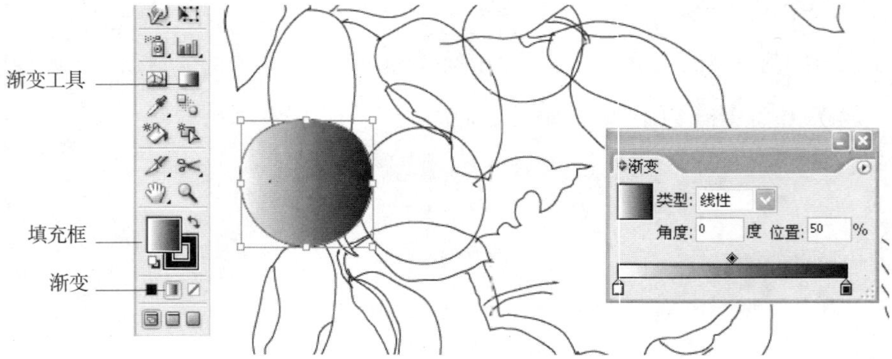

图 7–9

（4）在渐变调板上，可以选择渐变色的类型为线性或径向。本例将渐变设置为径向类型。从色板调板中拾取橘红色（M：83、Y：100、K：13）并拖放在渐变调板的渐变滑块上，该渐变滑块的颜色即刻被更换。如图 7–10 所示。

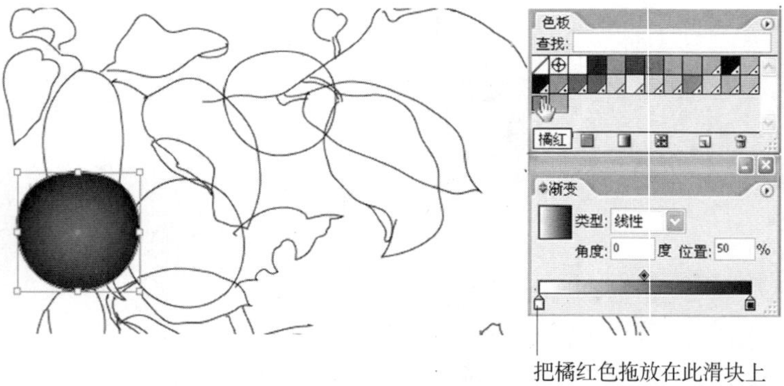

图 7–10

（5）添加渐变滑块。

在渐变调板的渐变滑条下方单击鼠标，即可增添一个渐变滑块。添加滑块后，从色板调板中拾取橘黄色拖放在新增的滑块上。如图 7–11 所示。

（6）当渐变色赋予柿子图形时，通常要用工具箱中的渐变工具（ ▮ ）来调整线性渐变色的渐变方向或径向渐变色的辐射中心。本例中渐变色的调整效果如图 7–12 所示。

（7）用同样的方式给其他的柿子上色。

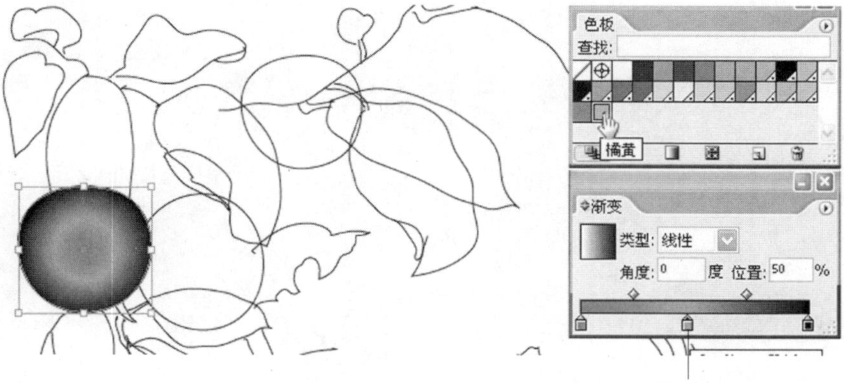

单击增加滑块，并把橘黄色拖放在此滑块上　图 7–11

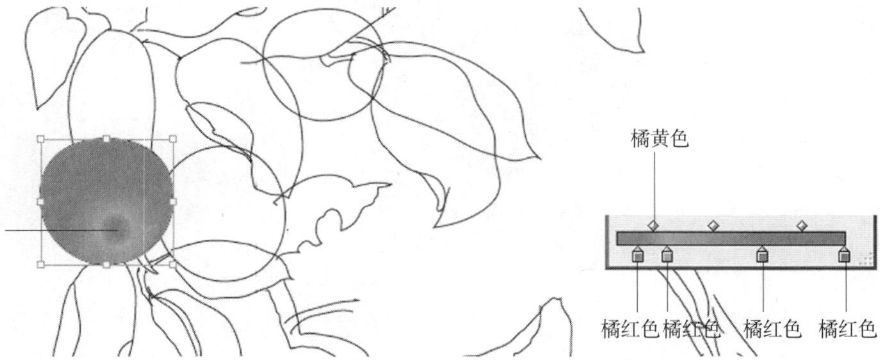

图 7–12

当所有柿子的颜色上好之后，执行对象 > 排列组命令，调整柿子图形周围叶子的堆栈顺序。最终效果如图 7–13 所示。

3. 调整柿子图形周围的叶子并上色，最终效果如图 7–14 所示。

叶子的绘制可以整片勾勒，也可以分局部勾勒再进行组合。

在图 7–14 中，我们标注了三种有代表性的叶子，下面分别阐述它们的制作过程。

（1）第一种叶子，能够同时看到叶子的正面和部分背面。

这种叶子，因为正面和背面显示的颜色有较明显的差别，所以要分开局部来绘制。

① 勾勒叶子的轮廓。

如果用铅笔工具勾勒图形，最好先用删除锚点工具（ ）把多余的锚点删除。如图 7–15 所示。

用钢笔或铅笔工具勾勒轮廓之后，要用直接选择工具（ ）调整外形轮廓。

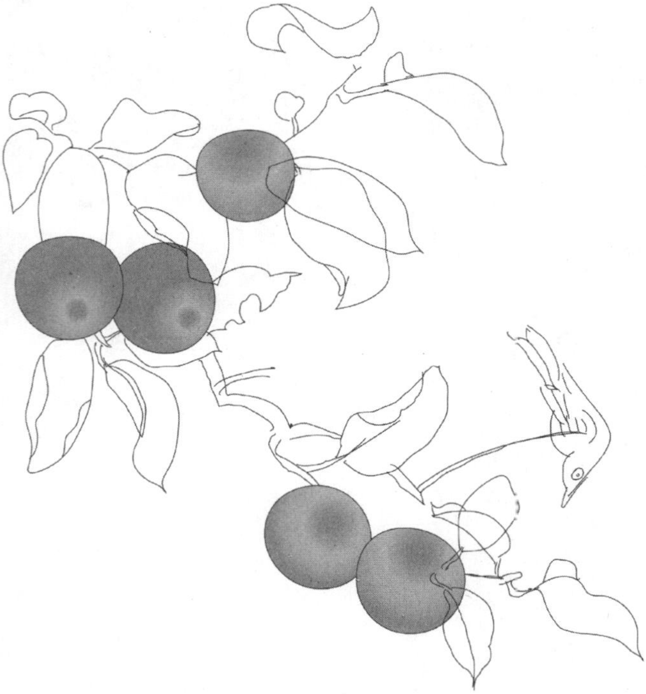

图 7–13

图 7–14

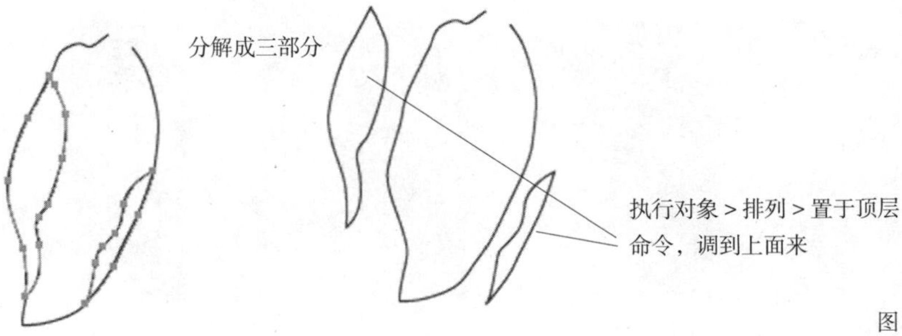

图 7–15

②上色。

叶子上色要用线性渐变填充，如图 7–16 和 7–17 所示。

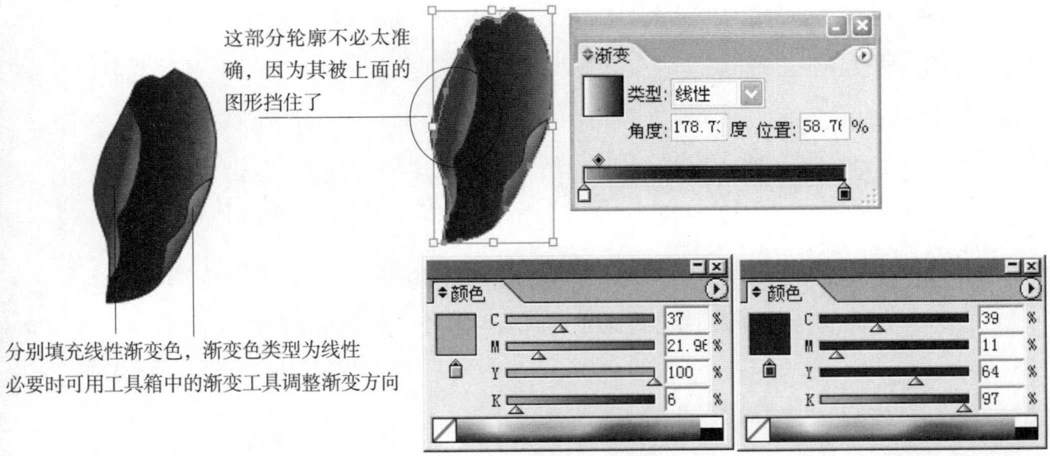

图 7–16

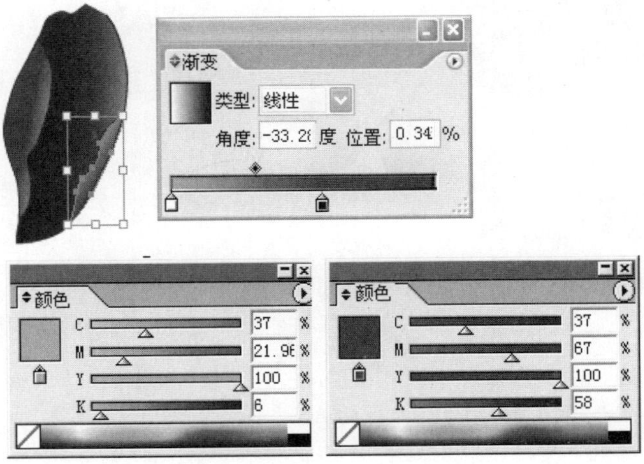

图 7–17

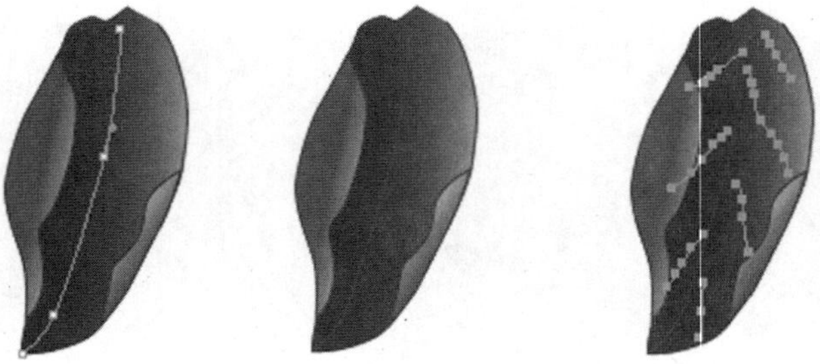

图 7–18

③ 勾勒叶脉线，如图 7–18 所示。

（2）第二种叶子，如图 7–14 中右下角所示的叶子，虽然看到的只是叶子的背面，但是主叶脉线两侧颜色变化的方向略有不同。这种情况下，最好分左右两部分来绘制。

建议先勾勒整片叶子的轮廓，然后用美工刀工具 ( ) 切出主叶脉线。这样处理的结果是主叶脉线的外形相同，不必再调整。

① 在图 7–6 中开始勾勒轮廓的时候，叶脉线和叶子作为两个独立图形来绘制。

现在选择叶脉线将其删除，因为我们在后面要用另外一种方式来产生叶脉线。

选择叶子图形，填充黑色。如图 7–19 所示。

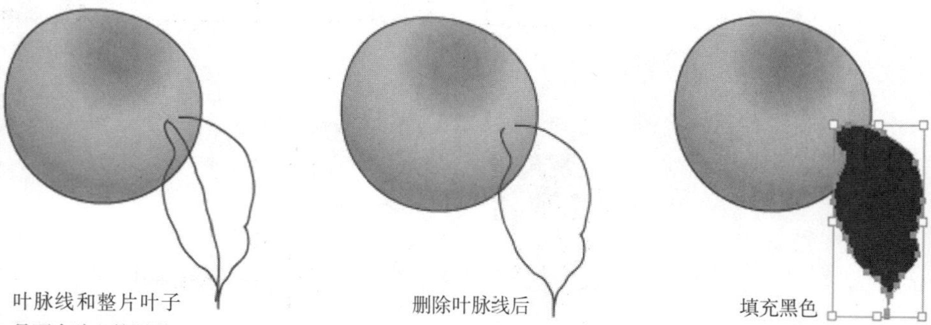

图 7–19

② 先用选择工具 ( ) 选中整片叶子，然后选择工具箱中的美工刀工具 ( ) 在叶子内部从上开始切割。鼠标移动时尽量平稳，这样切出来的分割线比较光滑。美工刀切到末尾

时要超出叶子(开始切也要从叶子轮廓稍外一点的地方开始)，否则整片叶子不能利落地被分割成两部分。如图 7–20 所示。

③ 对叶子的左半部分与右半部分分别上色，如图 7–21 所示。

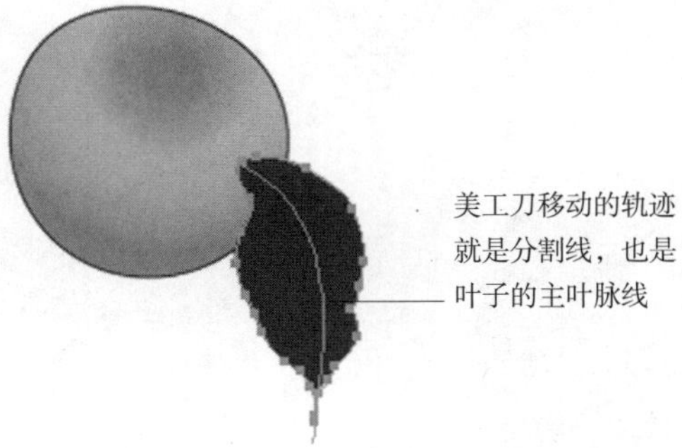

图 7–20

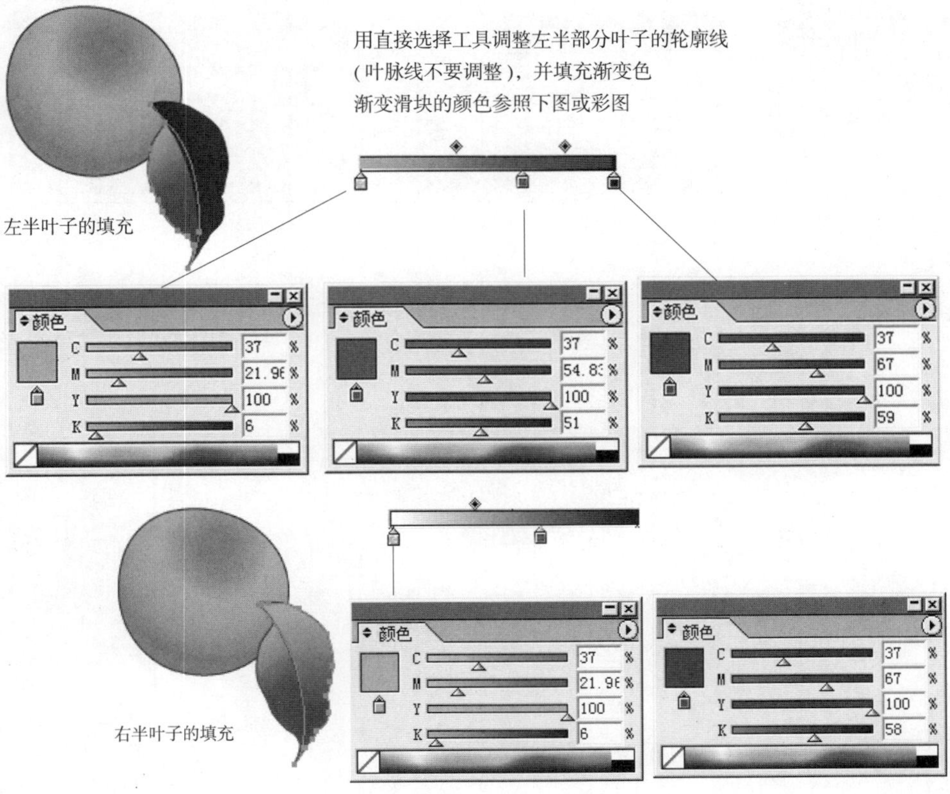

图 7–21

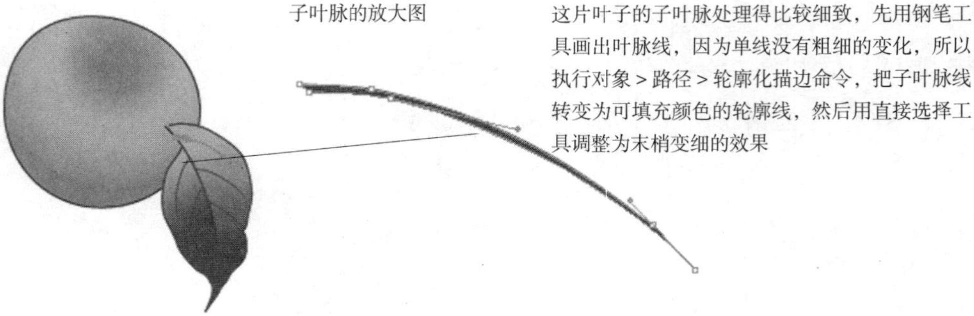

图 7–22

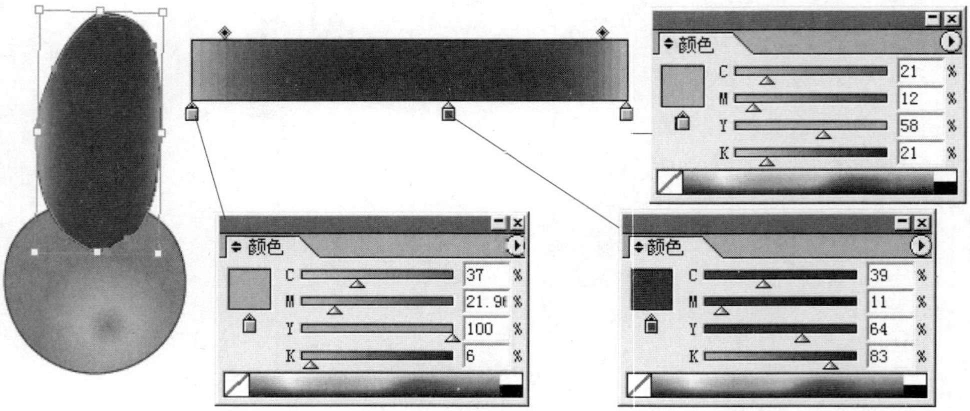

图 7–23

④ 绘制子叶脉，如图 7–22 所示。

（3）第三种叶子如图 7–14 中左上方标识的那片叶子，可以用钢笔工具直接勾勒其外形轮廓，然后填充渐变色。如图 7–23 所示。

4. 枝干的处理

Illustrator 提供了多种画笔库，本例中要用到画笔库中的艺术效果 _ 油墨。

执行窗口 > 画笔库 > 艺术效果 _ 油墨命令，将艺术效果 _ 油墨的画笔调板显示在屏幕上。

用选择工具（ ）选中枝干图形，并从艺术效果 _ 油墨画笔调板中单击自来水笔钮赋予选中的枝干图形。这种画笔产生的笔触效果能够较好地体现树木枝干的肌理效果。如图 7–24 所示。

5. 完成其余叶子的外形调整并上色

在第三步中，我们已经把柿子旁边的叶子设定了颜色，因此可以把调好的颜色拿过来使用。方法是，用工具箱中的选择工具选中一片叶子（已上色），该片叶子的填色显示在

图 7–24

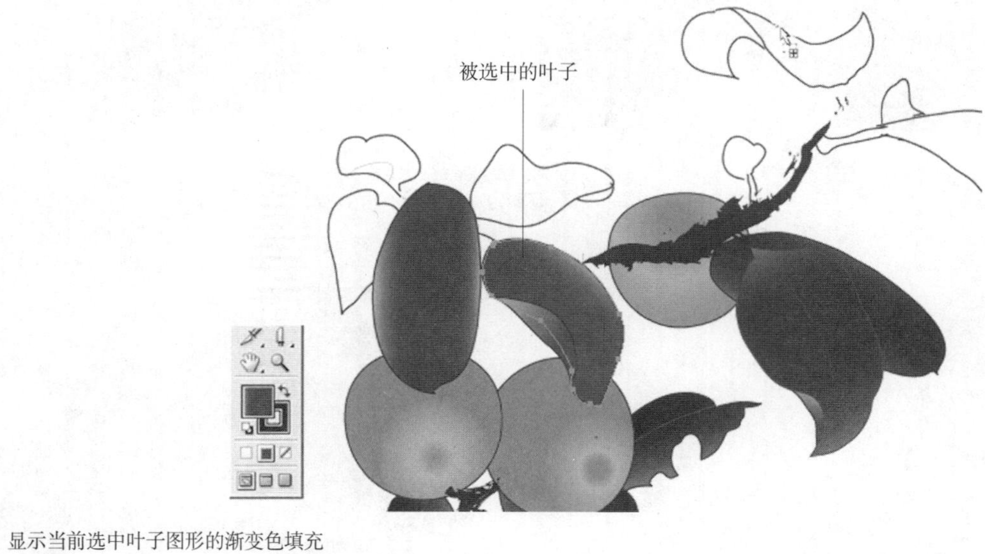

图 7–25

工具箱底部的填色框内。用鼠标指针拾取填色框内的颜色，直接拖放在要上色的另外一片叶子的轮廓上，渐变色便填充在了这片叶子内部。如图 7–25 所示。在此基础上再作调整就快捷多了。叶子的填充色使用渐变色。

6. 添加柿子蒂

柿子一直凭空吊着，我们给它们添加柿子蒂，让柿子踏踏实实地结在枝头。

用钢笔工具勾勒柿子蒂的轮廓线，并填充青绿色（颜色参考值为 C：71、M：12、Y：42、K：11）。用钢笔工具勾勒柿子蒂，并填充单色，颜色参考值为 C：71、M：12、Y：42、K：11。如图 7–26 所示。

7. 写意小鸟

小鸟的外形依然是第一步中简单勾勒的轮廓，我们用艺术效果 _ 粉笔炭笔铅笔调板中的炭笔来表现一只比较写意的小鸟，简洁而有趣。

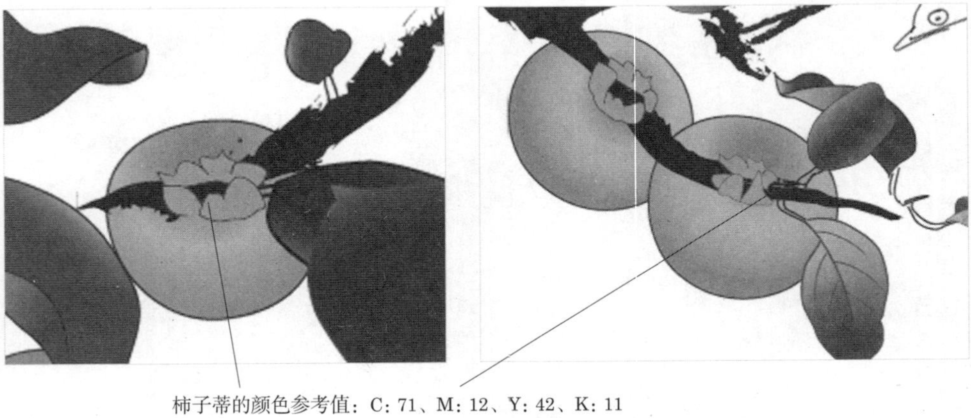

图 7–26

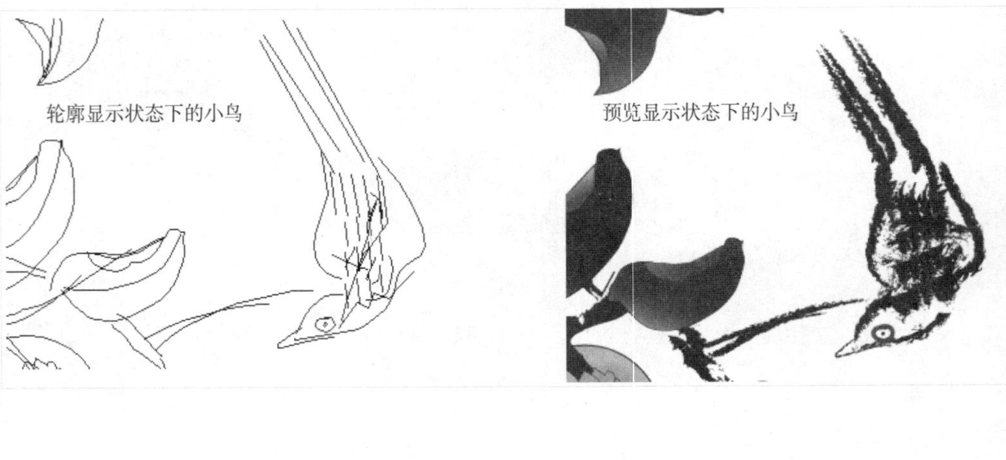

图 7–27

8. 细部修饰

做到第七步(上一步),这幅插图基本上完成了。有的地方如果能够细化一些,效果会更好。比如柿子蒂上加画几根线条，把柿子压扁一些，把较生硬的圆形渐变改变为椭圆渐变，在画面的左上角添加一笔枝干赋予画笔效果等，如图 7–28 所示。最终完成的效果如图 7–29 所示。

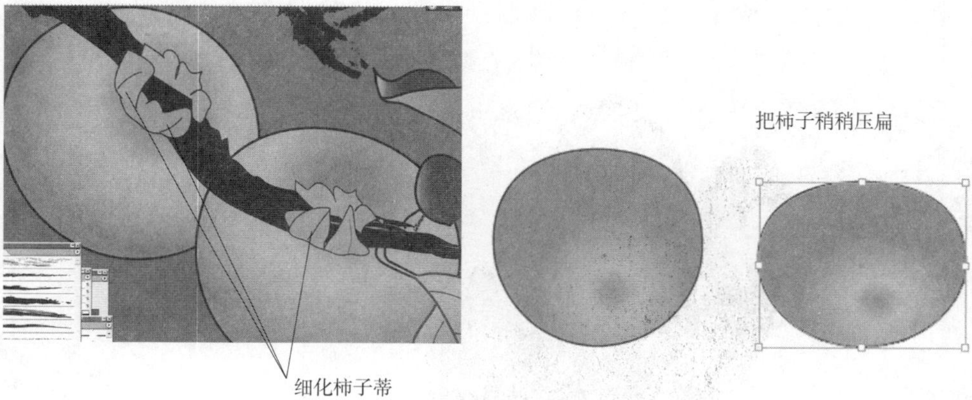

图 7–28

图 7–29

彩蝶写真的步骤是：首先用钢笔工具勾勒翅翼和蝶体的轮廓，然后给翅翼填充渐变色。翅翼上的斑点以及蝴蝶的触角和腿部均使用画笔的笔触效果。翅翼上的纹线用线条勾勒，有的线条还要用位移路径扩边进行编辑。

1. 用钢笔工具勾勒蝴蝶的轮廓

勾勒时尽量准确，稍有不准的地方，可以在后面上色的时候，根据总体比例做适当的微调整。如图 7–31 所示。

图 7–30

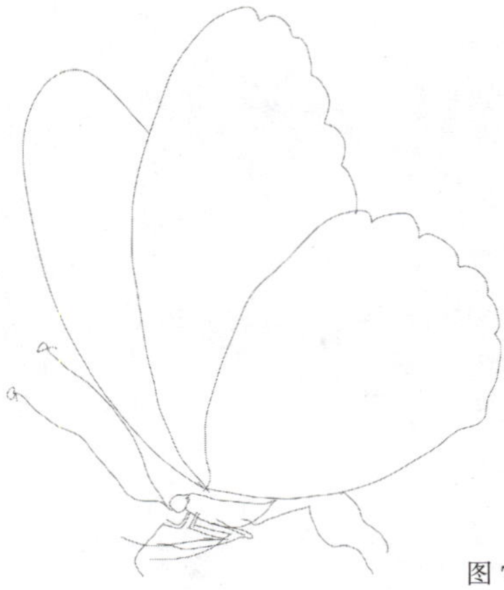

图 7–31

2. 彩蝶触角与腿部的制作，如图 7–32 所示

执行窗口 > 画笔库 > 艺术效果 _ 粉笔炭笔铅笔命令，把艺术效果 _ 粉笔炭笔铅笔的画笔调板显示在屏幕上。

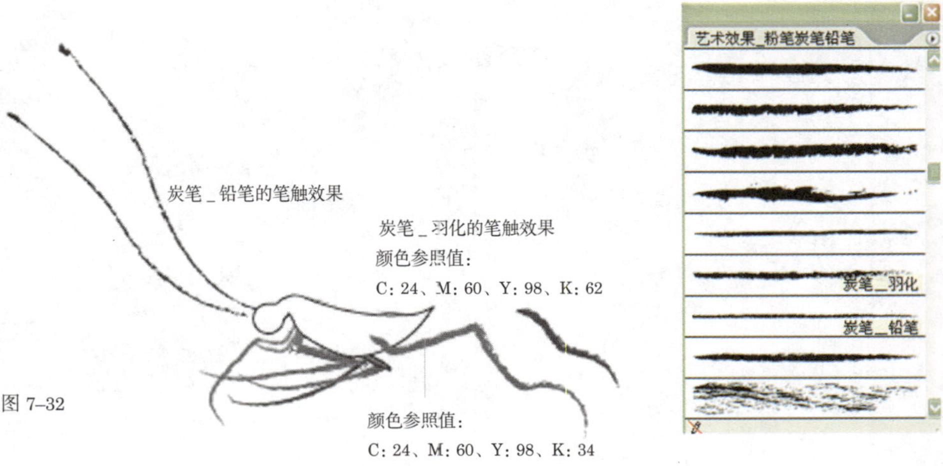

图 7–32

在该画笔调板中选择炭笔 _ 铅笔赋予蝴蝶的胡须，把炭笔 _ 羽化赋予蝴蝶的腿。前腿的颜色比后腿的要浅一点，以表现不同的视觉距离感。线条的宽度在描边调板中适时地加以调整。如图 7–32 所示。

3. 蝴蝶身体部分的图形填充

本例中我们对蝴蝶的身体处理得稍微复杂一些，为的是凸现蝴蝶身体的立体感。

（1）最下面的图形填充了线性渐变色，从上往下由棕色过渡到黑色，底部是蝴蝶的腹部，颜色要淡一些。

（2）把这个图形复制一下，用渐层网格工具把复制的图形转变为网格，网格图形的中部颜色要淡一些，尾部靠下的部分稍亮一些。渐层图形的不透明度设定为 57%。

（3）最后用铅笔工具在蝴蝶身体上画一些纹线。最终效果如图 7–33 所示。

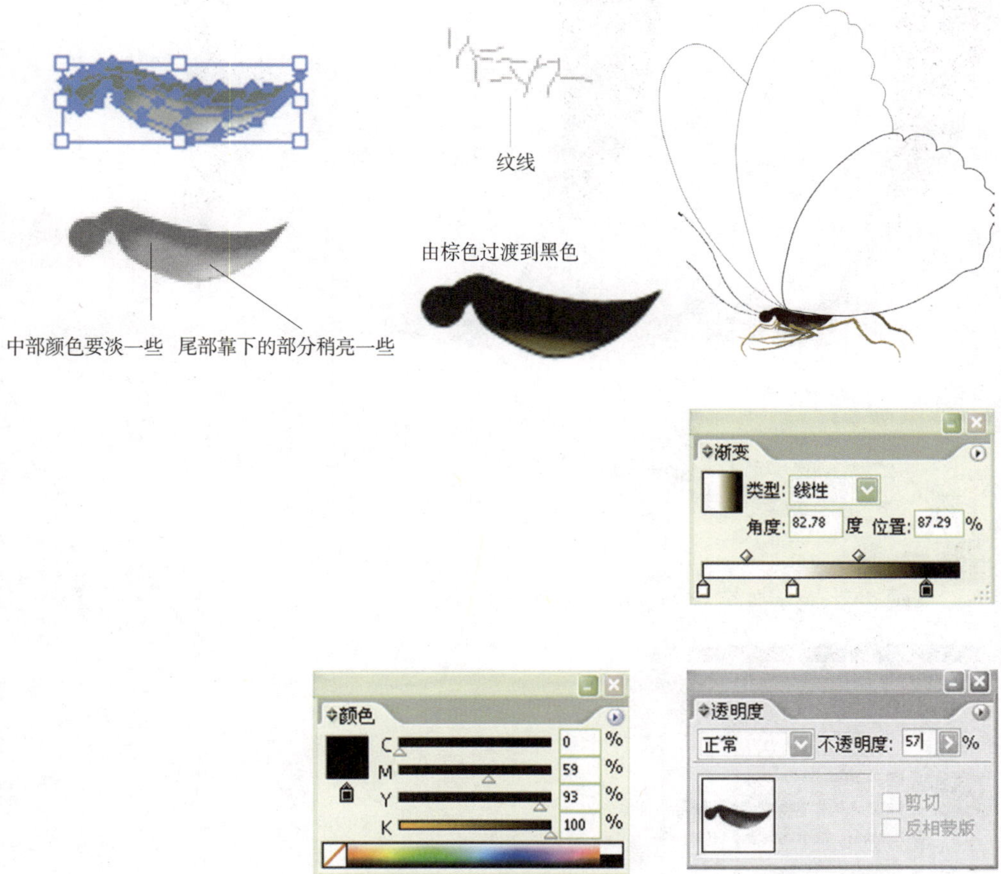

图 7–33

4. 翅翼的制作

翅翼填充从上到下由黑色到红色的线性渐变色。注意黑色要把 CMYK 是个滑块全部调到滑条的最右面。

在艺术效果 _ 画笔调板中选取干笔笔触效果画笔，用画笔工具（ ）在翅翼上画一些纹线，可参阅线框图下的显示。最左侧的一根线条可用钢笔工具（ ）画出来，这根线条就是普通的线条，不必施加画笔效果。用钢笔工具（ ）勾勒翅翼上的白色条状斑纹和牙形斑点。如图 7–34 所示。

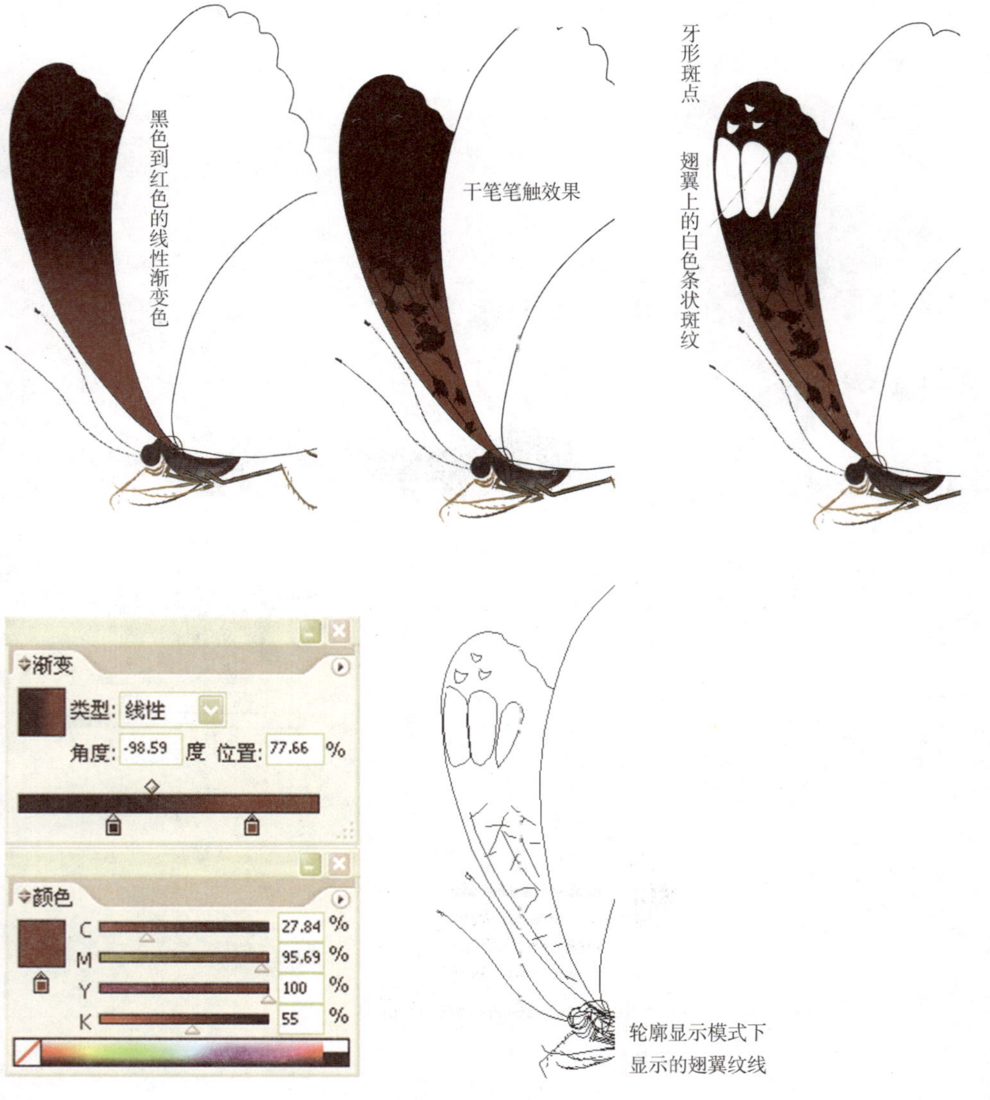

图 7–34

其余翅翼的制作如图 7–35 至图 7–38 所示。

第二个翅翼的制作同第一个翅翼的制作类似。线性渐变色为红色—黑色—桔红—桔黄。必要的时候，要用工具箱中的渐变工具（ ）来调整颜色在翅翼上的渐变色分布

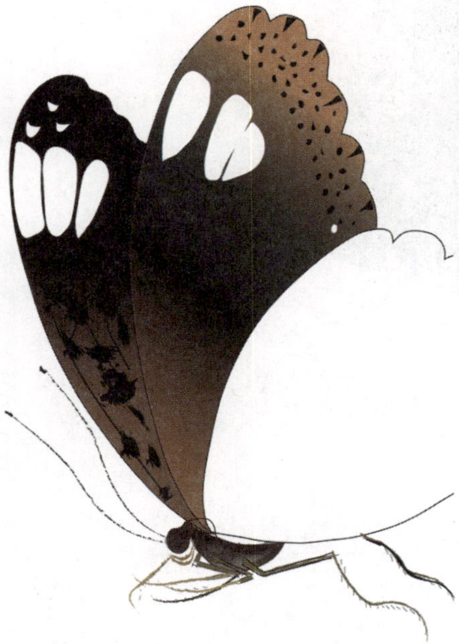

图 7–35

原来填充的是白色，现将其
填充为淡黄色（M：6、Y：53、K：12）

用铅笔工具（ ）勾勒圆形，并填充径向渐变色
描边赋予艺术效果 _ 水彩的画笔调板中的水彩描边画笔

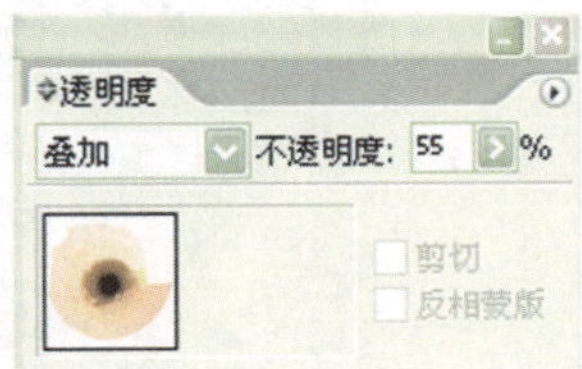

用钢笔工具勾勒翅翼纹线

增加浅灰色的边线
以加强翅翼的轮廓感
同时也用来区分翅翼

与翅翼暗部颜色相叠的圆形斑纹，可在透明度调板中控制其合成方式和不透明度

图 7–36

为了让此处的斑点更丰富，本例叠加了由圆形斑点变形而成的图形。这些图形在透明度调板中选用了颜色加深的合成模式，并设定不透明度为 60%
圆形斑点变形而成的图形（复制一个圆形斑点图形，直接选择工具修改外形，使之变成不规则的长条状）
透明度
颜色加深
不透明度: 60 %
剪切
反相蒙版

图 7–37

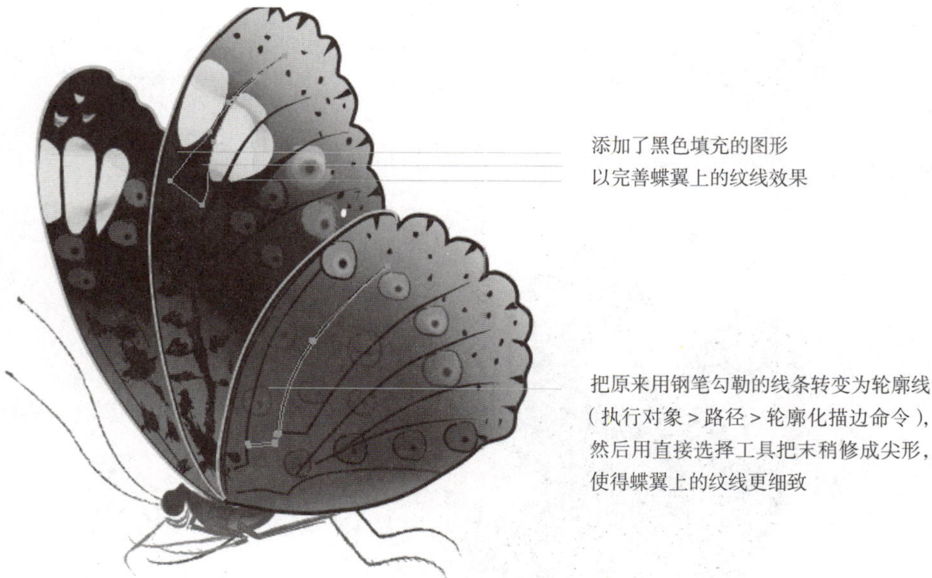
添加了黑色填充的图形以完善蝶翼上的纹线效果
把原来用钢笔勾勒的线条转变为轮廓线（执行对象 > 路径 > 轮廓化描边命令），然后用直接选择工具把末稍修成尖形，使得蝶翼上的纹线更细致

图 7–38

在素描或线刻画中要用细密的线来表现明暗关系，这些细密的线称之为影线。影线通常是平行线，也可以是交叉的线。

在 Illustrator 中可以把图形或图像中的明暗关系用影线来表现。图 7–39 中的黑白画作品是根据 19 世纪法国著名的浪漫主义大师欧仁·德拉克洛瓦的作品《墓地中的孤女》再次创作的，主要使用了图片交叉影线效果的处理方法，把图像中的明暗色调关系用影线来表现，从而把图像转变为矢量图形。

图 7–39

1. 添加图片交叉影线效果

图片交叉影线效果是 Illustrator10 自带的一个滤镜，Illustrator 后来的版本把该滤镜去掉了。这真是非常遗憾的事情。

这部分我们介绍如何把自己喜欢的滤镜比如图片交叉影线效果添加到 Illustrator 的插件工具中，使我们能够有效地使用该滤镜。具体方法如下：

（1）打开 Illustrator 10 安装后的文件夹，其中包含了 Plug–Ins 文件夹，如图 7–40 所示。

（2）Illustrator 10 的 Plug–Ins 文件夹内包括多种插件，Photo Crosshatch 包含于 Pen and Ink 文件夹内。如图 7–41 所示。

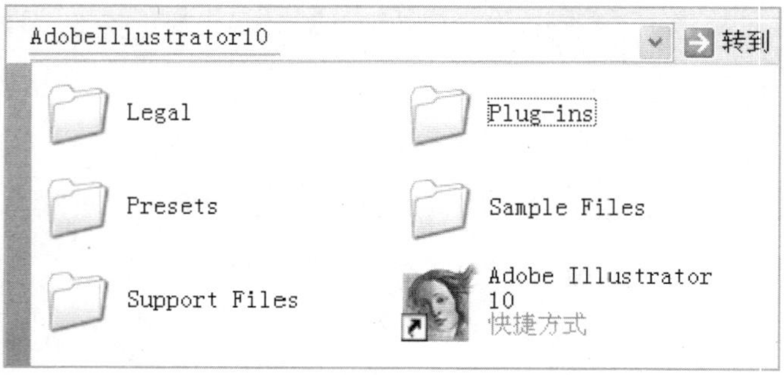

图 7–40

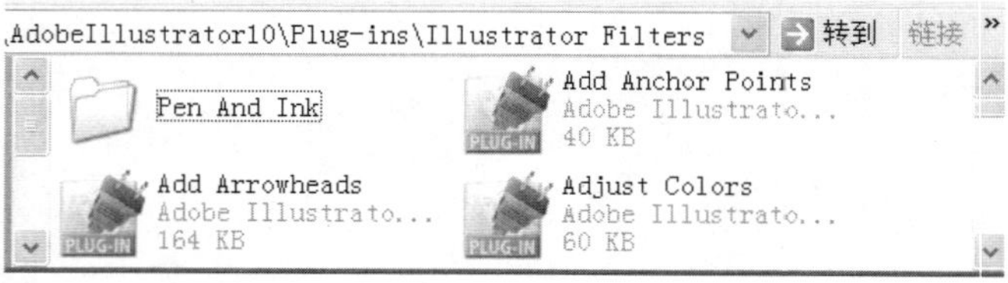

图 7–41

（3）选择 Pen and Ink 文件夹，单击鼠标右键并执行复制命令。

（4）打开 Illustrator CS2 安装后的文件夹，找到增效工具文件夹。在增效工具文件夹上单击鼠标右键并执行粘贴命令，将 Pen and Ink 文件夹复制到 Illustrator CS2 的增效工具文件夹内。

（5）重新启动 Illustrator CS2，滤镜组 Pen and Ink 已被添加到滤镜清单下。如图 7–42 所示。

Photo Crosshatch 被加载到 Illustrator CS2 后，可以开始制作影线黑白画效果了。

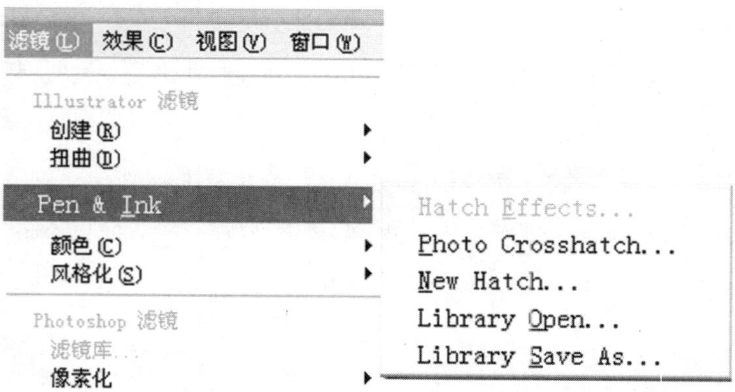

图 7–42

2. 制作影线黑白画

（1）执行文件 > 置入命令，把《墓地中的孤女》局部导入 Illustrator 中。如图 7–43 所示。

（2）执行滤镜 > 钢笔与墨水 > 照片交叉影线命令，该命令将把图像转变为影线图形。在 Photo Crosshatch 对话框中控制不同的参数，将出现不同的视觉效果。本例中设定为交叉线，因此控制旋转噪波（Rotation Noise）为非零值。参数设定好之后，单击 OK 钮确定。如图 7–44 所示。

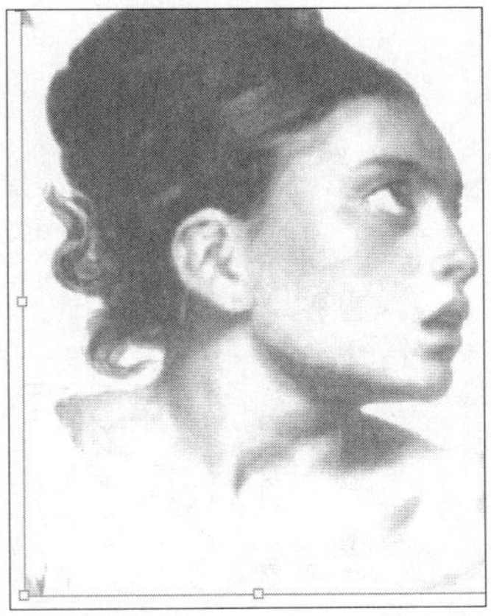

图 7–43

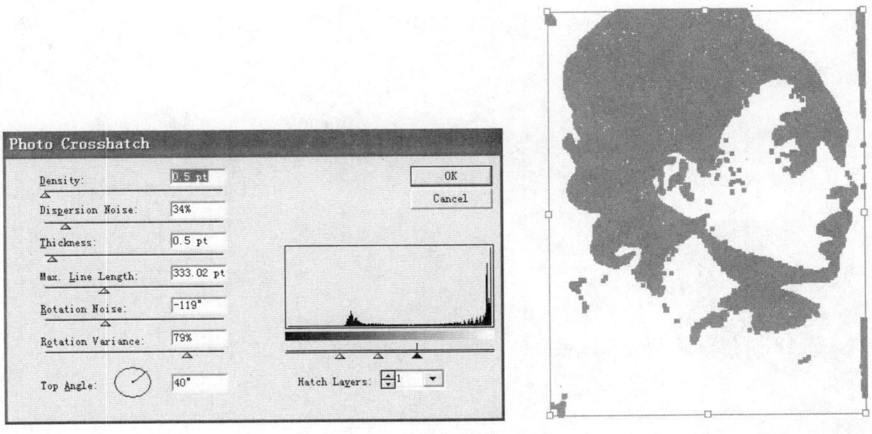

图 7–44

（3）用鼠标在屏幕的空白处单击以释放图形的选择状态。在把图像转变为影线图形的时候，边缘会有一些多余的影线。用群化选择工具选取这些多余的影线部分并按下键盘上的 Delete 键删除。如图 7–45 所示。

图 7–45

2. 制作影线黑白画

（1）执行文件 > 置入命令，把《墓地中的孤女》局部导入 Illustrator 中。如图 7–43 所示。

（2）执行滤镜 > 钢笔与墨水 > 照片交叉影线命令，该命令将把图像转变为影线图形。在 Photo Crosshatch 对话框中控制不同的参数，将出现不同的视觉效果。本例中设定为交叉线，因此控制旋转噪波（Rotation Noise）为非零值。参数设定好之后，单击 OK 钮确定。如图 7–44 所示。

（3）用鼠标在屏幕的空白处单击以释放图形的选择状态。在把图像转变为影线图形的时候，边缘会有一些多余的影线。用群化选择工具选取这些多余的影线部分并按下键盘上的 Delete 键删除。如图 7–45 所示。

（4）现在可以像编辑图形一样来修改影线图形，比如改变影线的颜色或者影线的粗细、虚实等。图 7–46 所示为把影线加粗后的效果，图 7–47 所示为设定影线为虚线后的效果。

图 7–46

图 7–47

Illustrator 软件早期版本的代表图形是维纳斯（如图 8–44 所示）。女神维纳斯的头像选自 15 世纪著名意大利画家桑德罗·波提切利的作品《维纳斯的诞生》。画面中我们看到的实际上并非维纳斯诞生的场景，而是维纳斯由扇贝载着缓缓向塞浦路斯帕福斯海岸漂浮的情景。维纳斯的脸上充满了渴望，饱含着深深的忧郁，艺术评论家称之为维纳斯的忧郁美。

《维纳斯的诞生》创作于约 1485—1486 年，是桑德罗·波提切利的代表作之一。波提切利笔下的人物身材修长、轮廓清晰、线条柔韧起伏。我们将利用画家笔下美妙绝伦的造型，来创作一幅线质变异的平面构成作品，如图 7–49 所示。

图 7–48

Illustrator 软件早期版本的代表图形

图 7–49

正如图中所示的那样，维纳斯及其踩压的扇贝形象均是通过线条的局部变异而生成的一种特殊艺术效果，是画面中最吸引人视觉的图形，背景中均匀排列的线条仿佛维纳斯身后的塞浦路斯帕福斯海。

在 Illustrator 中如何实现这样的线质变异效果呢？我们的案例仅仅提供一种参考，起一个抛砖引玉的作用，希望同学们能有更好、更多样化的方法。

1. 输入一张位图

用普通的数码相机拍摄《维纳斯的诞生》画面。拍摄的图像只是作为勾勒轮廓的底图使用，因此对画面的分辨率没有特殊的要求。

在 Illustrator 中执行文件 > 置入命令，然后单击置入对话框中的置入钮，把数码照片《维纳斯的诞生》导入 Illustrator 文件中。

最好保持作为底图的《维纳斯的诞生》在画面的位置不动，在其处于选中状态时执行对象 > 锁定 > 所选对象命令或者按下快捷键 Ctrl+2，把图像锁定在屏幕上。

2. 画出一组等距离的线条

画等距离线条组的方法有多种，本例中我们用图形混合的功能来制作。

（1）选取工具箱中的直线工具（ ╲），画出一根与位图等宽的线条，并在描边调板中设定其宽度为 6pt。

（2）选中线条，并在将其拖移到《维纳斯的诞生》底部时按下键盘上的 Shift 和 Ctrl 键，该线条被沿着垂直方向复制。

（3）同时选择顶部的线条和底部的线条，执行对象 > 混合 > 建立命令，线条之间产生混合，形成等距离的线条组。默认的混合效果如果不理想，比如线条过于稀疏或过于紧密，可以选中混合图形，执行对象 > 混合 > 混合选项命令，从间距栏内选择指定的步数，设定混合的步数为 60。

（4）为了后面制作的需要，我们把线条组转变为轮廓图形。

选中线条组，执行对象 > 扩展命令，先将混合线条组展开，然后执行对象 > 路径 > 轮廓化描边命令，线条组被转变为轮廓图形。如图 7–50 所示。

从视觉效果看，线条组与轮廓图形没什么区别，但是在后面应用某些命令的时候，二者的效果是迥然不同的。为了后面叙述的方便，我们称这组转换为轮廓图形的线条组为背景线条。

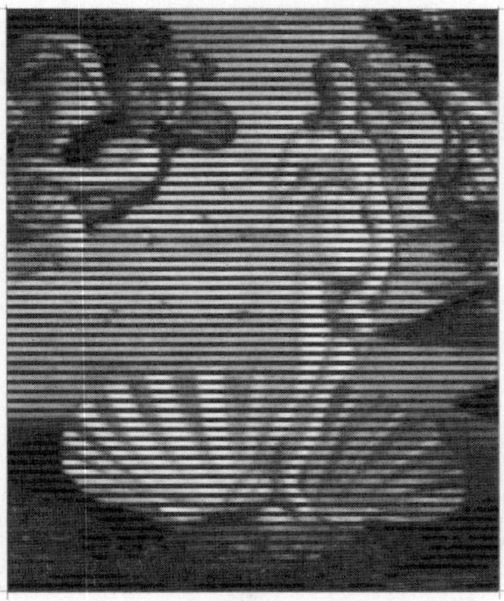

图 7–50

描摹扇贝的外形轮廓

图 7–51

描摹扇贝内部的纹理图形选择这两个图形，执行对象 > 复合路径 > 建立命令，实现图形重叠区域镂空的效果

3. 勾勒扇贝的轮廓

选中背景线条，执行对象 > 隐藏 > 所选对象命令，把背景线条暂时隐藏。不然的话，它会干扰我们对扇贝的描摹。

用钢笔先勾勒扇贝的外形轮廓，然后再描绘扇贝上的纹理部分。对扇贝底端的两个图形，执行对象 > 复合路径 > 建立命令。这样做的目的是使中间重叠部分的区域变为透明，因为我们需要使线质变异效果在中间区域不发生。如图 7–51 所示。

4. 用钢笔工具描摹维纳斯的轮廓

描摹维纳斯的轮廓只需描两部分——躯体部分的外形轮廓和头发部分的轮廓图形即可。如图 7–52 所示。

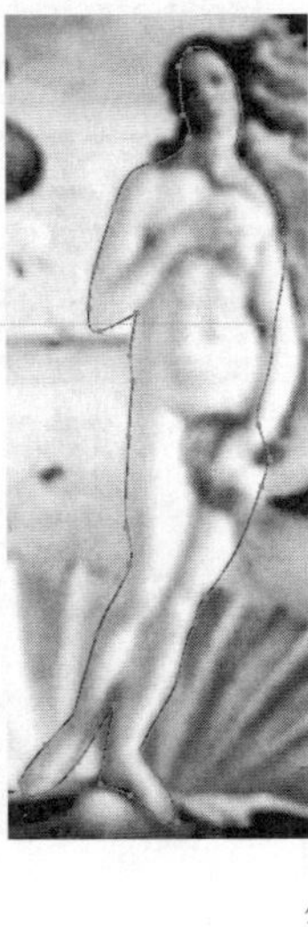

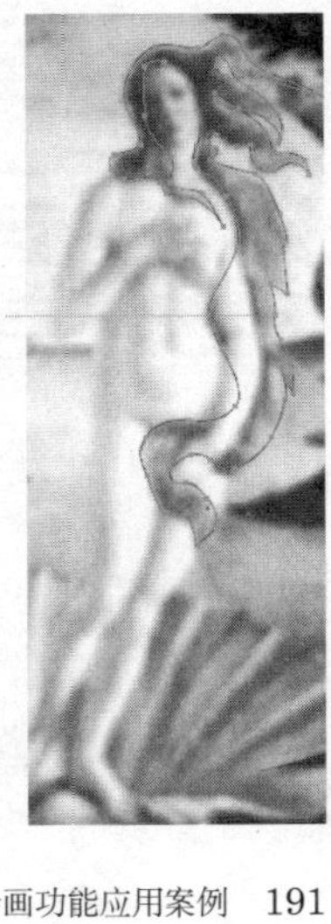

图 7–52

5. 隐藏底图《维纳斯的诞生》

当所有的轮廓图形（维纳斯和扇贝）描摹完成之后，可以暂时把作为底图的《维纳斯的诞生》图像隐藏起来。

（1）解锁位图。

执行对象 > 全部解锁命令，文件中被锁定的元素《维纳斯的诞生》获得释放。

（2）显示隐藏的背景线条。

背景线条在第 2（3）步骤中被隐藏，执行对象 > 显示全部命令将其显示在屏幕上。

（3）用工具箱中的选择工具（ ）选择《维纳斯的诞生》图像，执行对象 > 隐藏 > 所选对象命令将其隐藏。现在显示在屏幕上并且能够被编辑的图形有背景线条、维纳斯和扇贝图形。

6. 制作扇贝图形部分的线质变异效果

（1）选中背景线条，在原地复制原大的图形。本例中复制图形的方法是：双击工具箱中的缩放工具，在比例缩放对话框中设定等比栏内的值为 100，然后单击复制钮。

（2）确定路径查找器调板显示在屏幕上。

用选择工具选取一组背景线条和扇贝上的一个纹理图形，单击路径查找器调板中的裁剪命令，上层的扇贝纹理图形将把线条组切断，这样能够保证弯曲后的线条与背景线条自然衔接。如图 7–53。

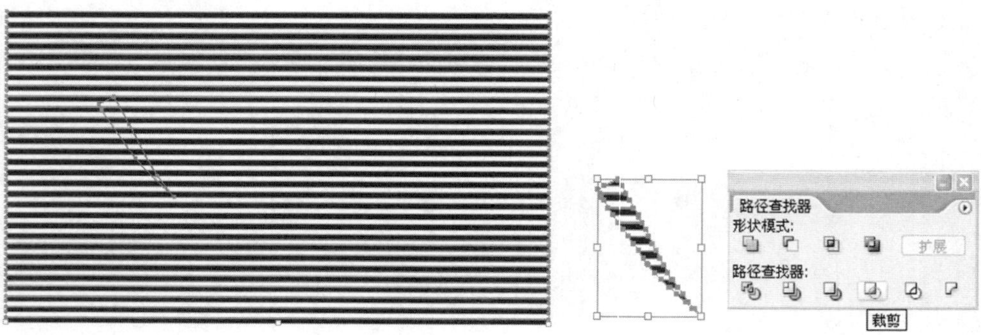

图 7–53

（3）执行对象 > 取消编组命令，把裁剪后的图形解组。

选择所有白色带状图形，将其删除，只保留黑色带状图形。如图 7–54 所示。

（4）选择黑色带状图形，执行效果 > 变形 > 下弧线命令进行弯曲。如图 7–55 所示。

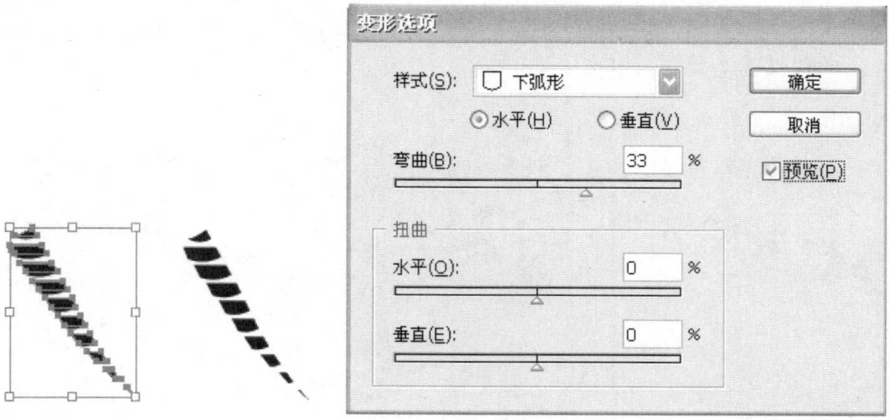

图 7-54

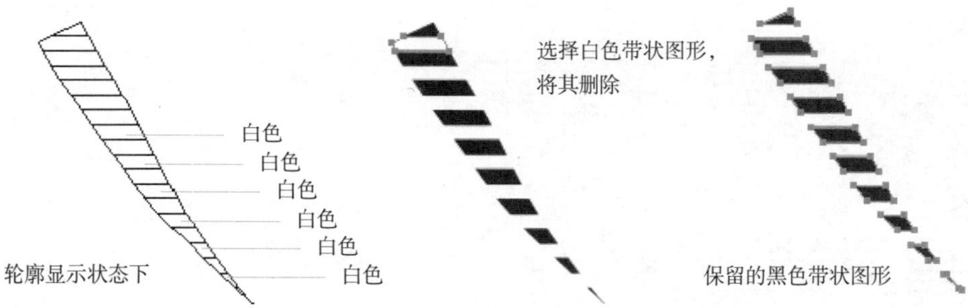

图 7-55

处理完的扇贝上第一个纹理的线质变异效果如图 7-56 所示。

用类似的方法做出扇贝上其他纹理的线质变异效果，如图 7-57 所示。

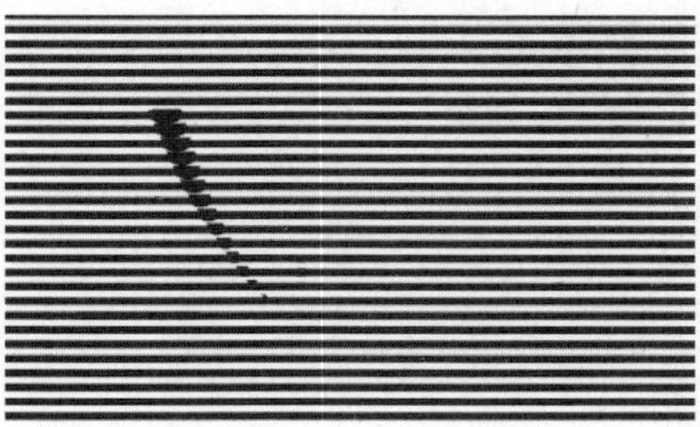

图 7-57

图 7-56

（5）扇贝轮廓线的变异

选中扇贝轮廓线，在描边调板中设定其宽度为 6pt，并执行对象 > 路径 > 轮廓化描边命令将其转变为带状轮廓线。

同时选择背景线条（注意复制背景线条）和扇贝轮廓线，在路径查找器调板中单击裁剪钮，扇贝轮廓的线质变异效果不用滤镜来实现，我们只需把黑色区域变为白色，而将白色区域变为黑色即可。如图 7–58 所示。

图 7–59 是整个扇贝图形的线质变异效果。

维纳斯的线质变异方法类似于扇贝图形，最终的效果如图 7–60 所示。

图 7–58

图 7–59

图 7–60

本例中，荷花、荷叶、蜻蜓等图形的外形轮廓均用钢笔工具勾勒。白荷花和红荷花以及荷叶的绘制都要通过网格渐变工具来创建网格线，从而实现一种颜料的晕染效果。蜻蜓的翅膀使用了透明度的控制，使得翅膀具有玲珑、轻盈的感觉。如图 7–61 所示。

在这里，重点要求掌握两朵荷花的表现方法。

图 7–61

1. 勾勒红色荷花的外形轮廓

（1）从窗口菜单中选取图层命令，将图层调板显示在屏幕上。默认状态下，文件的图层调板中只有一个图层，其名称为“图层 1”。如图 7–62 左所示。

在名称“图层 1”上双击进入图层选项对话框中，将图层名称改为“红荷花”，如图 7–62 右所示。

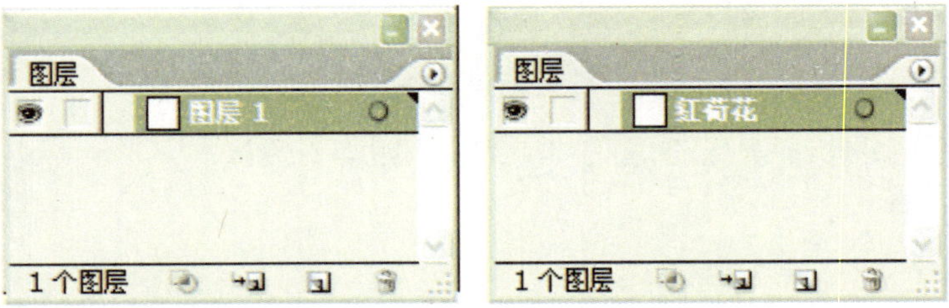

图 7–62

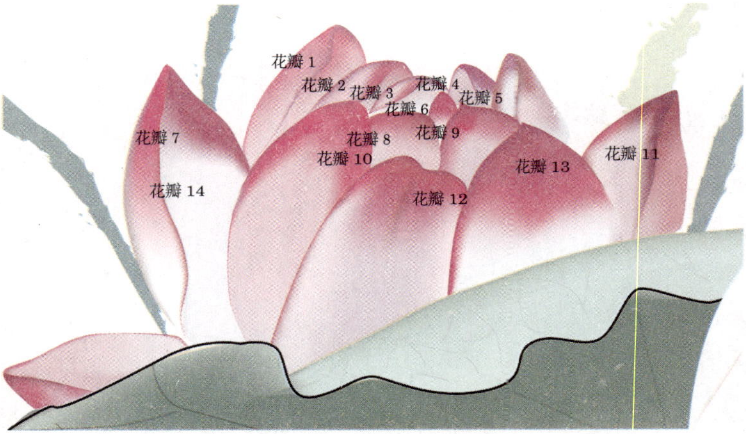

图 7–63

（2）选取钢笔工具（ ），参照图 7–63 依次勾勒红荷花的花瓣轮廓线，如图 7–64 至图 7–67 所示，请注意花瓣与花瓣之间的叠压关系。

2. 使用网格工具创建网格线并上色

红荷花花瓣的一部分编辑工作完成后，执行对象 > 锁定 > 所选对象命令来锁定。处于锁定状态的图形无法被选择，也不能被编辑。这样做的目的是为了后面的编辑操作不至于因为误单击该图形造成不必要的麻烦。

在任何时候我们都可以通过执行对象 > 全部解锁命令把以前锁定的图形从锁定状态中释放，恢复为可编辑的自由状态。

执行对象 > 隐藏 > 所选对象命令将上完颜色的花瓣隐藏起来，这样便于编辑荷花中央的花瓣。

执行对象 > 显示全部命令，将隐藏的花瓣显示在屏幕上。

下面以图示的方法演示第七朵花瓣和第十二朵花瓣的网格线创建及上色过程，如图 7–68 至图 7–69 所示。

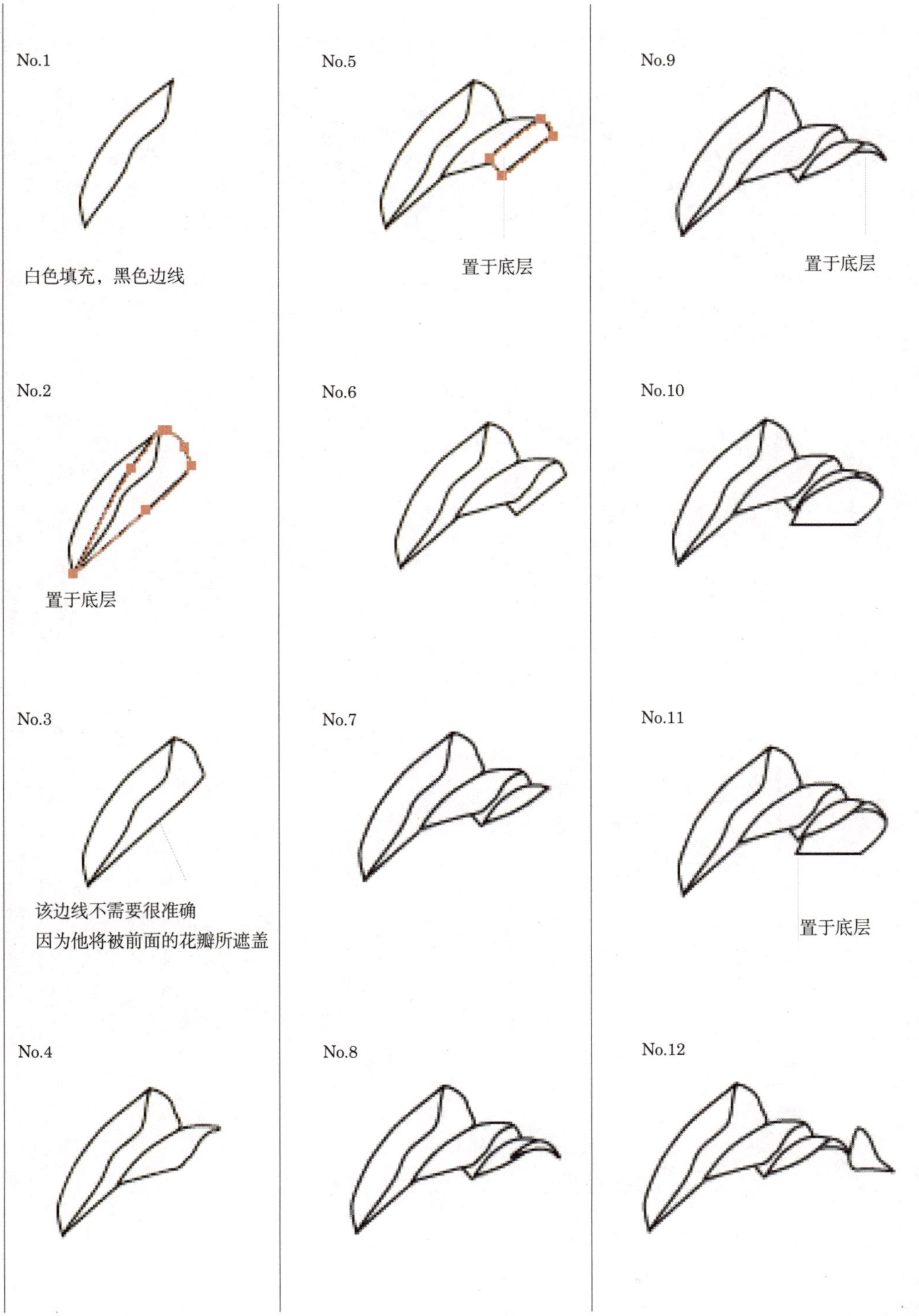
No.1
白色填充，黑色边线
No.2
置于底层
No.3
该边线不需要很准确
因为他将被前面的花瓣所遮盖
No.4
No.5
置于底层
No.6
No.7
No.8
No.9
置于底层
No.10
No.11
置于底层
No.12

图 7–64

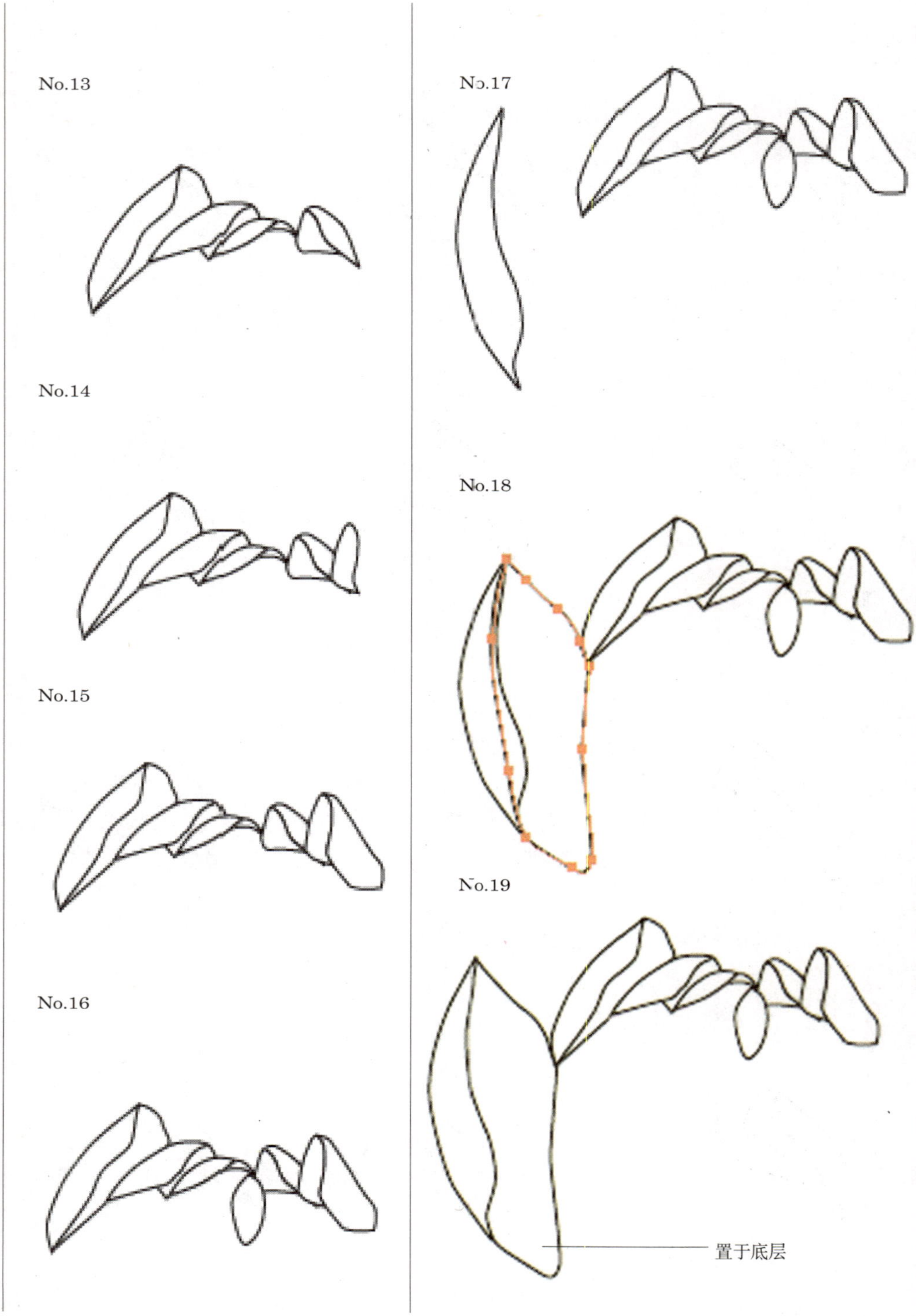

图 7–65

No.20

No.21

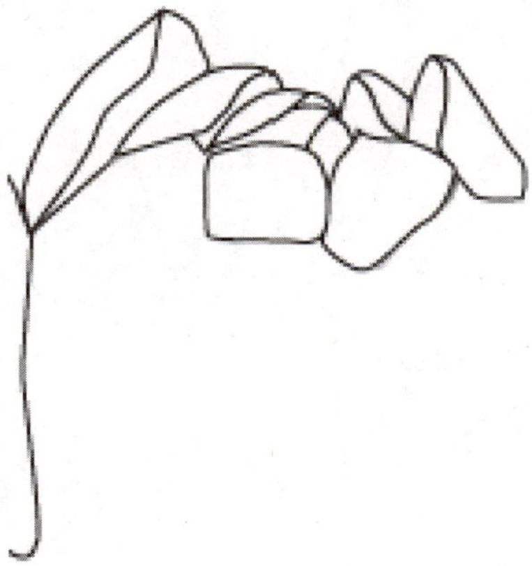

No.22

无填色

No.23

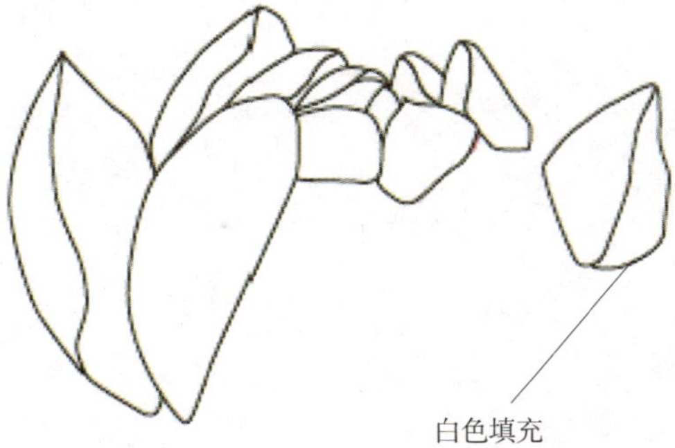

白色填充
置于底层

No.24

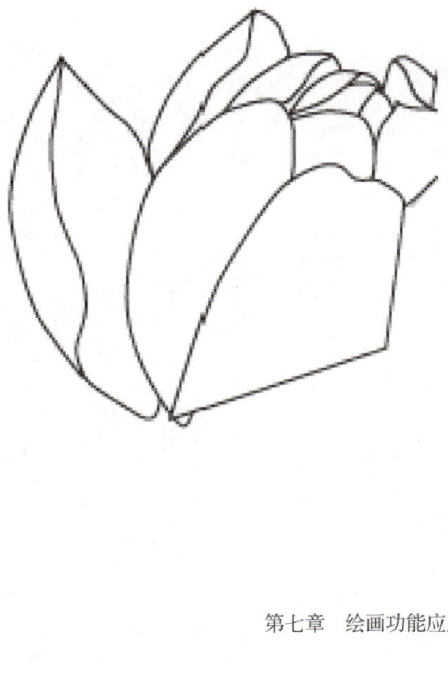

图 7–66

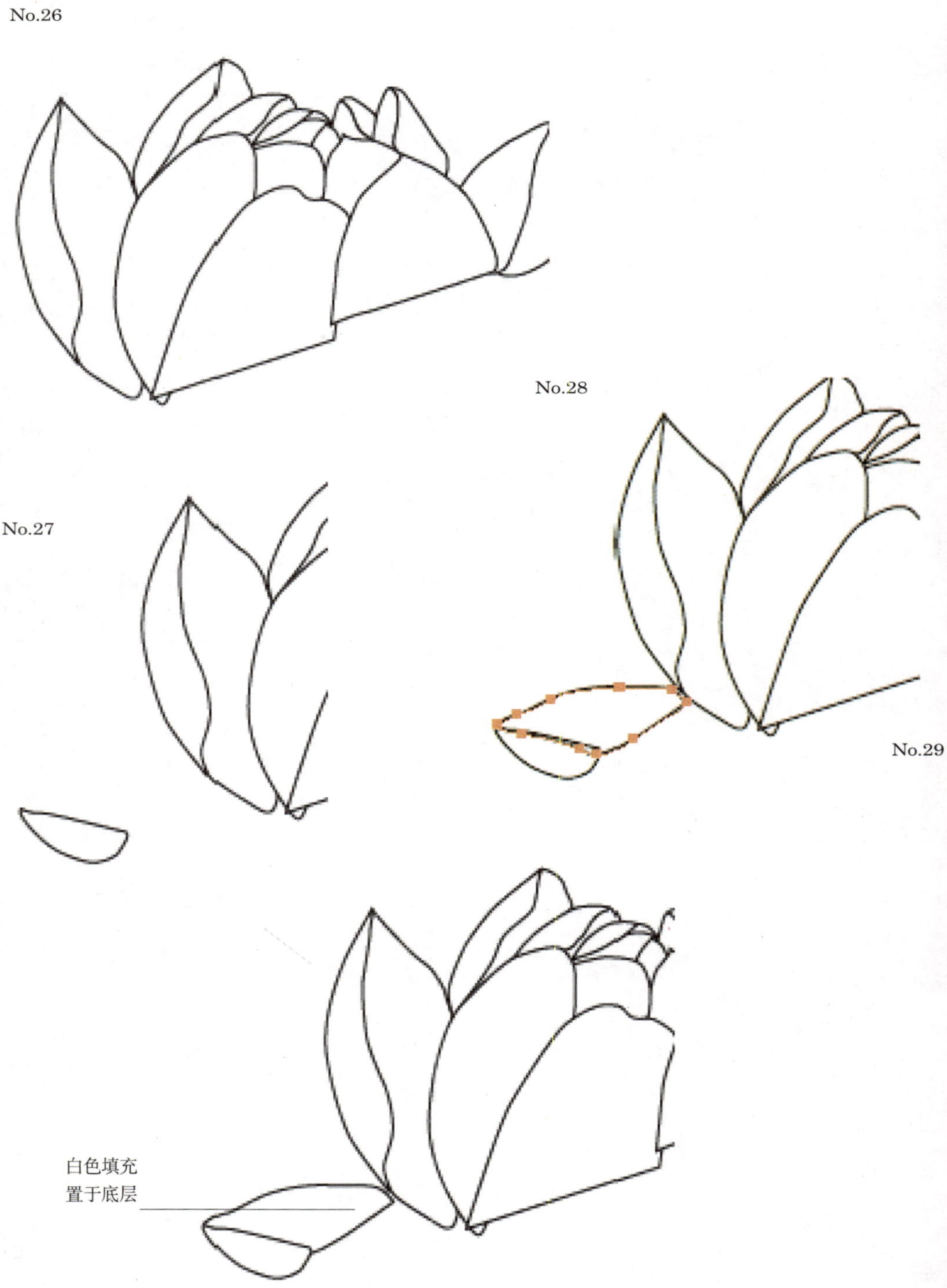

图 7–67

图 7-68

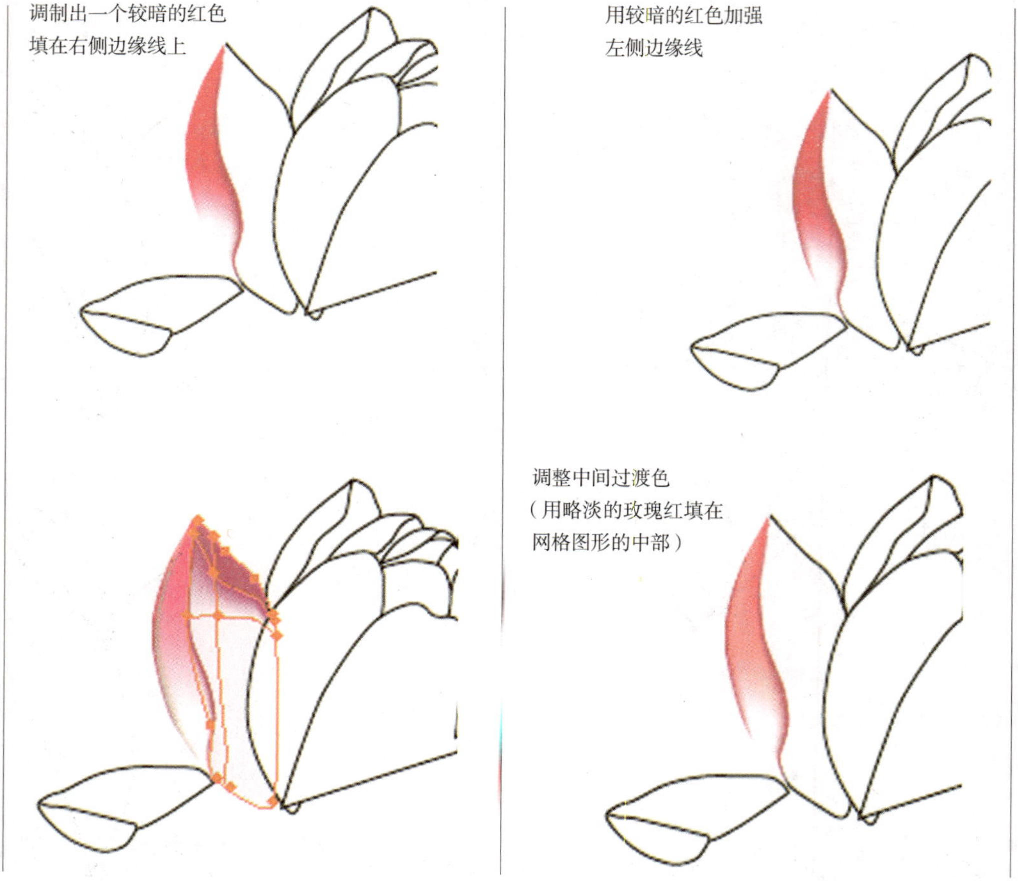

图 7–69

3. 创建白荷花图层和荷叶图层

在创建白色荷花之前，先在图层调板中创建两个新的图层：荷叶图层与白荷花图层。

在图层调板的窗口弹出式菜单中选取新建图层命令或者单击调板底部的创建新图层钮来建立一个新的图层，并将该图层的名称改为“荷叶”。目前这是一个空的图层。如图 7–70 所示。

现在“荷叶”图层位于“红荷花”图层的上方，意味着在“荷叶”图层绘制的荷叶将会遮挡“红荷花”图层的图形（如果二者在空间上有重叠情形发生时）。

使用同样的方法，在“荷叶”图层的上面再建立一个新的图层，并命名为“白荷花”。

我们之所以要为白荷花、红荷花和荷叶单独建立图层，主要是为了便于管理和操作。整个白荷花可以作为一层图形，位于最上方的“白荷花”图层上；而荷叶图形是被白色的荷花所遮挡的，所以在“白荷花”图层的下面为荷叶设立了独立的图层；红荷花图形位于最下方，故设在最底层。

图层之间可以调整彼此之间的顺序关系，只需要图层调板中拖动图层名称向上或向下移动即可。

图 7–70

4. 创建白荷花

在图层调板上单击“白荷花”图层，使该图层处于选中状态（图层名称文字反白）。

用钢笔工具（）勾勒白色荷花的外形轮廓，并用网格工具创建网格线，最后给网格线赋色。白荷花的制作与红荷花的制作相似，故略去详细步骤，仅图示白荷花的网格线和最终的效果，如图 7–71 和图 7–72 所示。

因为白色的荷花与文件中白色的背景容易融合，所以在做白荷花的插图之前，可以画一个填色的长方形作为衬底，一旦完成了白荷花的插图，即可把衬底图形删除。

有些花瓣中央的凹陷阴影效果，也是通过网格线来实现的，如图 7–72 顶端图示。白荷花的花瓣主要是在花瓣网格线的边缘部分涂上一点红色，以起到勾勒的效果。

图 7-71

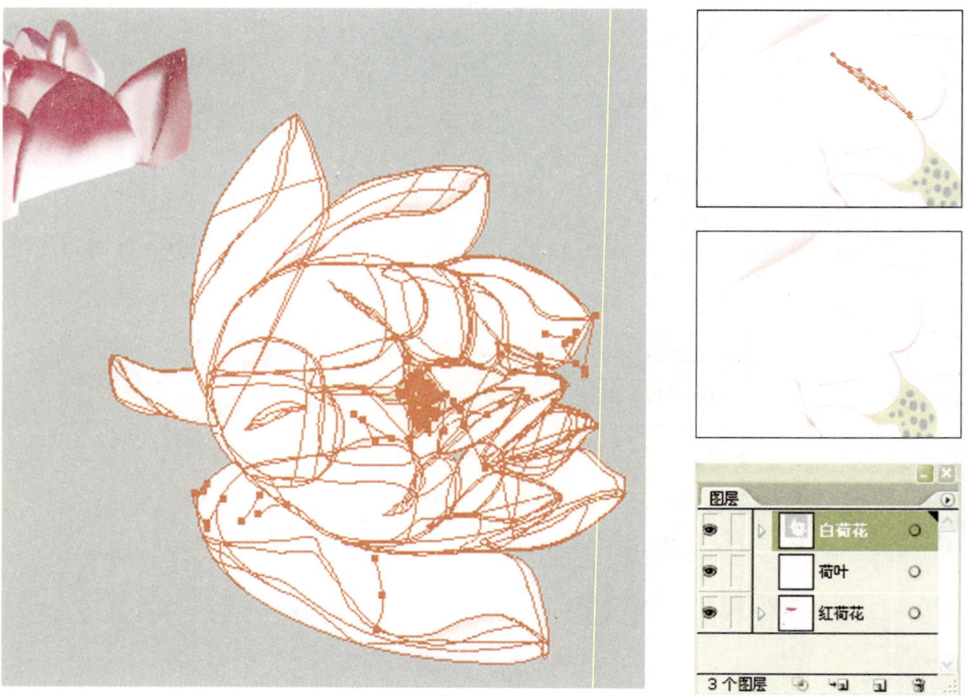

图 7-72

5. 创建荷叶

白荷花与红荷花做完之后，可以将其锁定，以后的操作将不会影响已经编辑完成的荷花。单击图层调板中“红荷花”图层眼睛图标后的方形框，出现挂锁图标，表示该图层被锁定，见图 7–73。用同样的方法锁定“白荷花”图层。

单击“荷叶”图层，该图层处于选中状态，如图 7–73 所示。

创建荷叶的过程如图 7–74 至图 7–76 所示。

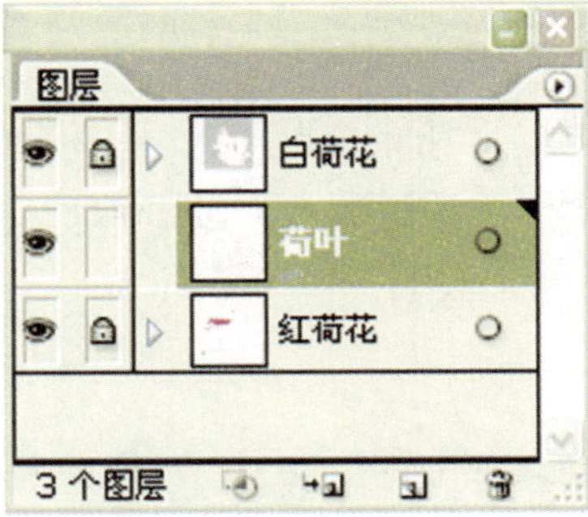

图 7–73

在荷叶图形处于选中状态的时候，执行对象 > 锁定 > 所选对象命令将图形锁定，以方便后面对荷叶卷边图形的编辑

图 7–74

图 7–75

用钢笔工具勾勒荷叶卷边图形的轮廓，并填充绿色。因为荷叶图层位于荷花图层之间，所以绘制的图形总是在白色荷花的下面、红色荷花的上面。执行对象 > 排列 > 置于底层命令，用网格工具创建网格线，上色并调整网格线

图 7–76　　用同样的方式绘制另外一片荷叶

6. 创建芦苇

荷叶的主干部分和芦苇叶使用了炭笔和干笔笔触的效果。如图 7–77 所示。

（1）用钢笔工具勾勒芦苇线。这些图形可根据操作的方便而在不同的图层上绘制。

参考颜色值：
C：48、M：25、Y：27、K：8
炭笔 _ 粗糙

参考颜色值：
C：12、M：8、Y：21、K：0
炭笔 _ 粗糙

参考颜色值：
C：48、M：25、Y：27、K：8
炭笔 _ 粗糙

图 7–77

参考颜色值：
C：33、M：24、Y：28、K：7
炭笔 _ 粗糙

参考颜色值：
C：12、M：8、Y：21、K：0
干画笔

参考颜色值：
C：24、M：17、Y：28、K：4
炭笔 _ 粗糙

（2）执行窗口 > 画笔库 > 艺术效果 _ 画笔命令和窗口 > 画笔库 > 艺术效果 _ 粉笔炭笔铅笔命令，分别把艺术效果 _ 画笔调板和艺术效果 _ 粉笔炭笔铅笔调板显示在屏幕上。

（3）在芦苇线处于选中的状态下，单击画笔调板中的某种画笔赋予芦苇线。

7. 蜻蜓及其他

蜻蜓的制作如图 7–78 至图 7–80 所示。

图 7–78

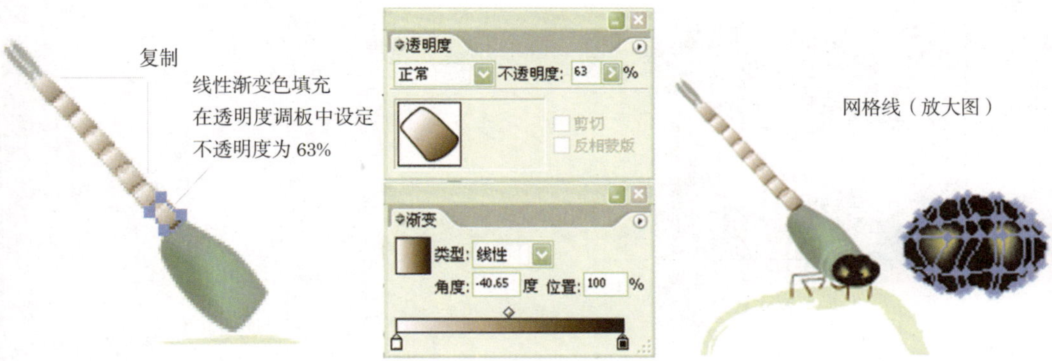

图 7–79

释放选择后的蜻蜓图

翅翼是用钢笔工具勾勒外形轮廓，然后用网格工具创建网格线。设定图形的不透明度为 65%

图 7–80

8. 用正方形构图

如果愿意，可以将标题文字键入画面的左上角。

选择矩形工具（ ）绘制一个正方形。该正方形位于所有图形的最上方，它将作为剪切蒙版来使用。

用工具箱中的选择工具划选所有的图形，包括荷花、荷叶、蜻蜓、蒙版正方形等，然后执行对象 > 剪切蒙版 > 建立命令。位于蒙版正方形区域内的图形保留，而位于蒙版正方形区域之外的任何图形都被遮挡。参见图 7–81。

最终完成的作品如彩图 7–61 所示。图 7–82 为原国画作品。

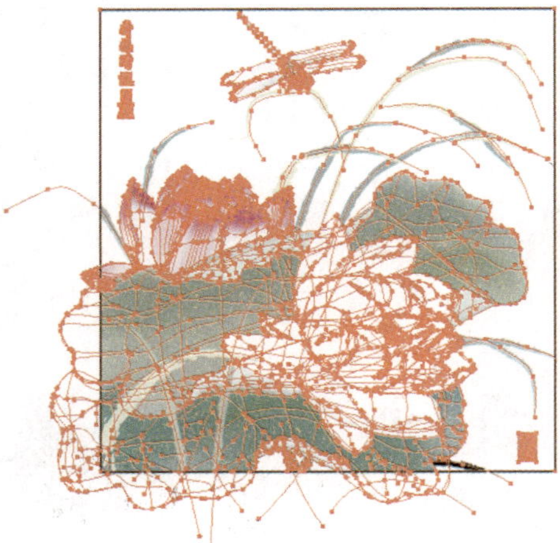

图 7–81

图 7–82

第六节　水仙花

这幅作品主要是用钢笔勾线，单色填充。

图 7–83

第七节 写意花鸟

花鸟画作为中国画的一个分支，其表现语言建立在中国画特有的“笔墨”框架里，但是由于表现题材和审美要求的不同，它的表现语言也就具有鲜明的个性，更倾向于多样性、变化性和审美性。花鸟画表现语言的这些独特个性形成了其与人物画、山水画既统一又有所区别的语言体系，对“笔”和“墨”的要求更具个性化和表情化，在注重以笔写形、以笔表意、以笔抒情和以墨塑形、以墨丰姿、以墨赋彩的同时，更强调笔形、色彩和墨韵的变幻，尤其在“用墨”上追求墨的氤氲变幻和墨彩层次，努力创造墨痕水迹的肌理变化。下面就让我们使用Illustrator CS2中丰富多彩的画笔库来临摹一张写意花鸟画，最终完成效果如图 7–84 所示。

图 7–84

1. 鸟

（1）使用钢笔工具绘制出鸟头的轮廓，以及鸟的眼睛，如图 7–85 所示。

（2）单击菜单栏中的窗口 > 画笔库 > 艺术效果 _ 油墨命令，调出艺术效果 _ 油墨调板，如图 7–86 所示。

图 7–85

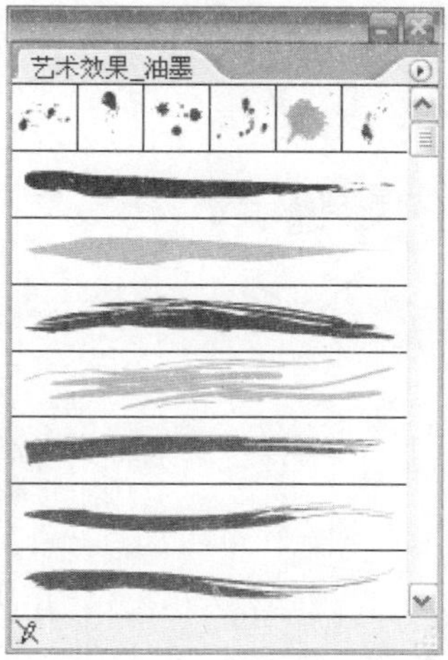

图 7–86

（3）使用画笔工具，并在艺术效果 _ 油墨调板中选择自来水笔笔触，完成鸟嘴的绘制，如图 7–87 所示。

（4）单击菜单栏中的对象 > 扩展外观命令，将笔触打散。

（5）使用直接选择工具、钢笔工具、添加锚点工具、删除锚点工具、转换锚点工具对打散的鸟嘴进行调整，效果如图 7–88 所示。

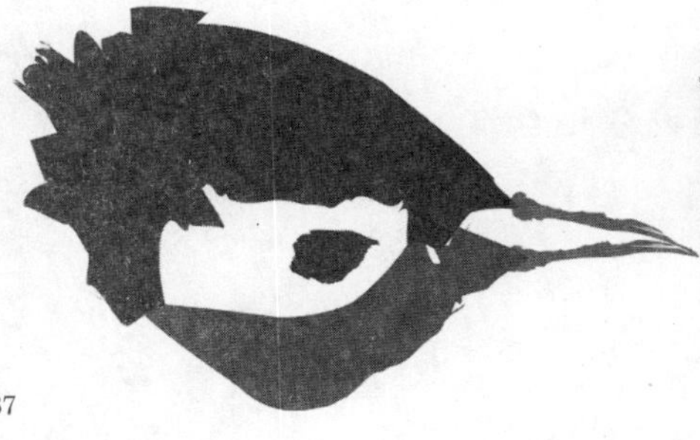

图 7–87

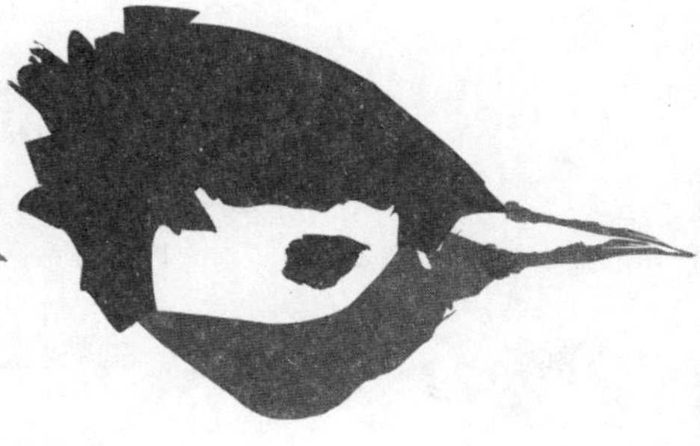

图 7–88

（6）用同样的方法完成鸟身和鸟尾的绘制，效果如图 7–89 所示。

（7）为尾巴和鸟爪添加一些颜色，以增加变化。

（8）使用渐变工具为头部、眼睛添加一些变化，如图 7–90 所示。

图 7–89

图 7–90

（9）使用画笔工具沿鸟的身体结构绘制一些必要的图形颜色，以增加立体感，如图 7–91 所示。

（10）单击菜单栏中的效果 > 模糊 > 高斯模糊命令，调出高斯模糊窗口，如图 7–92 所示。在该窗口中为这些图形颜色分别增加水墨效果，如图 7–93 所示。

（11）将组成鸟身体的所有图形全部选中，单击菜单栏中的对象 > 编组命令，将它们成组，以方便以后的组合和调整。

图 7–91

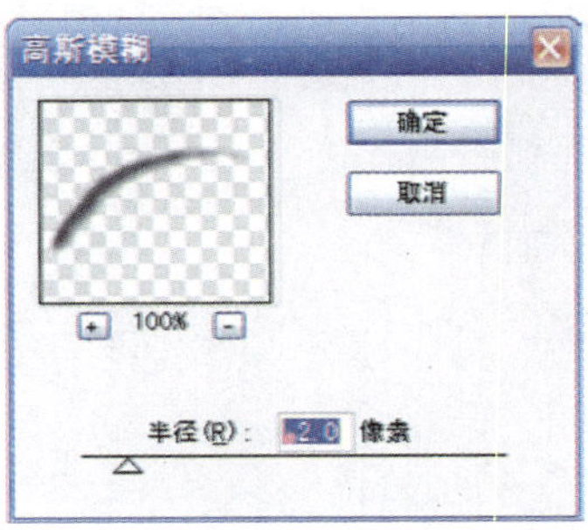

图 7–92

图 7–93

2. 紫藤

（1）单击菜单栏中的窗口 > 画笔库 > 艺术效果 _ 水彩命令，调出艺术效果 _ 油墨调板，如图 7–94 所示。

（2）使用 画笔工具，并在艺术效果 _ 水彩调板中选择合适的笔触，完成紫藤花瓣的绘制。

（3）单击菜单栏中的对象 > 扩展外观命令，将部分笔触打散。

（4）使用直接选择工具、钢笔工具、添加锚点工具、删除锚点工具、转换锚点工具对打散的图形进行调整，以增加紫藤花瓣的变化，效果如图 7–95 所示。

图 7–94

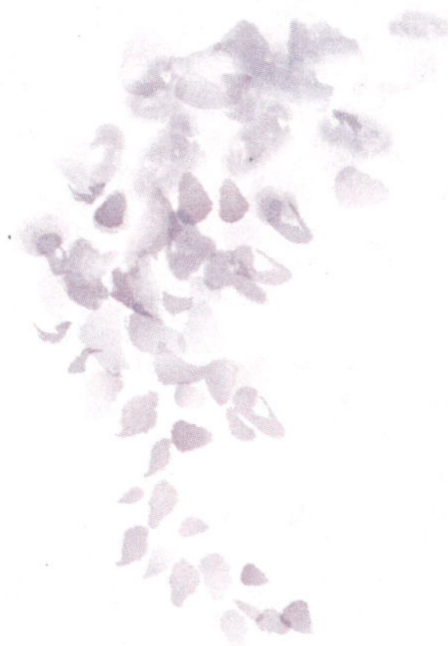

图 7–95

（5）单击菜单栏中的窗口 > 画笔库 > 艺术效果 _ 画笔命令，调出艺术效果 _ 画笔调板，如图 7–96 所示。使用该调板中的笔触绘制紫藤花的茎和花托，效果如图 7–97 所示。

图 7–96

图 7–97

(6) 用同样的方法绘制出紫藤的叶子，效果如图 7–98 所示。

(7) 将组成紫藤的所有图形全部选中，单击菜单栏中的对象 > 编组命令，将它们成组。

(8) 使用选择工具将鸟和紫藤组合在一起，效果如图 7–99 所示。

图 7–98

图 7–99

3. 画纸的处理

(1) 使用矩形工具绘制一个矩形，并填充淡土黄色。在该矩形被选中的情况下，单击菜单栏中的对象 > 排列 > 置于底层命令，将该矩形作为画纸，如图 7–100 所示。

图 7–100

（2）单击菜单栏中的文件 > 文档颜色模式 >RGB 颜色命令，将文件的模式转换为 RGB。

（3）单击菜单栏中的效果 > 纹理 > 纹理化命令，在调出的对话框中对纹理化的属性进行调整，大致属性如图 7–101 所示。这时画纸就带有一定的纹理效果了，如图 7–102 所示。需要注意的是如果不将模式转换为 RGB，就不能进行纹理化操作。

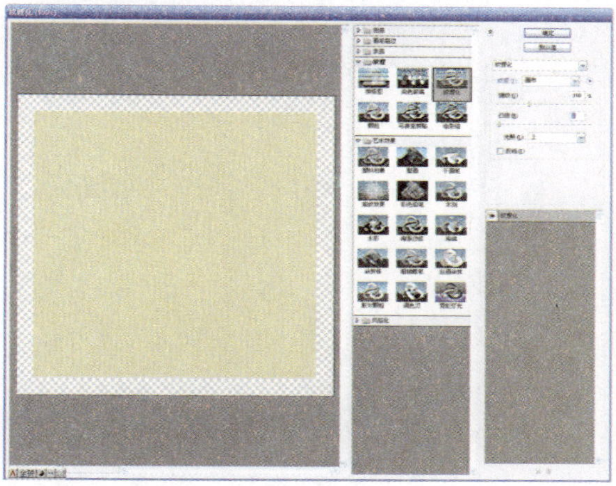

图 7–101

图 7–102

（4）使用矩形工具将超出画纸的部分用白色填充遮盖住，这张写意花鸟就完成了，最终完成效果如图 7–84 所示。

第八节　山水画

中国古代山水画的主要描写对象是自然风景。它不但表现了丰富多彩的自然美，而且体现了中国古代人民的自然观与社会审美意识，甚至从侧面间接地反映了社会生活。

中国山水画作为一个独立的画科比人物画晚，但它在中国绘画史上得到了突出的发展，并且在长期的发展中形成了多种画法和艺术风格。下面就让我们使用 Illustrator CS2 来临摹一张青绿山水画。最终完成效果如图 7–103 所示。

1. 山水

（1）双击图层调板中的图层 1，在出现的“图层选项”对话框中将名称改为“山水”，如图 7–104 所示，单击确定按钮完成图层的改名。

图 7–103

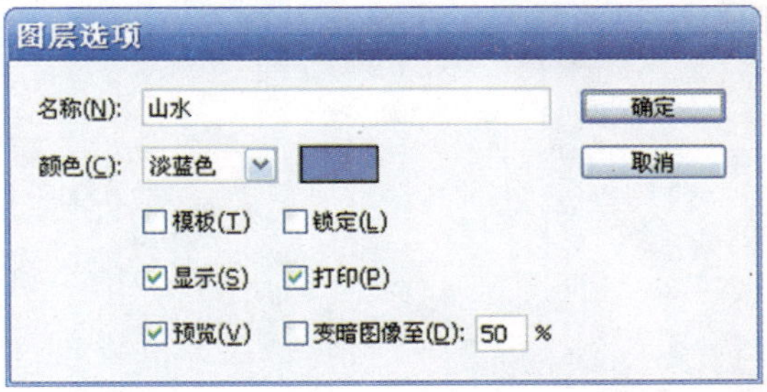

图 7–104

（2）使用矩形工具绘制一个矩形，并使用渐变工具为矩形添加灰蓝色渐变效果，如图 7–105 所示。

（3）使用钢笔工具绘制出近景山体的轮廓，并填充合适的颜色，如图 7–106 所示。

（4）继续使用钢笔工具绘制出中景山体的轮廓，并填充合适的颜色，如图 1–107 所示。

图 7–105

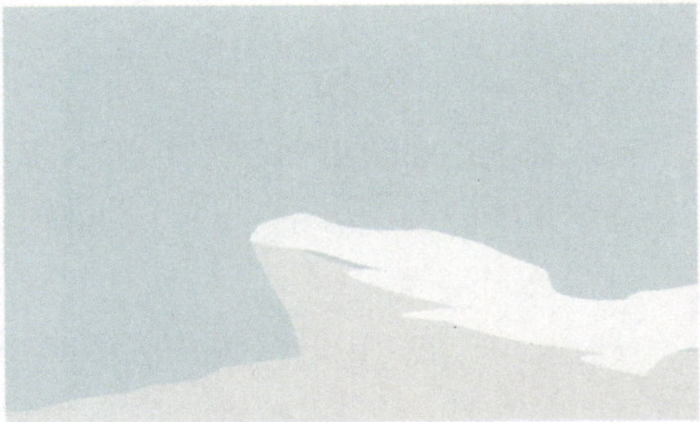

图 7–106

图 7–107

图 7–108

（5）继续绘制出远山的轮廓，并填充合适的颜色，如图 1–108 所示。

（6）使用渐变工具，分别为山体添加渐变效果，以丰富山体的颜色变化，如图 1–109 所示。

（7）选中远山，单击菜单栏中的效果 > 模糊 > 高斯模糊命令，调出高斯模糊窗口。在该窗口中为远山分别添加模糊效果，以拉开远近关系。要注意的是高斯模糊数值要有所变化，不能千篇一律，一般情况下越远的山体模糊数值就越大，效果如图 7–110 所示。

图 7–109

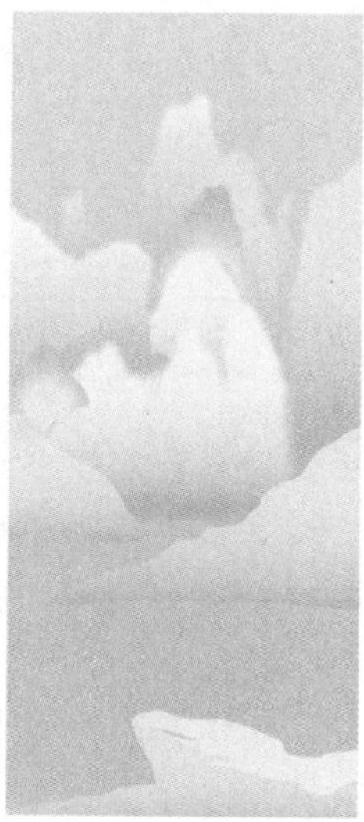

图 7–110

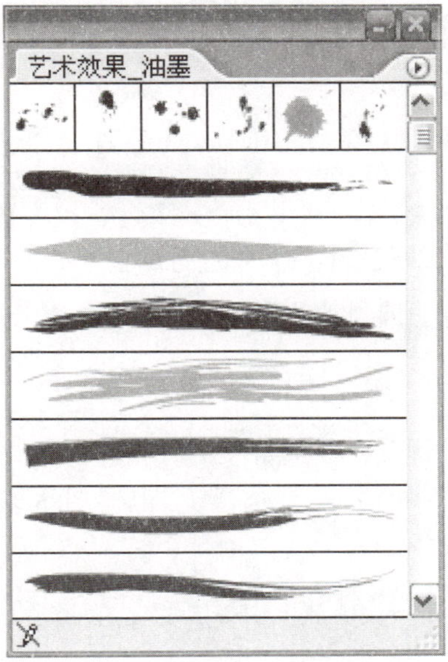

图 7–111

图 7–112

（8）单击菜单栏中的窗口 > 画笔库 > 艺术效果 _ 油墨命令，调出艺术效果 _ 油墨调板，如图 7–111 所示。

（9）使用铅笔工具，并在艺术效果 _ 油墨调板中选择合适的笔触，对山体的结构进行勾勒，在勾勒的过程中也要注意虚实的变化，效果如图 7–112 所示。

2. 植被

（1）单击图层调板中的创建新图层图标，建立一个新图层，并将其名称改为“植被”。

（2）在“山水”图层的前面单击鼠标将其锁定，以防止误操作，如图 7–113 所示。

（3）使用钢笔工具绘制一个墨点，如图 7–114 所示。

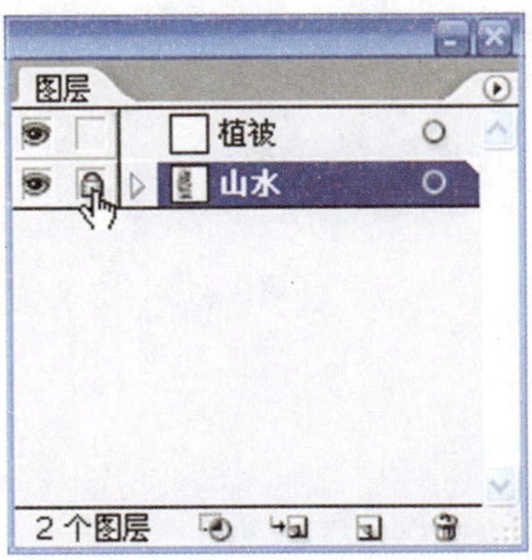

图 7–113

图 7–114

（4）使用选择工具将墨点拖曳到符号调板中，如图 7–115 所示，从而创建出一个符号墨点。

（5）选中刚创建的符号墨点，使用符号喷枪工具在合适的位置喷出墨点，作为山体的植被。

（6）使用符号缩放器工具对植被的大小进行调整。

（7）使用符号移位器工具对植被的位置进行调整。

（8）使用符号紧缩器工具对植被的疏密程度进行调整。

（9）使用符号旋转器工具对植被的角度进行调整。

在创建和调整的过程中切记不要贪多，要按照山体的形态一组一组地创建，一组一组地调整，如图 7–116 所示。

（10）使用符号滤色器工具为植被增加深浅变化，如图 7–117 所示。

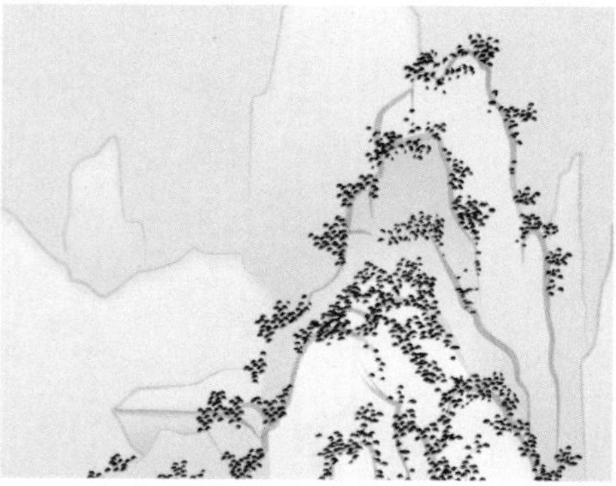

图 7–116

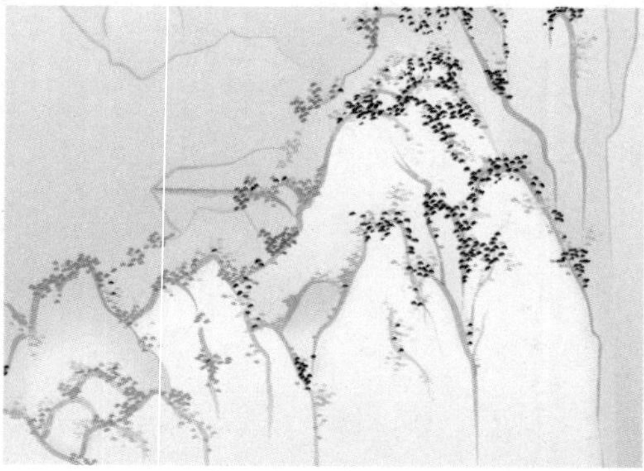

图 7–117

（11）完成整体植被的绘制后，单击“植被”图层后面的图标，如图 7–118 所示将该图层内的所有物体全部选中。

（12）单击菜单栏中的“对象”>“扩展”命令，在调出的扩展调板中将所有的符号都扩展为图形。

（13）使用选择、比例缩放、倾斜、镜像、旋转等工具为扩展后的植被增加变化，效果如图 7–119 所示。

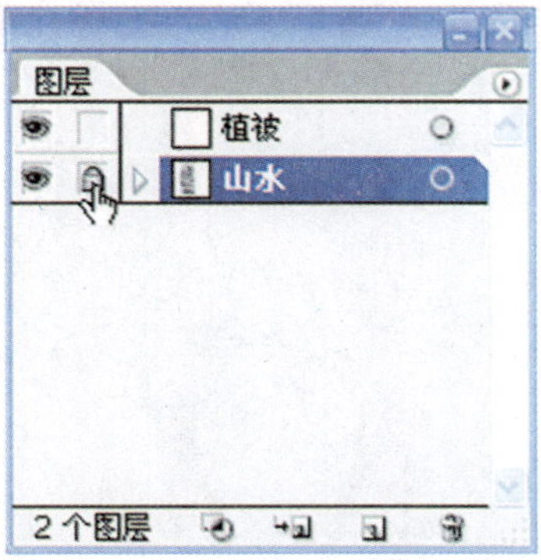

图 7–118

图 7–119

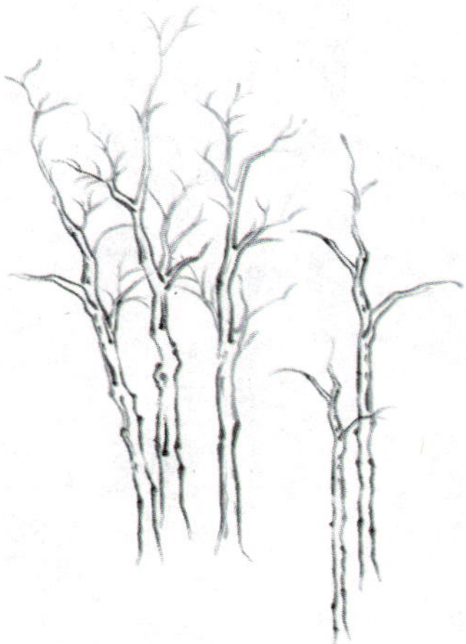

图 7–120

图 7–121

3. 枯树

（1）单击图层名称前的切换可视性图标，将“植被”图层和“山水”图层隐藏，以防止它们对绘制枯树产生影响。

（2）单击图层调板中的 创建新图层图标，建立一个新图层，并将其名称改为“枯树”。

（3）在新建立的图层上使用 画笔工具，并在艺术效果 _ 油墨调板中选择合适的笔触，完成树干的绘制，效果如图 7–120 所示。

（4）继续使用画笔工具，绘制出树干上的枝条，效果如图 7–121 所示。在绘制枝条的时候最好使用数位板，数位板在绘制速度上比鼠标快很多，而且变化也会更丰富一些。

（5）使用钢笔工具，在树干内绘制图形，并填充灰色，以模仿淡墨酝染效果，如图 7–122 所示。

（6）使用画笔工具，并在艺术效果 _ 粉笔炭笔铅笔调板中选择合适的笔触，完成树干肌理的绘制，局部特写如图 7–123 所示，整体效果如图 7–124 所示。

（7）在图层调板中将“植被”图层和“山水”图层重新显示出来。

图 7–123

图 7–122

图 7–124

（8）使用选择工具和比例缩放工具对枯树进行位置和大小的调整，效果如图 7–125 所示。

（9）用同样的方法完成远山树木的绘制，效果如图 7–126 所示。在绘制远山树木的时候可以使用复制和粘贴的方法，但一定要在完成粘贴后再反复进行调整，以增加变化。

4. 调整

（1）将“植被”图层和“枯树”图层隐藏。

（2）使用画笔工具，在艺术效果 _ 油墨调板中选择合适的笔触，为山水增加笔触效果，效果如图 7–127 所示。

图 7–125

图 7–126

图 7–127

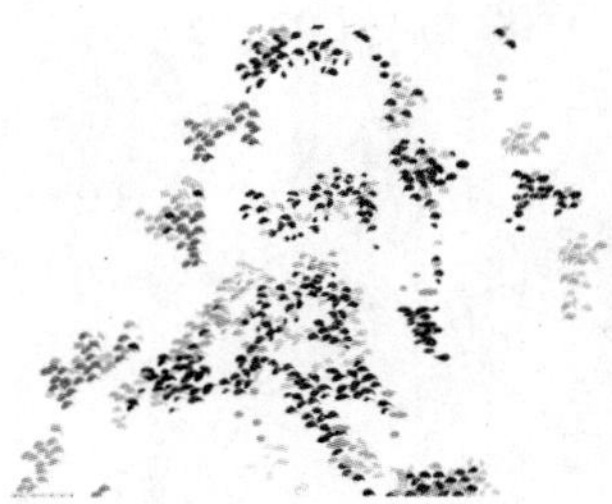

图 7–128

（3）将“植被”图层显示，其他图层隐藏。使用选择工具选中该图层中的部分图形，如图 7–128 所示。

（4）单击菜单栏中的效果 > 扭曲和变形 > 粗糙化命令，调出粗糙化窗口，在该窗口中对选中的图形进行粗糙化处理，大致数值如图 7–129 所示。效果如图 7–130 所示。

（5）继续使用菜单栏中的效果 > 扭曲和变形 > 粗糙化命令和效果 > 扭曲和变形 > 扭拧命令对其他的图形反复地进行调整，最大程度地丰富植被的层次，效果如图 7–131 所示。

（6）将所有的图层全部显示，然后进行整体的调整与修饰，这幅青绿山水图就完成了，各部分细节效果如图 7–132 至 7–134 所示。最终完成效果如图 7–103 所示。

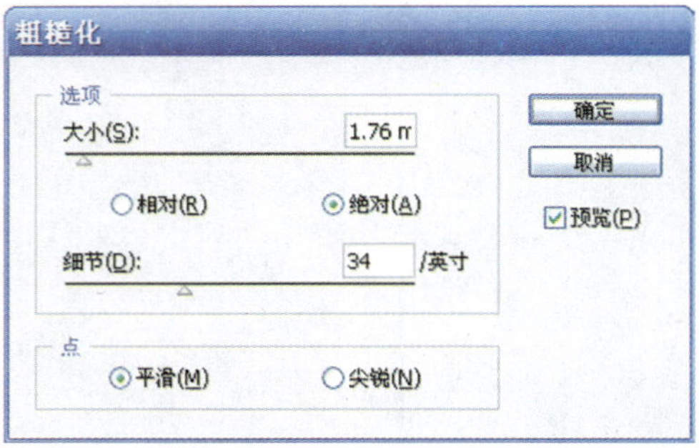

图 7–129

图 7–130

图 7–132

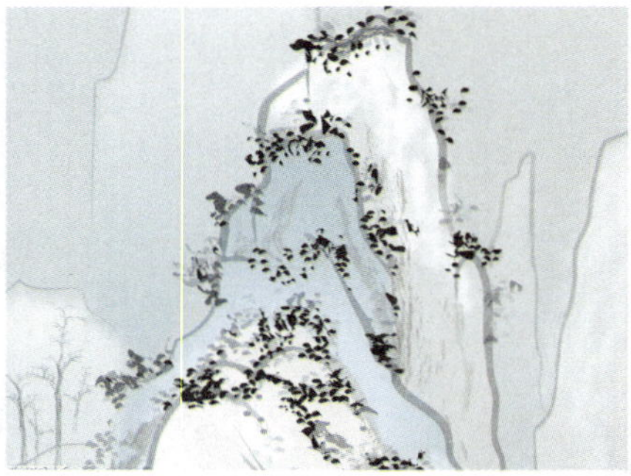

图 7–131

图 7–133

图 7–134

第九节 仕女画

仕女画是指以美女为主要描绘题材的人物画。在古代画迹中，像唐代周旷的《秋风纨扇图轴》、《宫装仕女图》，清代改奇的《百美图》等作品，均属仕女画珍品。

仕女画大都以工笔重彩为主要表现形式，并富于浓烈的装饰意味。下面我们使用将使用 Illustrator CS2 绘制一张仕女画，最终完成效果如图 7–135 所示。

图 7–135

1. 线稿的处理

（1）单击菜单栏中的文件 > 置入命令，将“侍女画线稿 . PSD”置入到新建立的文件中，如图 7–136 所示。

（2）单击工具属性条上的“实时描摹”按钮，如图 7–137 所示，对图像进行实时描摹。

（3）在“预设”的下拉属性条中选择“详细插图”，如图 7–138 所示。所选择的预设属性不同，实时描摹的效果也会发生变化。

默认情况下的描摹质量并不高，很多图像的细节都没有被描摹下来，效果如图 7–139 所示。

图 7–136

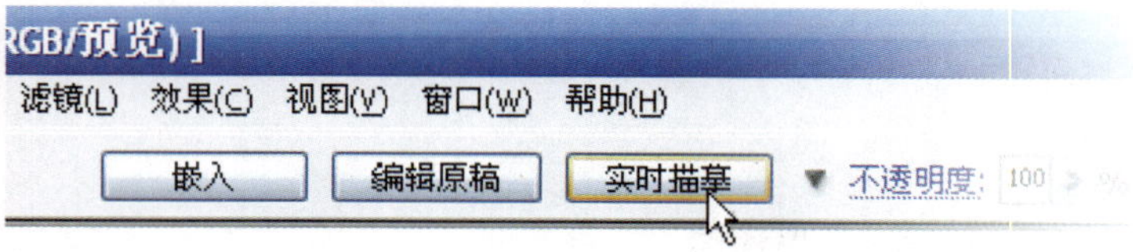

图 7–137

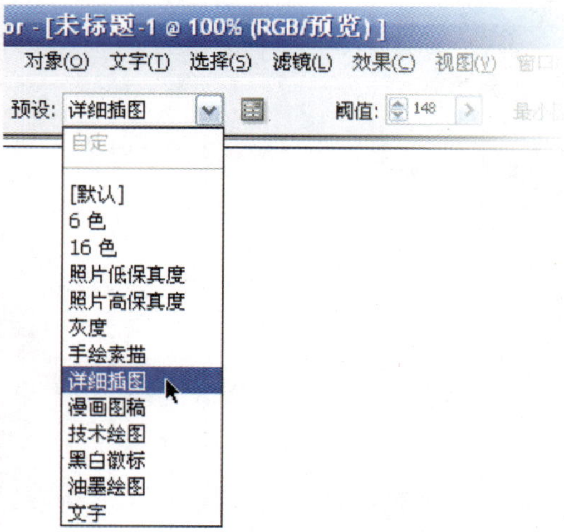

图 7–138

图 7–139

（4）单击“详细插图”后面的描图选项按钮，在出现的对话框中将重新取样的数值提高到 600，如图 7–140 所示。这时描绘的质量将会有很大程度的提高，效果如图 7–141 所示。

重新取样数值的高低直接决定描图的质量，数值越高描绘的画面就越清晰，但将来生成的图形就会越复杂，速度也会相对比较慢。如果计算机的速度发生了很大程度的下降，

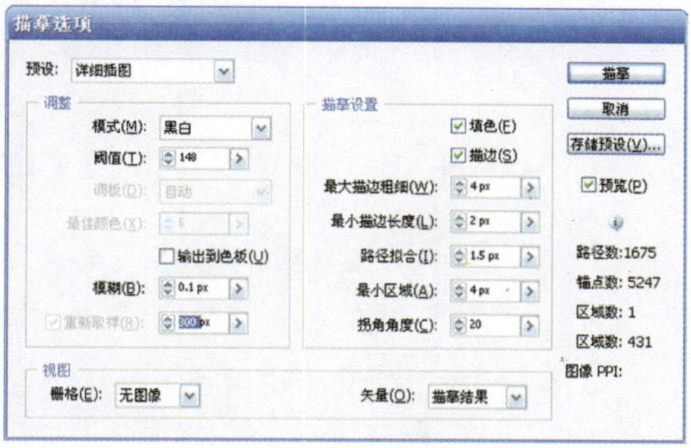

图 7–140

图 7–141

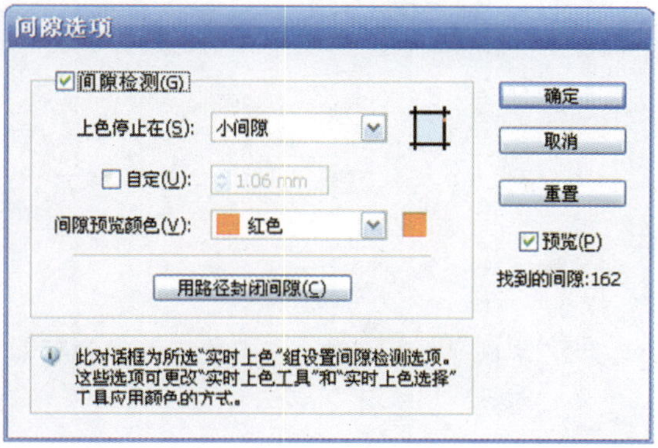

图 7–142

图 7–143

则应该将重新取样数值相应地降低，但在本例中最低也不应低于 300px，否则画面的质量将会大打折扣。

2. 实时上色

（1）单击工具属性条上的“实时上色”按钮，将描摹对象转换为实时上色组。

（2）单击工具属性条上的间隙选项按钮，在调出的对话框中点选间隙检查选框，如图 7–142 所示，将上色组进行封口。

（3）使用实时上色工具，为实时上色组进行大致的着色，如图 7–143 所示。

在进行着色时路径会影响我们对人物的观察，这时候我们可以按 Ctrl+H 对路径的隐藏和显示进行切换。人物的头部线条非常复杂，需要放大到足够的尺寸进行实时上色。

（4）继续使用实时上色工具，为画面添加一些轻微的明暗变化，并使用矩形工具为画面添加背景，效果如图 7–144 所示。

图 7–144

图 7–145

3. 深入

（1）完成实时上色后，单击工具属性条上的“扩展”按钮，将实时上色组转换为图形。该过程比较缓慢需要耐心等待。

（2）使用魔棒工具，将相近的颜色选中，并使用渐变工具分别为它们填充合适的渐变变化，效果如图 7–145 所示。

（3）使用钢笔工具沿人物脸部结构绘制一些图形，并填充半透明的淡红色，以作为脂粉，效果如图 7–146 所示。

单击菜单栏中的效果 > 风格化 > 羽化命令，调出羽化调板，如图 7–147 所示。在该调板中为绘制的脂粉添加羽化效果，如图 7–148 所示。

（4）使用画笔工具，在艺术效果 _ 油墨调板中选择合适的笔触，为纸张添加一定的笔墨变化，并对添加的变化进行位置、透明度和大小的调整，效果如图 7–149 所示。

图 7–146

图 7–148

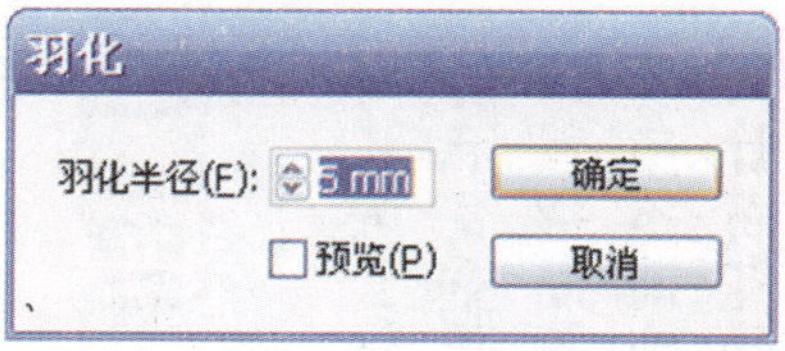

图 7–147

图 7–149

4. 题词和印章

（1）选择直排文字工具，在绘图窗口中单击鼠标然后复制一首古词进去，我们在这里选择的是李清照的《醉花阴》，效果如图 7–150 所示。需要注意的是，中国画的题词是没有标点符号的。

（2）在文字被选中的情况下，单击菜单栏中的文字 > 字体命令，在出现的菜单中对词的字体进行调整。

需要注意的是，由于系统内所安装的字体不同，该菜单也会有一定的变化，本例中使用的是方正黄草简体。个人感觉这种字体更有手写的感觉，可惜是简体字，如果是繁体字就更有中国画的感觉了。

（3）单击菜单栏中的窗口 > 文字 > 字符命令，在出现的调板中对诗词的大小和行距进行调整，如图 7–151 所示。调整后的效果如图 7–152 所示。

（4）将制作好的文字移动到画面中合适的位置上，并对其大小和颜色进行调整，使其与画面更和谐，效果如图 7–153 所示。

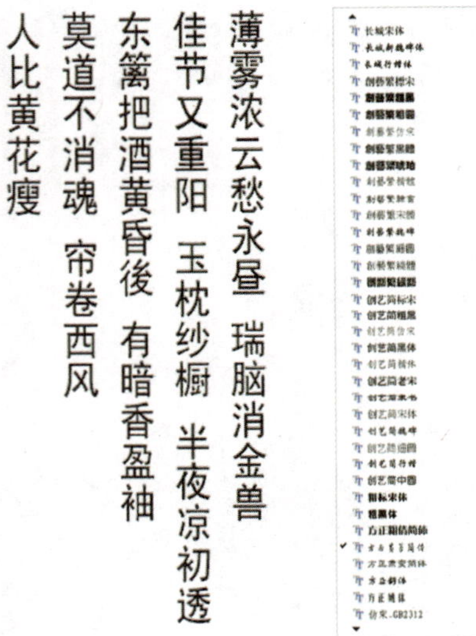

图 7–150

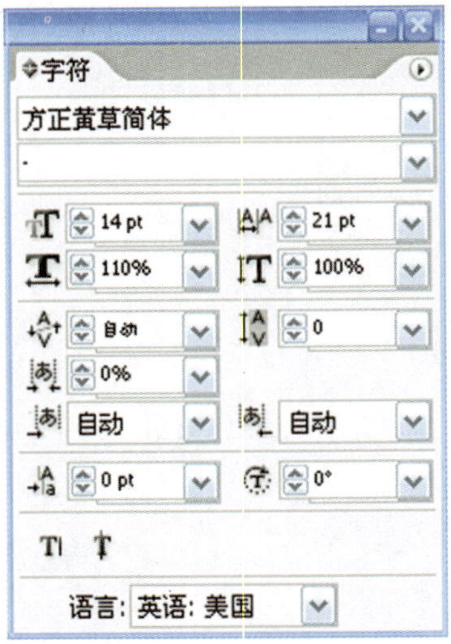

图 7–151

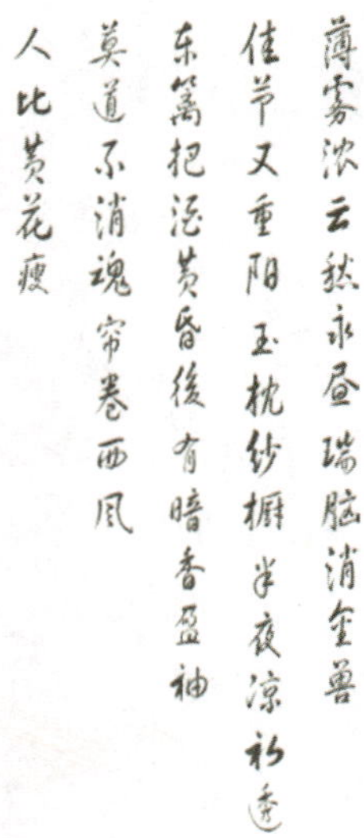

图 7–152

图 7–153

（5）直接使用文字工具制作出的题词毕竟太缺乏变化了，文字的大小和行距都太规矩了，这就需要我们对文字的行距大小和位置单独进行调整，但调整的数值不宜太大，只要有一些轻微的变化就好了。一般情况下，中国画中笔画少的文字会相应地小一些。

（6）单击菜单栏中的文件 > 置入命令，将“印章. JPG”和“印章. GIF”（这是笔者在 google 中随意搜索出的印章，由于在画面中所占的位置很小，内容根本就看不清楚，所以任何文字的印章都可以使用）置入到文件中，如图 7–154 所示。

（7）使用选择工具，对印章的摆放位置和大小进行调整，如图 7–155 所示。

（8）将印章. GIF 进行复制，并放在画面的左下角，一般中国画上都有一个印章或者三个印章，效果如图 7–156 所示。

图 7–154

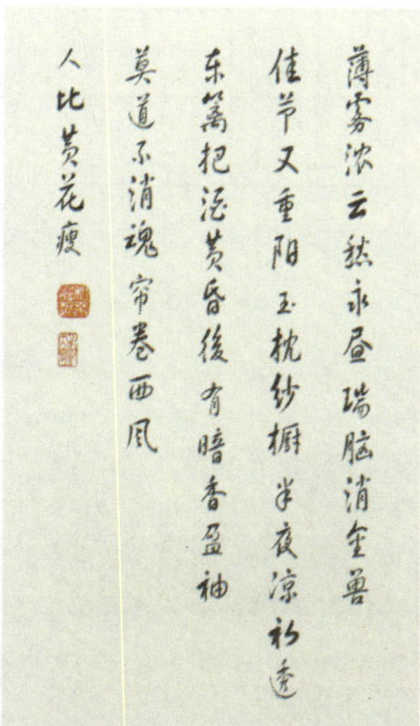

图 7–155

图 7–156

5. 装裱

（1）使用矩形工具在绘图窗口中绘制一个长方形，并对其位置及其与其他图形的前后顺序进行调整，如图 7–157 所示。

（2）单击菜单栏中的窗口 > 符号库 > 艺术纹理命令，调出艺术纹理调板，如图 7–158 所示。

（3）按住鼠标左键，将该纹理库中的“印象派”纹理拖曳到绘画窗口内。然后再次按住鼠标左键,将绘画窗口内的“印象派”纹理拖曳到色板调板中定义成图案,如图 7–159 所示。

（4）将刚绘制的矩形复制,并且指定其填充方式为刚创建的图案,效果如图 7–160 所示。

（5）使用选择工具,对矩形的位置进行调整,然后再对画面的细节进行一定的细化处理。这幅仕女画就绘制完成了，最终效果如图 7–135 所示。

图 7–157

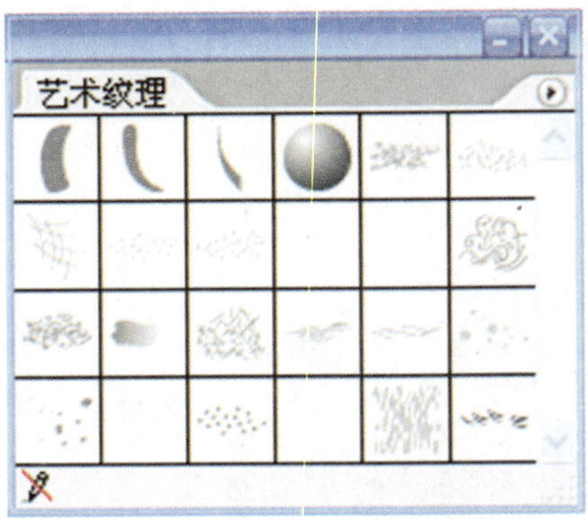

图 7–158

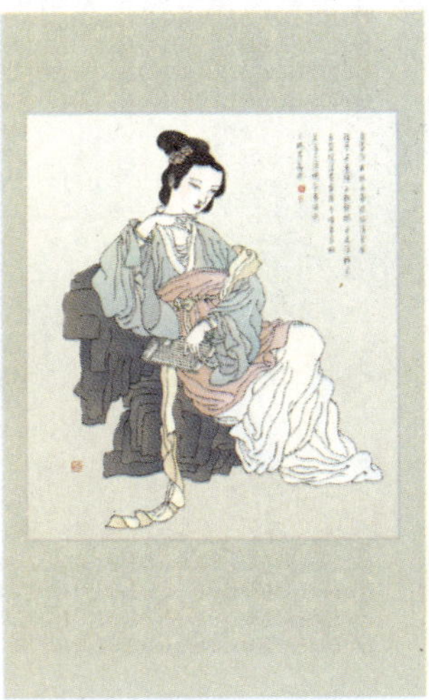

图 7–160

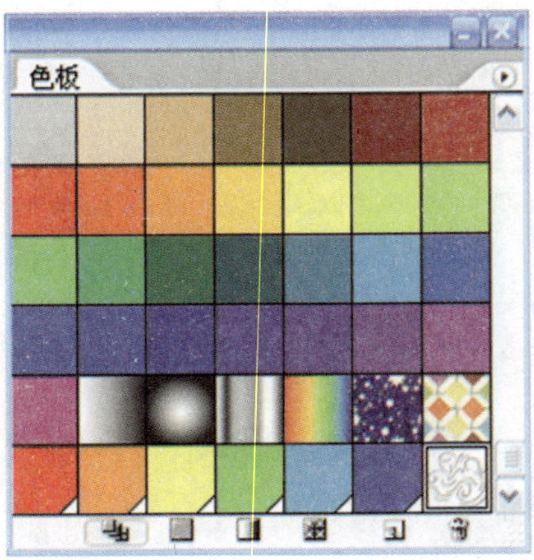

图 7–159

第八章　设计和插画应用案例

第一节　封面设计

本案例是为《计算机维护》一书设计的封面。书籍的成品尺寸为218 × 188 mm,，其中书脊为 18 mm，如图 8–1 所示。

3mm 出血

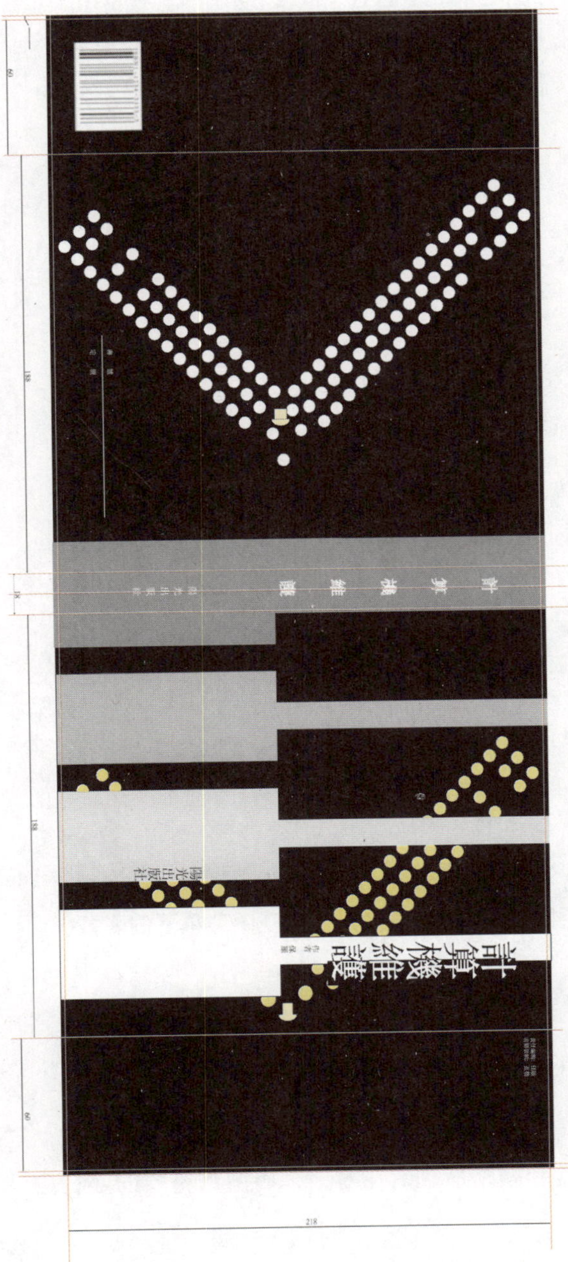

图 8–1

1. 设定文档尺寸

启动进入 Illustrator 程序，执行文件 > 新建命令。在新建文档对话框中，将文档取名为“封面”，在单位栏内选取 mm，在宽度栏内键入 514mm，在高度栏内键入 218mm，取向设定为横向（第二个图标），并在颜色模式中选择 CMYK 颜色，最后单击确定钮。如图 8–2 所示。

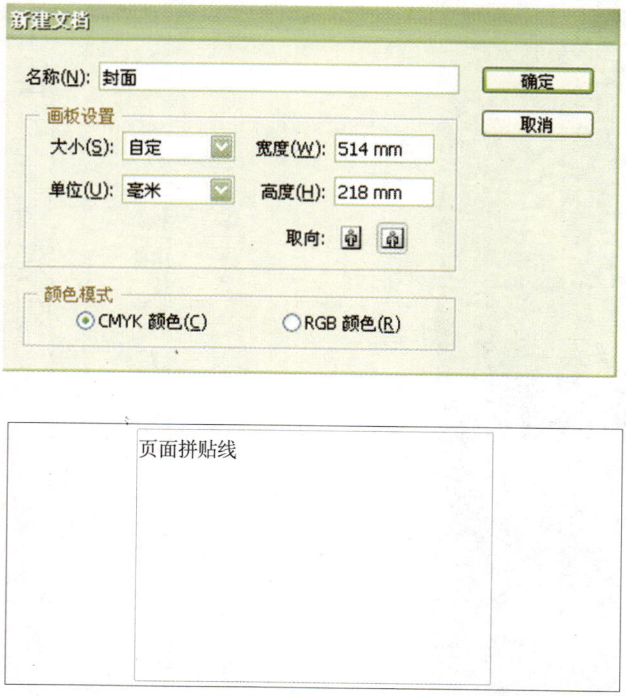

图 8–2

在文档的中央有一虚线框构成的区域，虚线是页面拼贴线，用来控制有效的打印范围。在设计制作封面的过程中，请把页面拼贴线关闭，方法是执行视图菜单下的隐藏页面拼贴命令。

2. 显示标尺并设定新的标尺原点

（1）执行视图 > 显示标尺命令，横向和纵向标尺分别显示在文档的顶部和左端。两个标尺在左上角的交汇处为坐标原点，默认状态下，坐标原点在文档的左下角。

（2）执行编辑 > 首选项 > 参考线和网格命令，在对话框中的网格线间隔栏内键入 1mm，次分割线栏内也键入 1mm。

（3）在视图菜单下勾选对齐网格和显示网格。

（4）执行窗口 > 信息命令，把信息调板显示在屏幕上。

（5）用鼠标从左端标尺中拖出参考线，注意观察信息调板中的 X 值（鼠标指针的横坐标值）是以 1mm 为增量进行改变的，当 X 值为 257 的时候释放鼠标，则在以文档左下角为坐标原点、横坐标为 257mm 的地方放置了一条参考线。如图 8–3 所示。

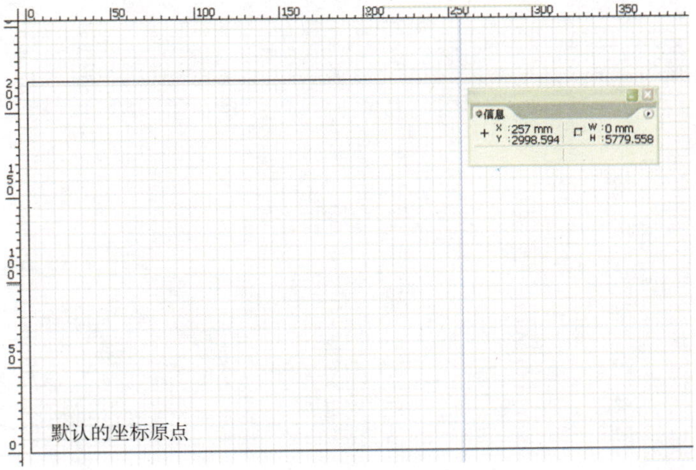

图 8–3

（6）用鼠标从标尺交汇处拖出坐标原点的十字线，当鼠标指针到达（257，0）点的时候释放鼠标，新的坐标原点产生了。如图 8–4 所示。

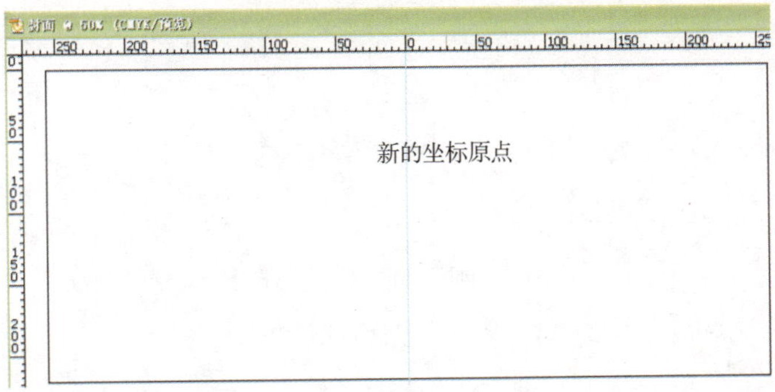

图 8–4

3. 用参考线划分封面、封底、书脊和勒口区域

（1）用工具箱中的直线工具（ ╲ ）沿着横坐标为 0 的参考线画出一条垂直线，这条直线将作为书脊的右侧界线。

（2）要想使这条直线的水平坐标值为 9mm（书脊厚度为 18mm），请在窗口菜单下勾选变换命令，把变换调板显示在屏幕上。

在横坐标 X 栏中键入 9mm，然后按下回车键，垂直线条便准确地被调整到坐标原点右侧 9mm 的位置。如图 8–5 所示。

（3）执行视图 > 参考线 > 建立参考线命令，把垂直线条转换为参考线。

用同样的方法把其余几根参考线做出来，如图 8–6 所示。

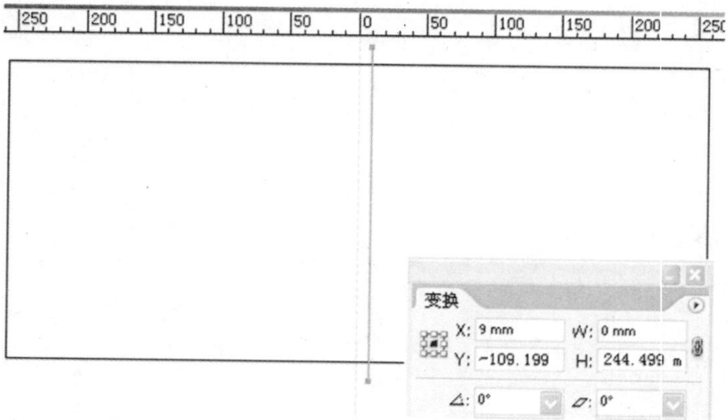

图 8–5

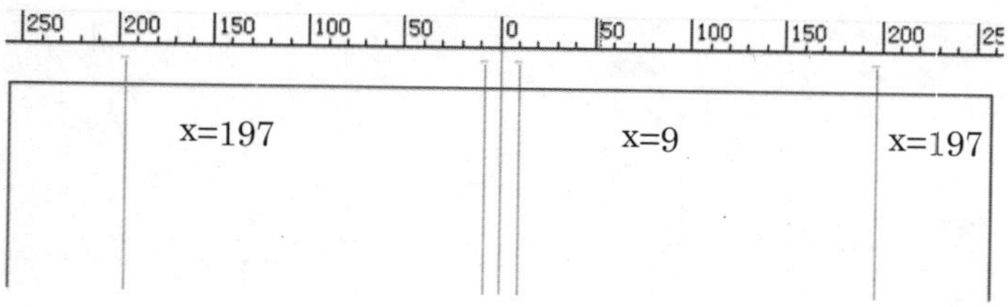

图 8–6

4. 绘制黑色的背景并制作改锥的轮廓图形

（1）制作黑色的背景。

黑色的背景应该覆盖整个文档，因此用矩形工具绘制一个与文档同大的长方形（黑色填充，描边为透明），并将其移至与文档相吻合。

这里值得注意的是：当整个文档或文档的某一边缘部分完全被颜色或图像所覆盖时，为了避免印刷、裁切之后出现白边，一般要在文档（四个边）之外加上 3mm 的出血量。

执行对象 > 锁定 > 所选对象命令，把处于选择状态的黑色背景锁定。

（2）制作改锥的图形群组。

用矩形工具绘制两个长方形，并用对齐命令使其垂直居中对齐，然后在路径查找器调板中将两个长方形合并为一个，做出改锥的图形。改锥图形的左端要与书脊的右参考线相邻，如图 8–7。

参照图 8–1 把其余的改锥图形复制出来。

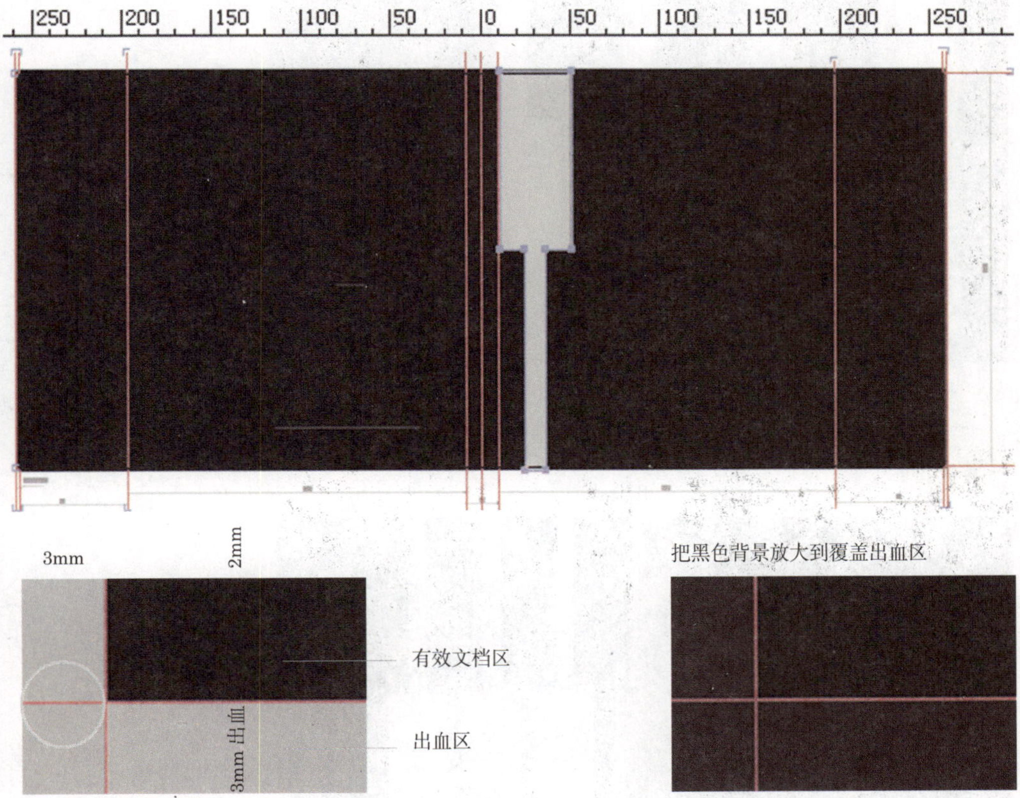

图 8–7

（3）修改图形的颜色。

同时选择四个改锥图形，执行滤镜 > 颜色 > 水平混合命令，将按照 47% 的灰色和白色对中间两个图形的颜色递变填充。如图 8–8 所示。

5. 芯片图案的制作

书的封面和封底都采用了计算机芯片的象征图案，其制作过程如下：

把圆形组移到封底，并设定圆形的填色为白色；把圆形组复制到封面，并设定所有圆形的填色为黄色（C：11、M：23、Y：92、K：2）；用矩形和椭圆形工具创建一个黄色填充的螺丝图形，分别放在封面和封底的芯片图案中。如图 8–9 所示。

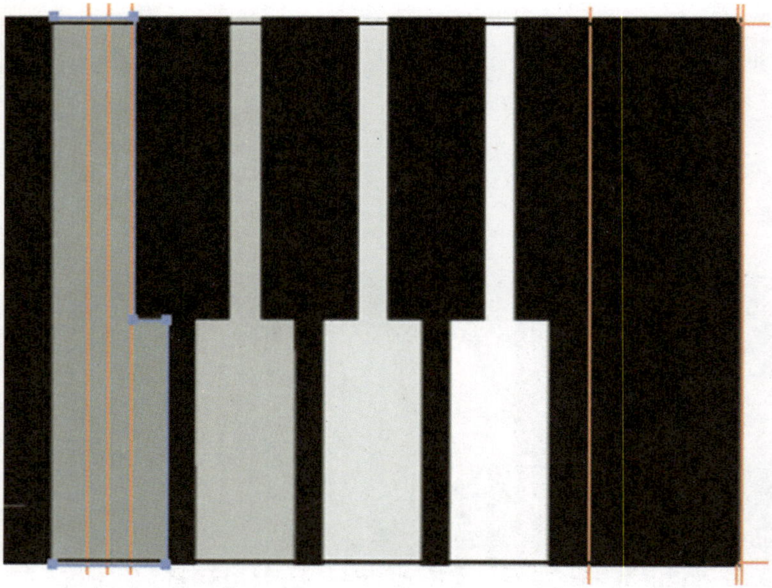

图 8–8

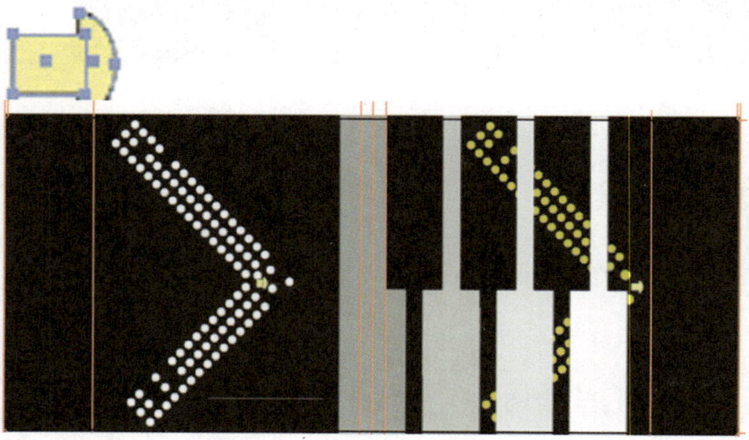

图 8–9

6. 书名、出版社名等文字内容的安排

书名“计算机维护”以竖排的形式放在白色改锥图形上，这是封面最抢眼的地方。条形码的放置按照出版社的要求放置。

香水的外包装设计制作案例：图 8–10 为香水包装盒的成品展开平面示意图，其成品尺寸为 225 × 166 mm（参见图 8–10 所示的标注尺寸），其中：

横向尺寸：225 = 11 + 80 + 27 + 80 + 27（mm）

纵向尺寸：166 = 20 + 27 + 80 + 27 +12（mm）

图 8–10

1. 建立新的文档并设定文档尺寸

新建一个宽度为 225mm、高度为 166mm 的文档，其颜色模式设定为 CMYK 颜色。

2. 设定相关区域的参考线

包装盒展开后，主要有六个面：正面、背面、上面、下面、左侧面和右侧面，其中正面与背面的尺寸是一样的，上、下、左侧和右侧四个面的厚度应该是一样的，高度也是一样的。如图 8–11 所示。

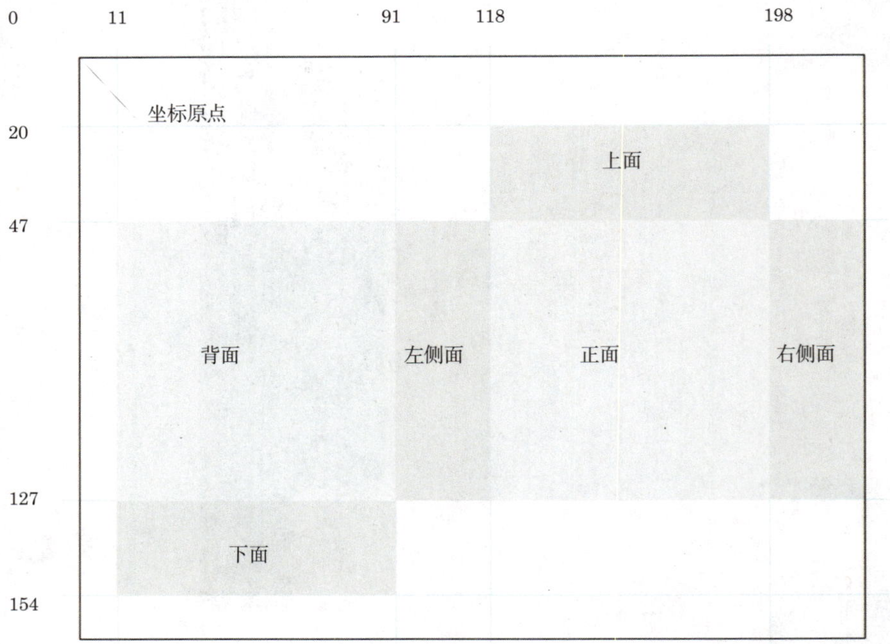

图 8–11

3. 图案的设计制作

本香水为女性使用的产品，因此其包装盒的主色选择了一种很浪漫温馨的玫瑰红（M: 67、Y: 14）。整个包装盒以玫瑰红底色上的花样图案来体现精致、俏丽与浪漫。

图 8–12

下面是本例中基本的花样图案制作过程：

（1）确定包装盒正面区域的中心点。

选取工具箱中的直线工具，分别画出包装盒正面的两条对角线，对角线交叉点即为正方形的中心点。然后分别从左端标尺和顶端标尺中拖出垂直方向参考线与水平方向参考线，使它们均穿越正方形的中心点。如图 8–13 所示。

中心点的确立对包装盒正面图案位置的确定非常重要。

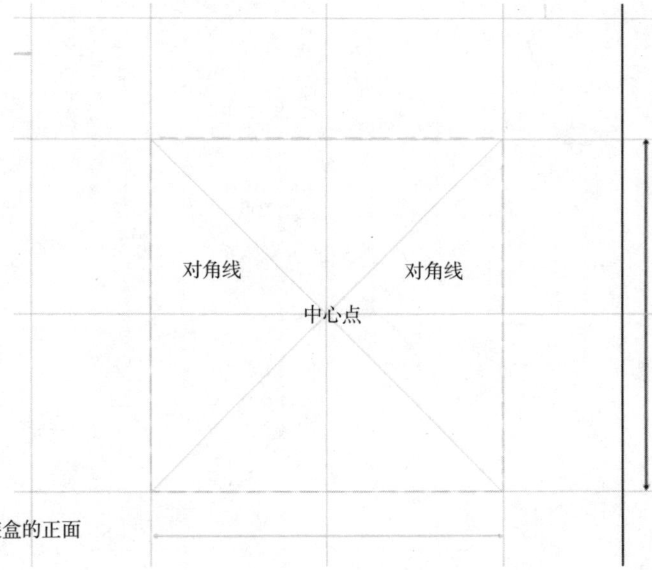

虚线框内为包装盒的正面

图 8–13

（2）弧线的制作。

弧线可以用钢笔工具群组来完成。本例中为了弧线的视觉效果美观，使用了两个基本图形圆来合成。

首先选择工具箱中的椭圆工具，绘制两个直径分别为 13.758mm 和 15.346mm 的正圆，两圆为相切关系，位置参见图 8–14。

选中右面的圆，选择工具箱中的剪刀工具（✂），在圆的 A 和 B 两点上单击，右圆在这两点处被截断；选中左面的圆，选择工具箱中的剪刀工具（✂），在圆的 C 和 D 两点上单击，左圆在这两点处被截断，如图 8–15 所示。

用选择工具选中左圆的 DEC 段弧线和右圆的 AZB 段弧线，然后按键盘上的 Delete 键将其删除，如图 8–16 所示。

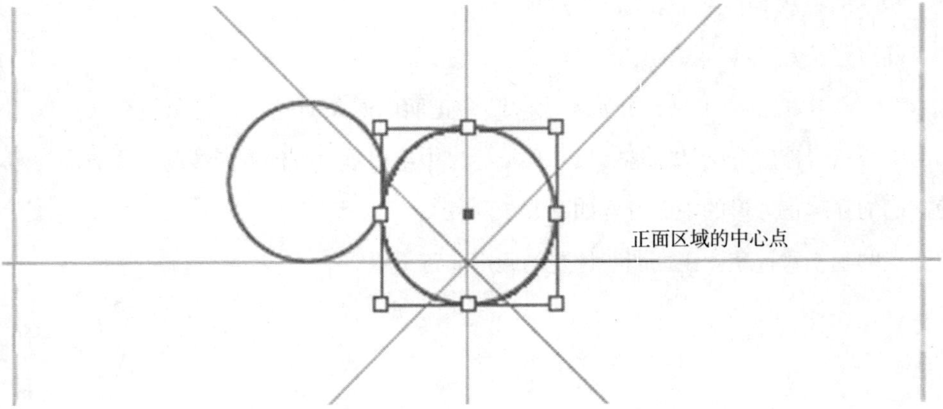

图 8–14

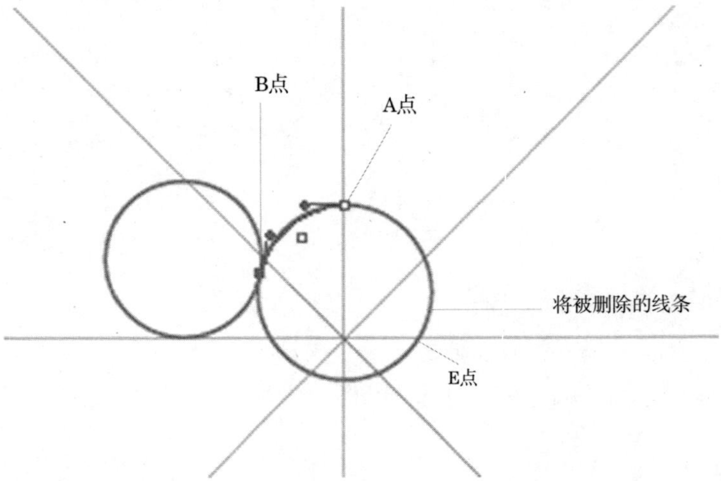

图 8–15

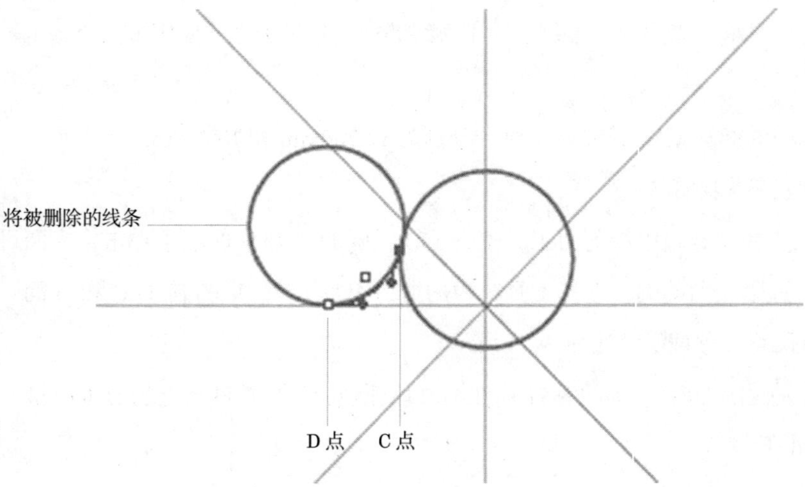

图 8–16

（3）线条的连接。

用工具箱中的直接选择工具（ ）选取两根线条相邻部分的断点（选择点为实心点，非选择点为空心点），然后执行对象 > 路径 > 连接命令，两根原本独立的线条被连接成一整根线条，如图 8–17 所示。

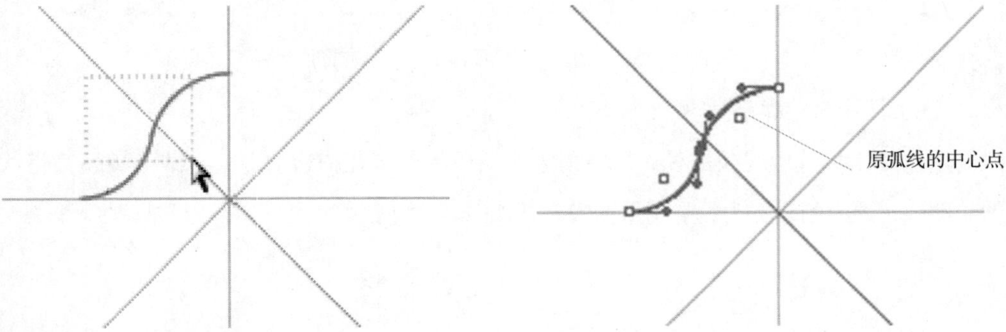

用直接选择工具在线条相邻部分的断点处划选一个区域　　选择点为实心点，非选择点为空心点　　图 8–17

（4）线条的调整。

连接后的线条在衔接处有些生硬，可以用工具箱中的直接选择工具作适当的调整，使得衔接处更加流畅和光滑，如图 8–18 所示。

（5）线条的镜像复制。

用选择工具选中焊接后的弧线，然后选取工具箱中的镜像工具（ ），单击中心点作为镜像点，按着 Shift 键拖曳鼠标，使镜像图形呈现水平对称的关系，在释放鼠标前，按下 Alt 键，图形被水平镜像复制，如图 8–19 所示。

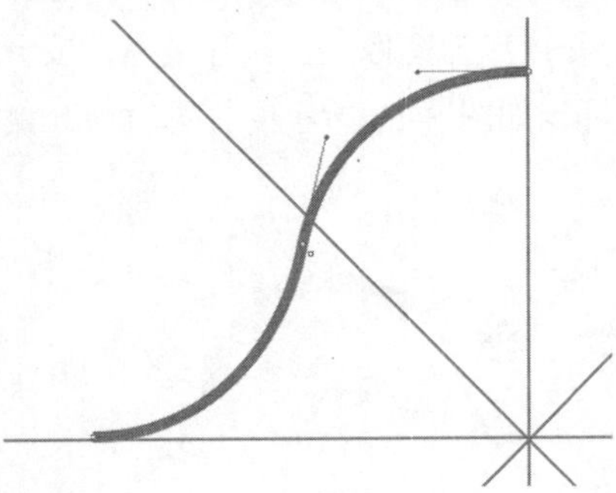

图 8–18

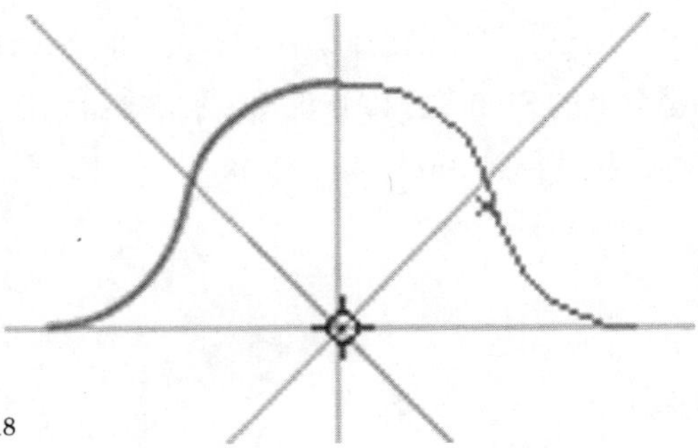

图 8–19

用直接选择工具（ ）选择两根线条相邻的点，然后执行对象 > 路径 > 连接命令，将其连接为一整根线条，如图 8–20 所示。

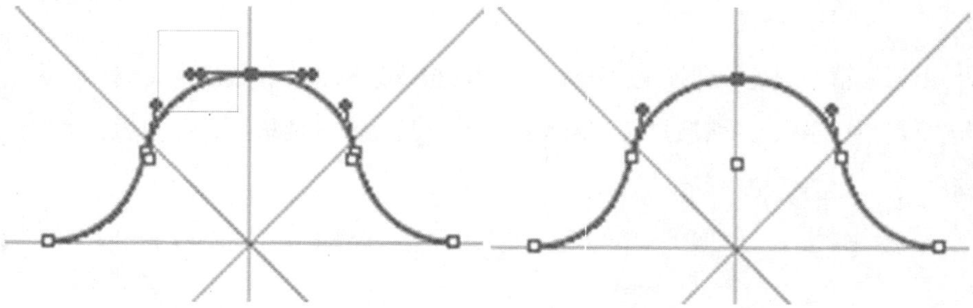

图 8–20

（6）转换为轮廓路径。

用选择工具选中线条路径，执行对象 > 路径 > 轮廓化描边命令，把线条转换为带状的轮廓线，原来的线宽为轮廓图形的带宽，如图 8–21 所示。

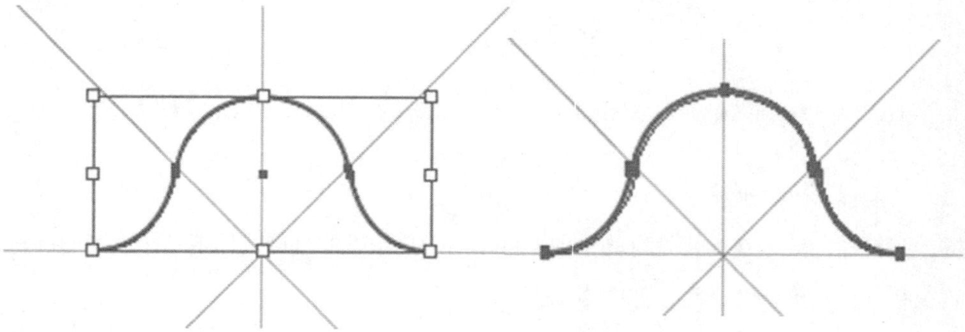

图 8–21

（7）调整轮廓形状。

用工具箱中的直接选择工具（ ）点取中心线上的一个锚点并向下移，如图 8–22 所示。

（8）沿着垂直方向镜像复制图形。

用工具箱中的镜像工具（ ）单击正面区域的中心点作为镜像点，松开鼠标，按下键盘上的 Shift 键和 Alt 键（复制功能），然后拖曳鼠标到如图 8–23 所示的位置时松开鼠标，接着释放 Shift 键和 Alt 键。

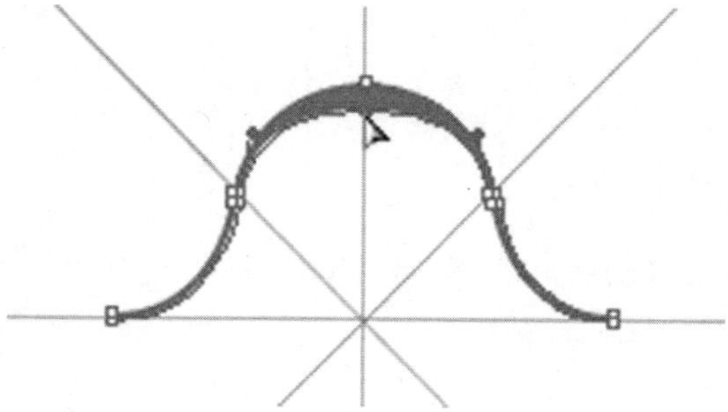

图 8–22

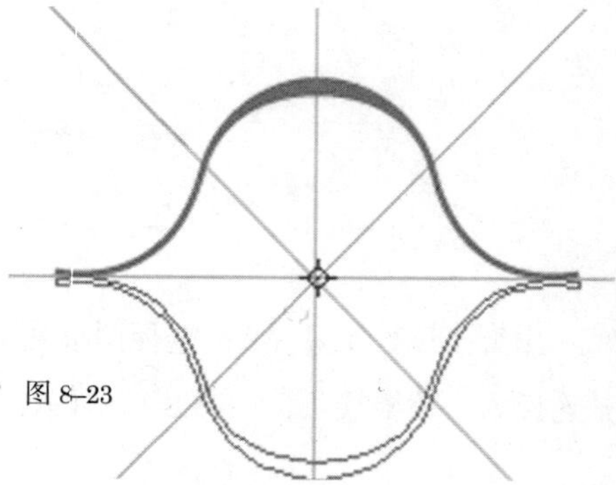

图 8–23

（9）制作大的花样图案组。

使用工具箱中的椭圆工具，配合相关的操作（如旋转复制、描边的虚线设定、重叠图形的交集运算等）来制作这组图案，如图 8–24 所示。

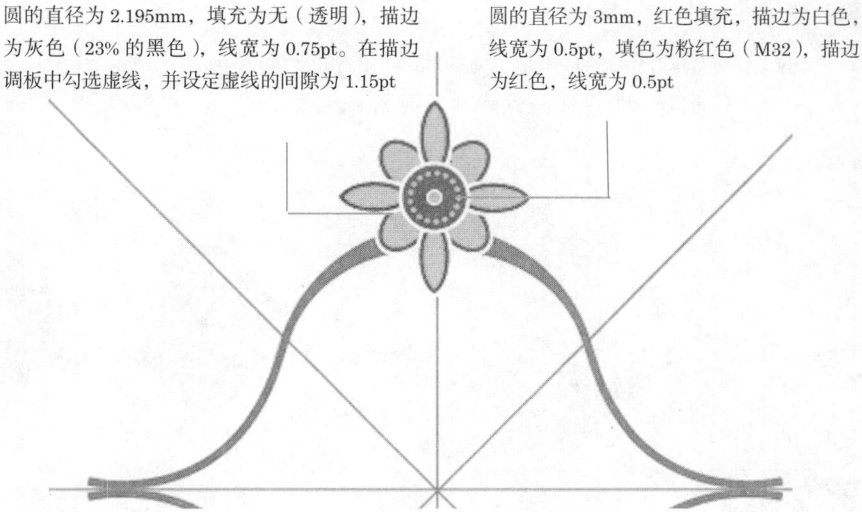

图 8–24

（10）旋转复制。

以包装盒正面区域的中心点为旋转中心，按照 90 度递增的方式旋转复制图形，如图 8–25 所示。

（11）制作小的花样图案，如图 8–26 所示。

（12）旋转复制其余三个小的花样图案。

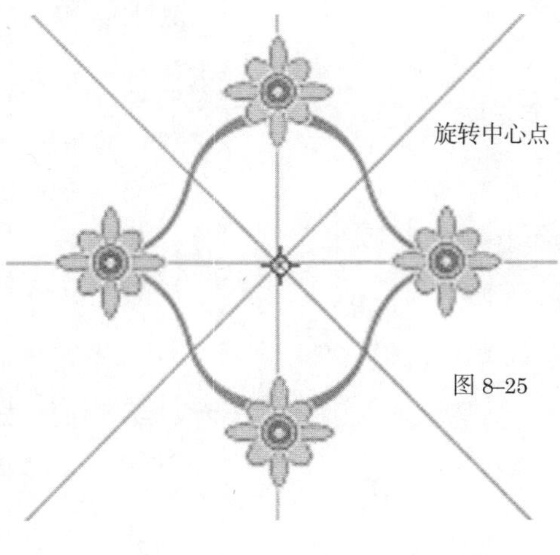

图 8–25

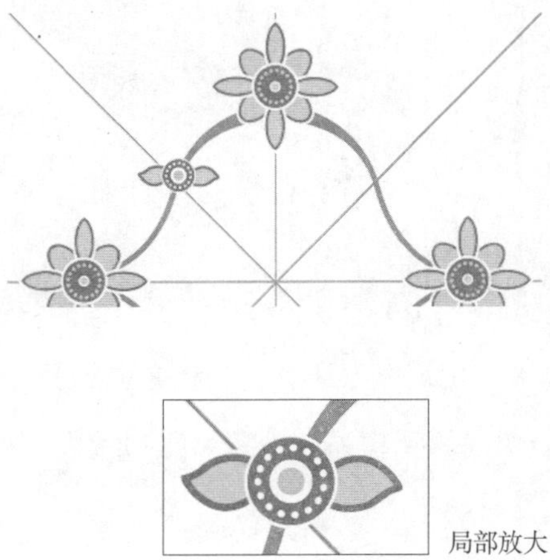

图 8–26

（13）制作中央的四瓣花。

用椭圆工具画一个正圆，以包装盒正面区域的中心点为旋转中心，按 90 度递增的方式旋转复制。同时选取四个圆形，在路径查找器调板中单击与形状区域相加钮，将四个圆的外形轮廓合并。如图 8–27 所示。

（14）绘制四瓣花样上的中央图案，如图 8–28 所示。

（15）绘制灰色的虚线装饰线条，如图 8–29 所示。

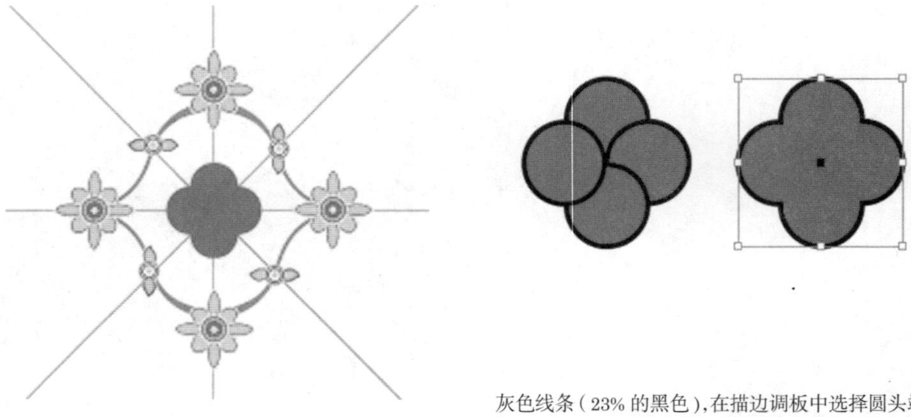

图 8–27

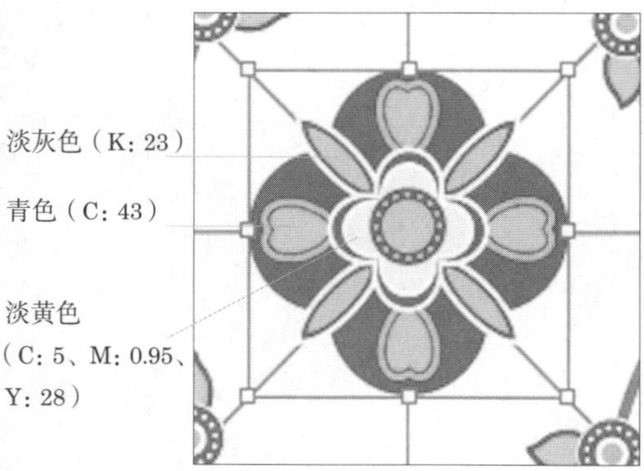

图 8–28

图 8–29

（16）绘制长方形作为图案的背景和定界框。

用矩形工具绘制一个长方形，使其恰好包容整个图案纹样，设定其填色为玫瑰红（M：67、Y：14）。执行对象 > 排列 > 置于底层命令，将长方形放置在图案纹样的后面。如图 8–30 所示。

图 8–30

4. 定义图案

用工具箱中的选择工具（ ）把整个图案（包括背景长方形）纹样选取，然后执行编辑 > 定义图案命令，在出现的新建色板对话框的色板名称栏中键入“香水盒图案”，这是图案的名称。单击确定钮，本图案就存放在色板库中了。

从窗口菜单中选取色板命令可以切换色板调板的显示与隐藏。

5. 绘制包装盒

根据包装盒的平面展开图，分别就包装盒的每一个面单独制作图形，如图 8–31 所示。

为了便于图案的连续填充，需要把包装盒的各面图形合并为一个整体。方法是同时选择包装盒的各面图形，在路径查找器调板中单击与形状区域相加钮，然后单击扩展钮。

6. 填充图案

（1）选择合并后的包装盒图形，单击工具箱中的填色框使其处于选中状态，然后在色板调板中点取“包装盒图案”，整个图形被图案连续地填充。如图 8–32 所示。

（2）改变坐标原点。

因为图案的填充是从坐标原点开始排列的，所以不可避免地造成了包装盒正面区域图

图 8–31

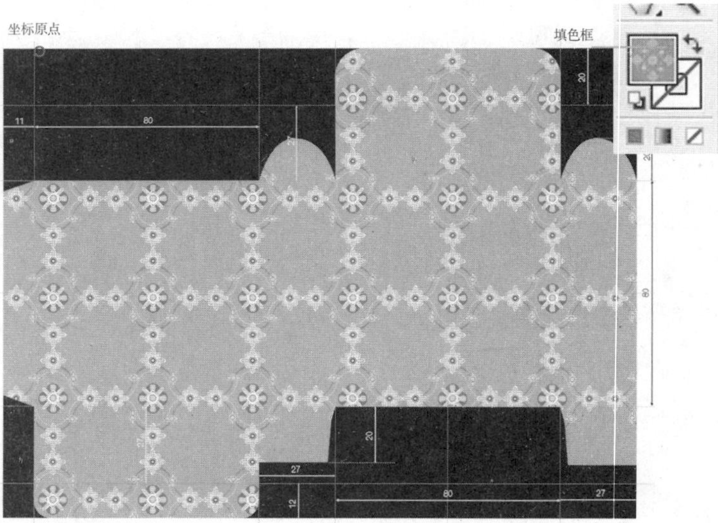

图 8–32

案的非对称情形。从横、纵标尺的交汇处拖出坐标原点到包装盒正面区域的中心点(见图 8–33)，图案随之被调整（全图参见图 8–34）。

（3）编辑正面区域的主图案。

用鼠标从色板调板中把“香水盒图案”拖放在屏幕上，删除长方形的背景图，并设定虚线图形内部的填充色为红色。

用文字工具植入相关的文字，并放在正确的位置。

选择这组图形，执行对象 > 编组命令，将其捆绑为一个整体。如图 8–35 所示。

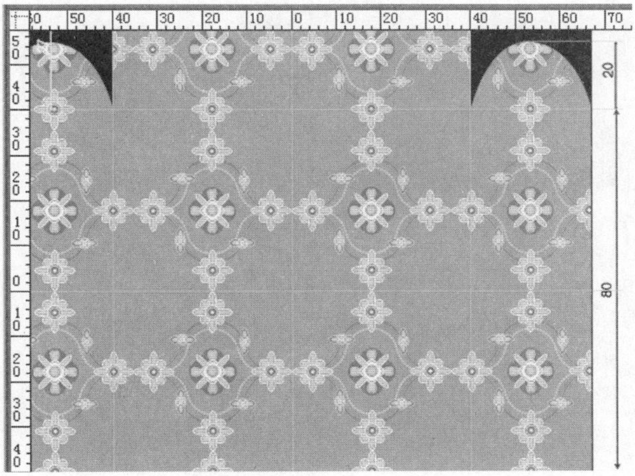

图 8–33

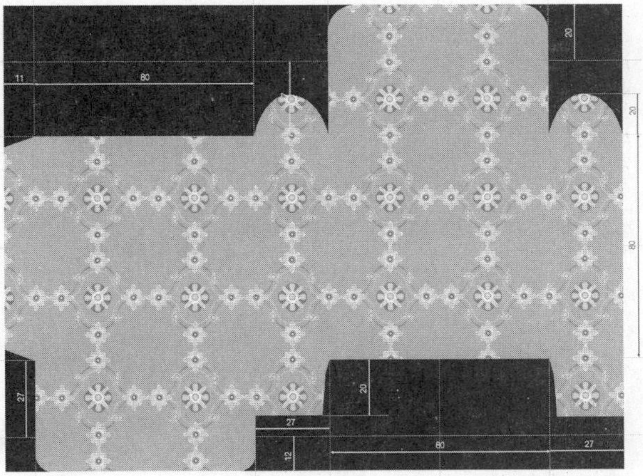

图 8–34

图 8–35

（4）选择工具箱中的缩放工具把图形组放大，并调整位置使其中心点与坐标原点（也是包装盒正面区域的中心点）相重合。如图 8–36 所示。

（5）包装盒背面的正方形的填充色为浅粉（M: 8、Y: 2），并在透明度调板中设定不透明度为 51%，使其下的图案纹样能隐约地显示。执行效果 > 风格化 > 羽化命令，设定其边缘为虚化的效果（羽化值约为 5），见图 8–37。

如果把条形码也加在包装盒的平面展开图上，本包装的电脑设计制作基本上就算完成了，但是我们忽略了一个问题：出血量的设定。

前面我们也讲过，当成品的边缘有颜色时，为了避免裁切工艺过程中出现白边，要把图形靠近边缘的部分做得富余一些，给裁切留出足够的富余量（文档的整体尺寸保持不变）。如图 8–38 所示。

图 8–36

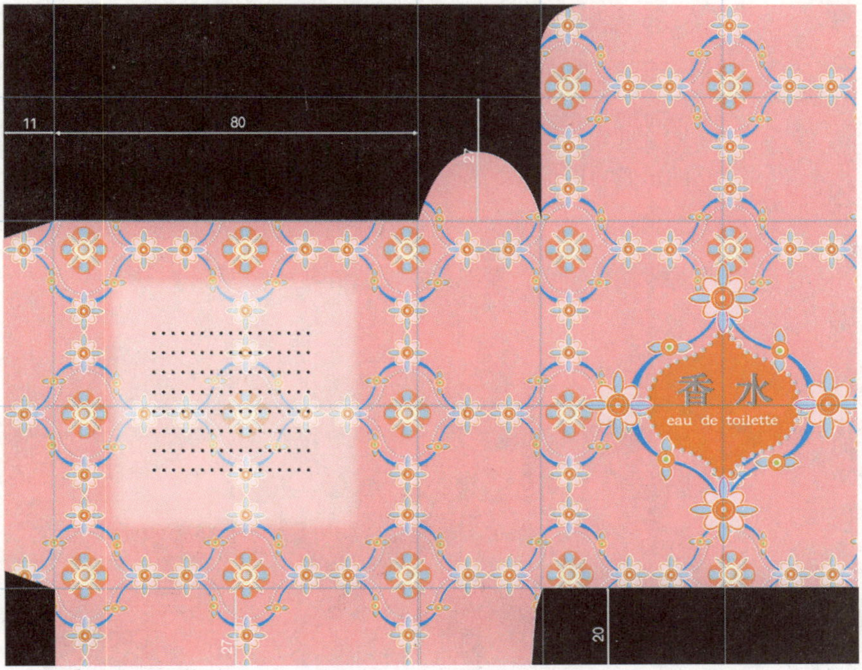
11
80
27
20
香水
eau de toilette

图 8-37

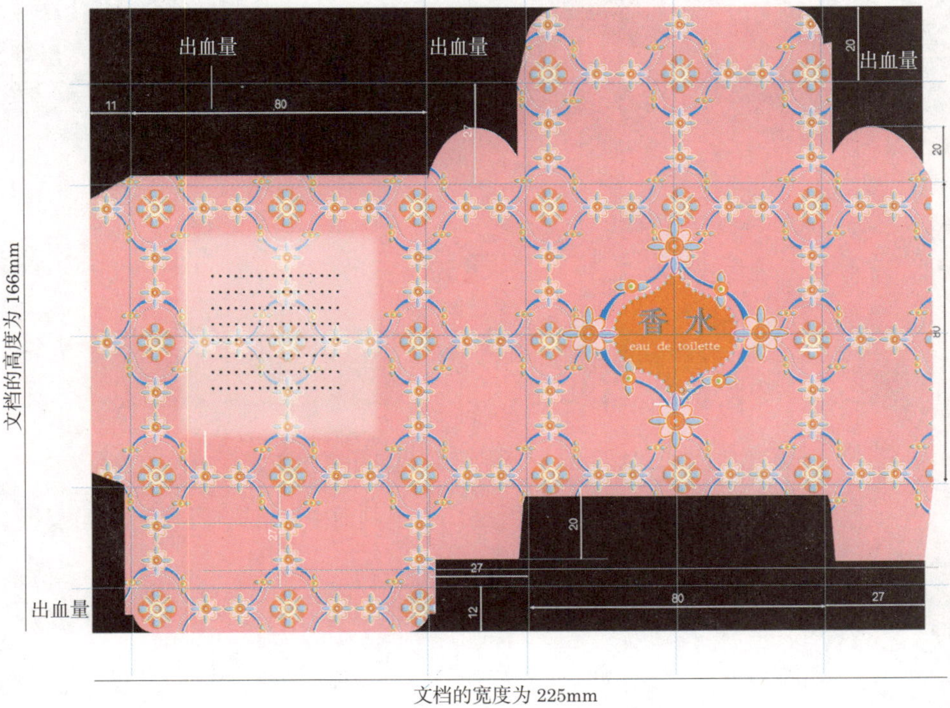
出血量
出血量
出血量
出血量
11
80
27
20
12
香水
eau de toilette
文档的高度为 166mm
文档的宽度为 225mm

图 8-38

包装设计不单是表面虚浮的装饰，也必须能表现企业的精神和商品的风格，形成长期性的广告诉求。在包装上表现的要素一般包括品牌名称、商标、产品的品质说明和使用说明、公司名称等。设计师的任务是安排企业所要传达给消费者的信息，并配以适当的颜色、插图，使产品可以吸引消费者。

以下将以“梦想”这款游戏的纸盒包装为范例，来讲解游戏纸盒包装的设计及制作过程，最终完成效果如图 8–39 所示。

图 8–39

1. 模切板的制作

（1）单击菜单栏中的编辑 > 首选项 > 单位和显示性能命令，调出“首选项”对话框，如图 8–40 所示，在该对话框中将常规单位改为厘米。

（2）选择矩形工具（ ），并在画面中单击鼠标，调出矩形属性对话框，如图 8–41 所示。

（3）在该对话框中的宽度输入框中输入 18cm、高度输入框中输入 24cm，并单击确定钮。这样就得到了一个宽度为 18cm、高度为 24cm 的矩形。

（4）用同样的方法再绘制一个宽度为 4cm、高度为 24cm 的矩形。

（5）单击菜单栏中的视图 > 智能参考线命令，这样做是为了更加便捷地将两个矩形对齐。

（6）使用选择工具（ ）将两个图形沿水平方向对齐，并使它们连接在一起，如图 8–42 所示。

（7）再次使用（ ）绘制一个宽度为 18cm、高度为 4cm 的矩形，将它与较大的矩形沿垂直方向对齐并连接在一起，如图 8–43 所示。

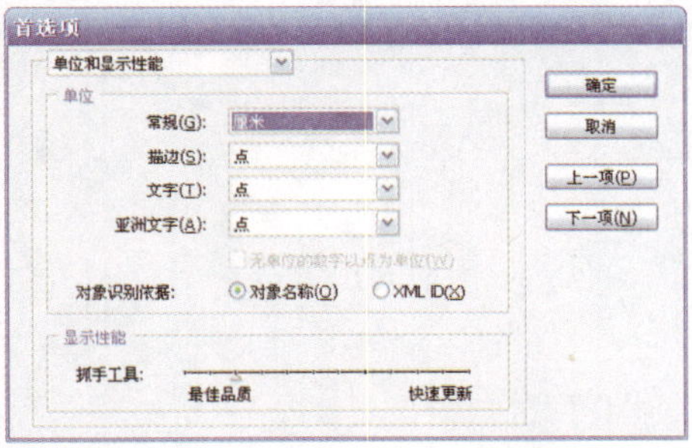

图 8–40

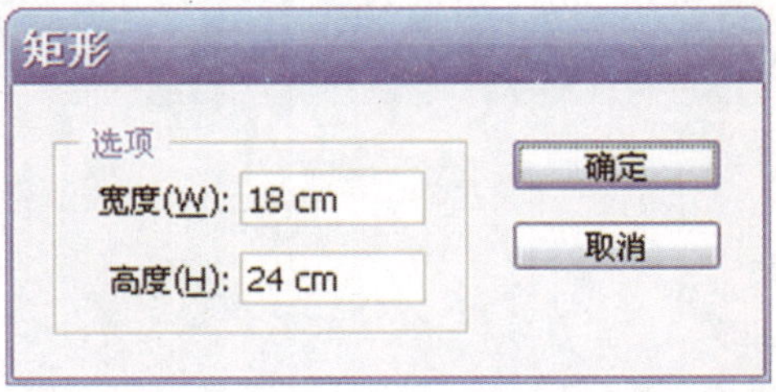

图 8–41

图 8–42

图 8–43

（8）使用钢笔工具（ ）结合参考线绘制出插角，效果如图 8–44 所示。需要创建的辅助线如图 8–45 所示。

（9）将绘制出的插角复制，并使用镜像工具（ ）对其进行水平和垂直两次镜像，如图 8–46 所示。

（10）使用选择工具（ ）将镜像后的插角移动到合适的位置上，如图 8–47 所示。

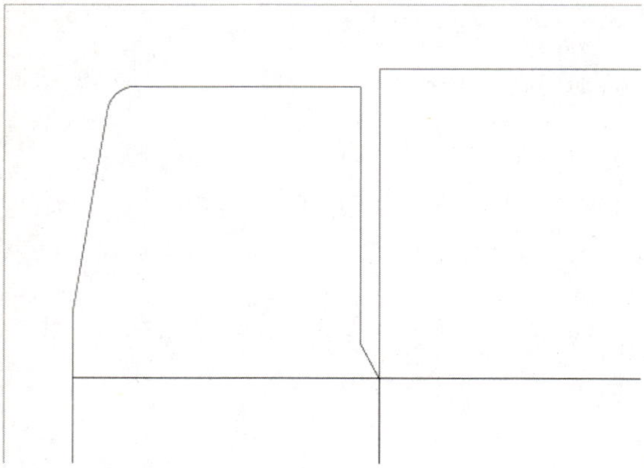
图 8–44

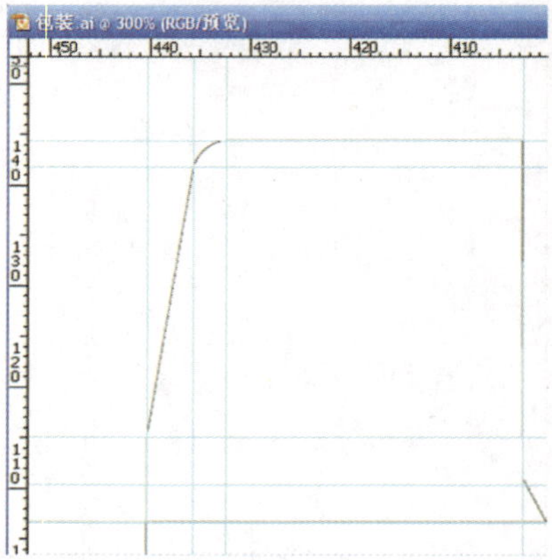

图 8–45

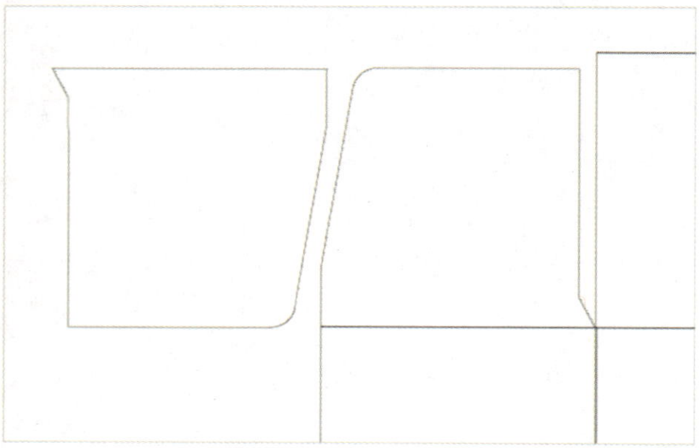
图 8–46

图 8–47

（11）再次使用钢笔工具（ ）绘制出其他插角，如图 8–48 所示。

（12）将所有的图形全部选中编组，并使用镜像工具（ ）对其进行整体的水平镜像复制，如图 8–49 所示。

（13）使用选择工具（ ）将镜像后的图形移动到合适的位置上，并删除右边多余的插角，这时模切板就制作完成了，如图 8–50 所示。

图 8-48

图 8-49

图 8-50

2. 包装的设计

（1）在图层面板的图层 1 上按住鼠标左键并将其拖曳到新建图层的图标上，如图 8–51 所示，完成对图层的复制。

（2）双击被复制的图层，在出现的图层选项对话框中将其名称改成“模切板”，并将其锁定以防止误操作的发生，如图 8–52 所示。

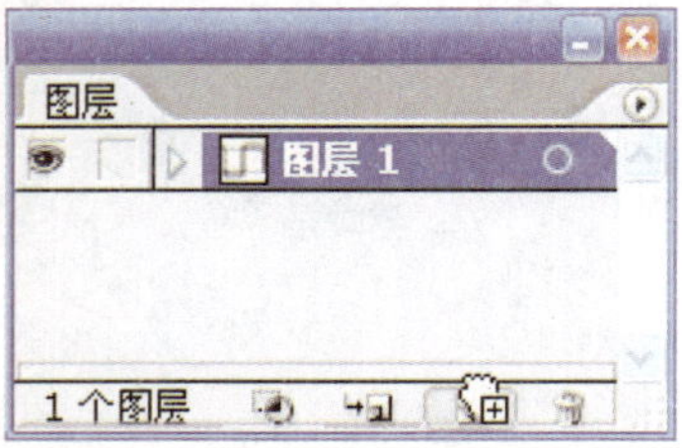

图 8–51

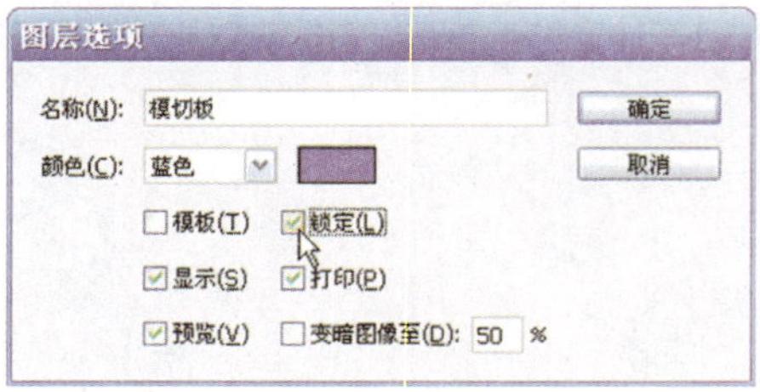

图 8–52

图 8–53

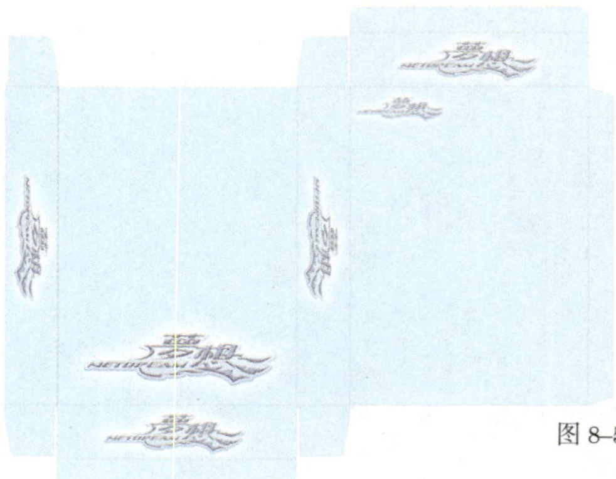

图 8–54

（3）将图层 1 上所有的图形全部选中，去掉描边色，填充淡蓝色，以作为包装的主色调。淡蓝色数值为 C: 33、M: 0、Y: 0、K: 0 填充后效果如图 8–53 所示。

（4）单击菜单栏中的文件 > 置入命令，将“梦想标志 . PSD”置入文件中，并复制多份放置在合适的位置上，如图 8–54 所示。

（5）单击菜单栏中的文件 > 置入命令，将“战士 . PSD”置入到文件中，并使用选择工具（ ）对其位置进行调整，如图 8–55 所示。

（6）继续单击菜单栏中的文件 > 置入命令，将“法师 . PSD”置入文件中，并使用选择工具（ ）对其位置进行调整。

（7）使用菜单栏中对象 > 排列菜单下的命令，对战士、法师和梦想图形的前后关系进行调整，如图 8–56 所示。

（8）选择文字工具（T），在绘图窗口中单击鼠标并输入“暑假疯狂不间断”，如图 8–57 所示。

图 8–55

图 8–56

暑假疯狂不间断

图 8–57

（9）在文字被选中的情况下，单击菜单栏中的文字 > 字体命令，在出现的菜单中选择方正超粗黑简体，如图 8–58 所示。

（10）在文字被选中的情况下，单击菜单栏中的对象 > 扩展命令，将文字转换为图形。

（11）单击菜单栏中的对象 > 取消编组命令，将转换后的文字解组。

（12）使用选择工具（ ）对文字的位置、大小及角度进行调整，如图 8–59 所示。

（13）将文字图形分别填充不同的颜色，以增加变化，如图 8–60 所示。

（14）对文字描边进行强化，并继续制作出下面的说明性文字，如图 8–61 所示。

图 8–58

图 8–59

图 8–60

图 8–61

（15）将文字移动到包装合适的位置上，然后在文字的下面加一个白色的描边以丰富画面，如图 8-62 所示。

图 8-62

（16）对文字进行复制，将复制的文字放到包装的背面，并对其大小和位置进行调整，如图 8-63 所示。

图 8-63

（17）选择文字工具（T），在窗口中按住鼠标左键拖曳，这样就产生了可以限制文字输入区域的文字框，在产生的文字框中输入该游戏对计算机的硬件及软件的要求。并对其位置、大小和所用字体进行调整，如图 8-64 所示。

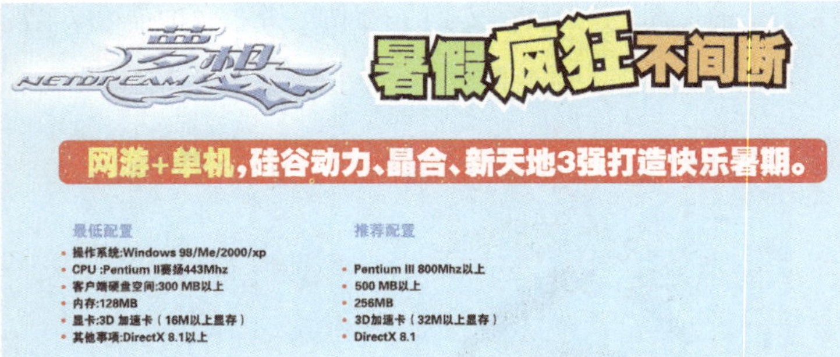

图 8–64

（18）使用圆角矩形工具（ ）为输入的文字添加一个合适的边框，使用直线段工具（ ）对文字内容进行分割，使用矩形工具（ ）对文字的背景颜色进行区分，使用椭圆工具（ ）在文字的前面加上强调号，如图 8–65 所示。

（19）用同样的方法输入包装盒上的其他文字，如图 8–66 所示。

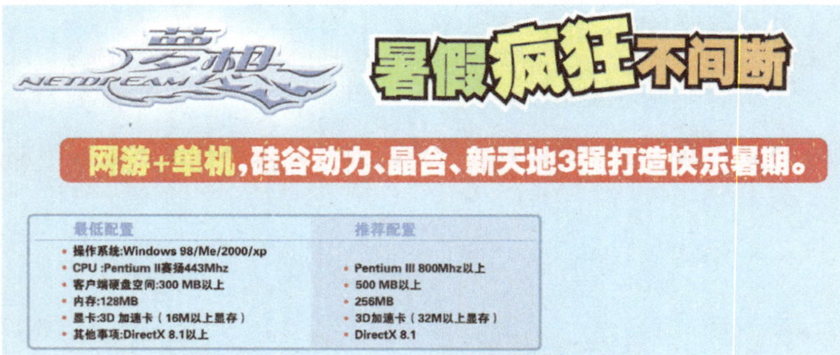

图 8–65

图 8–66

（20）将厂商标志复制到包装中，并将其摆放到合适的位置上，如图 8–67 所示。

（21）将“条形码 . AI”文件中的条形码复制到包装中，并将其摆放到合适的位置上，如图 8–68 所示。

（22）单击菜单栏中的文件 > 置入命令，分别将“游戏截图. PSD”和“游戏包装. PSD”置入到文件中，并使用选择工具（ ）对它们的位置和大小进行调整，如图 8–69 所示。

图 8–67

图 8–68

图 8–69

（23）使用选择工具（ ）将法师选中，并按住 Alt 键和鼠标左键拖曳将其复制，如图 8–70 所示。

（24）单击工具属性条上的“嵌入”按钮，将该图像嵌入到 AI 文件内部，如图 8–71 所示。

嵌入后的图像不能使用编辑原稿命令进入 Photoshop 中进行实时编辑，但也不会因为原图像的变化或丢失而受到影响。

图 8–70

图 8–71

（25）在选中嵌入图像的情况下，单击菜单栏中的滤镜 > 颜色 > 转换为灰度命令，去掉该图像上的彩色信息，如图 8–72 所示。

图 8–72

（26）单击菜单栏中的滤镜 > 颜色 > 调整颜色命令，调出调整颜色对话框，在该对话框中对图像的颜色进行调整，如图 8–73 所示，效果如图 8–74 所示。

（27）单击菜单栏中的效果 > 模糊 > 高斯模糊命令，调出高斯模糊对话框，在该对话框中对高斯模糊的数值进行调整，如图 8–75 所示，效果如图 8–76 所示。

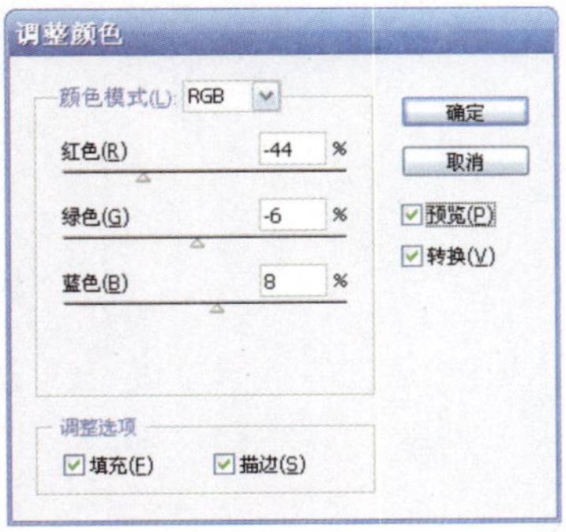

图 8–73

图 8–74

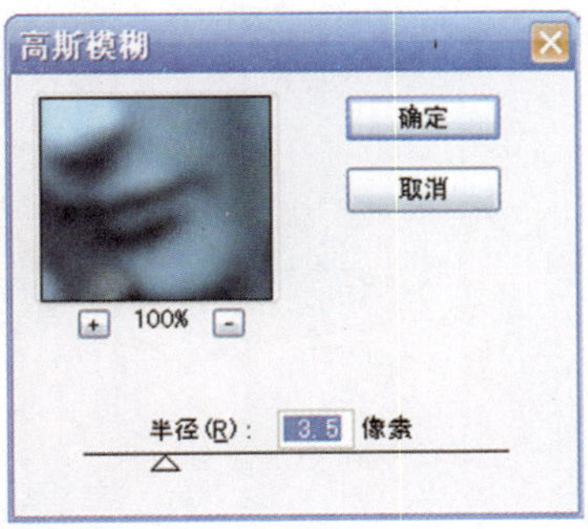

图 8–75

图 8–76

（28）在图层面板中对该图像所排列的位置进行调整，效果如图 8–77 所示。

（29）将该图像复制两份并摆放到合适的位置上，效果如图 8–78 所示。

（30）在包装背面建立一个矩形并使其与底边和右边对齐，如图 8–79 所示。

图 8–77

图 8–78

图 8–79

（31）将该矩形和后面的法师图一同选中，并单击菜单栏中的对象 > 剪切蒙版 > 建立命令，建立一个剪切蒙版，这样图像超出包装模切板的部分就被裁剪掉了，如图 8–80 所示。

（32）使用矩形工具为包装的正面和背面加上边框，其中包装正面边框的混合模式为正片叠底，如图 8–81 所示。这样笔者感觉比全用实色更好看一些，效果如图 8–82 所示。

图 8–80

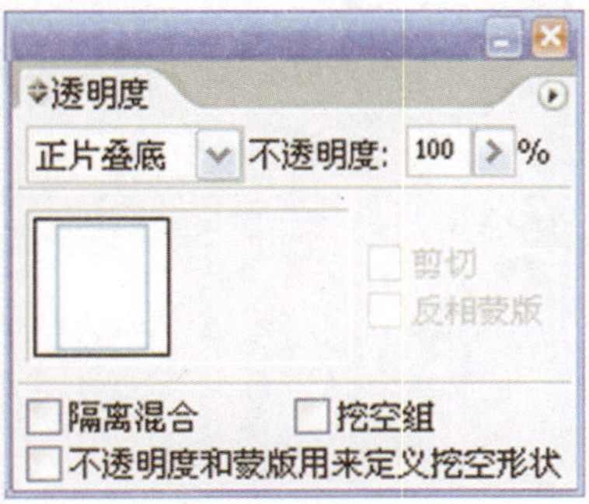

图 8–81

图 8–82

（33）单击菜单栏中的文件 > 置入命令，将“背景. PSD”置入到文件中，并对背景图的大小及其与其他图形、图像之间的位置进行调整，以使背景的层次更加丰富，效果如图 8–83 所示。

图 8–83

（34）这时包装正面的人物边缘与背景的衔接有些生硬，颜色也应该再温和一些，这就要使用 Photoshop 了。

使用选择工具将包装正面的战士选中，并单击工具属性条上的编辑原稿按钮，如图 8–84 所示。这样做可以直接将该图像导入 Photoshop 中进行编辑，编辑后的效果将直接刷新到 Illustrator 中。

图 8–84

（35）将导入 Photoshop 中的文件全选并复制到一个新的图层上，如图 8–86 所示。

单击菜单栏中的滤镜 > 模糊 > 动感模糊命令，调出动感模糊调板，如图 8–87 所示。

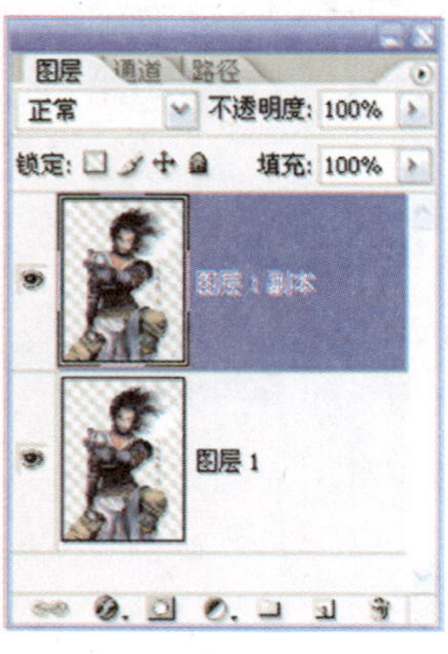

图 8–86

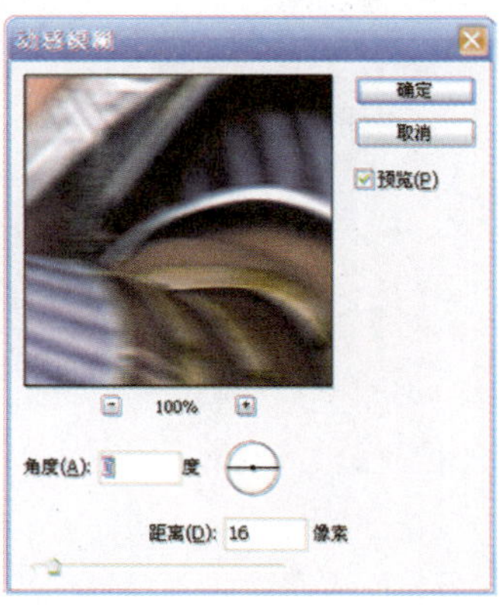

图 8–87

在该调板中为复制的图层增加运动模糊效果，如图 8–88 所示。

（36）单击菜单栏中的图像 > 调整 > 变化命令，调出变化面板，如图 8–89 所示。在该调板中对复制图层的色相进行调整，效果如图 8–90 所示。

（37）用同样的方法对图层下原始图像的颜色进行调整。

（38）将图层的透明度降低为 60%，这样就得到了一个带有轻微虚化效果并且颜色更温和的战士，如图 8–91 所示。

图 8–88

图 8–89

图 8–90

图 8–91

（39）将该图储存并切换到 Illustrator 中，这时会自动跳出更新面板，询问是否对图像进行立即更新，如图 8–92 所示。

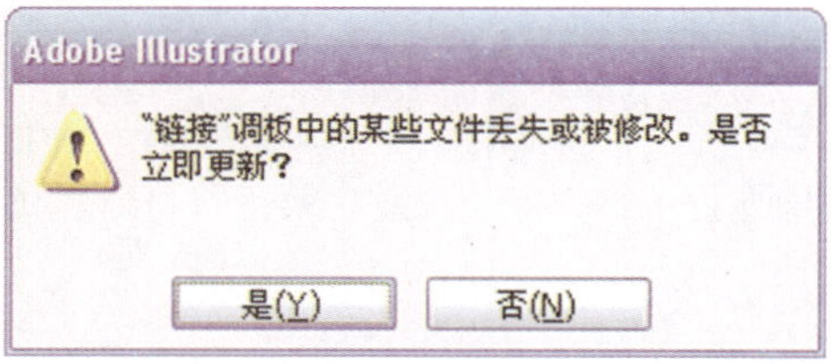

图 8–92

（40）单击更新面板中的“是”，导入的图像会自动更新，调整后的战士和背景的关系感觉要和谐多了，效果如图 8–93 所示。

图 8–93

（41）用同样的方法对战士后面的法师进行调整，效果如图 8–94 所示。

到这里，游戏纸盒的包装设计就算基本完成了，但有一些小的细节离最终稿还有一定的差距。包装两个侧面的单色法师除了头部以外的部分全部被隐藏了，因为全部显示出来的话感觉上会有点堵，如图 8–95 所示。包装正面的法师左手加上了光晕的效果，因为她的左手姿态和前面的战士放在一起不是很舒服，调整后的效果如图 8–96 所示。

包装中需要突出的文字加上带有明显笔触效果的下划线，以使其更加突出，如图 8–97 所示。最后使用矩形工具（ ）绘制“出血”，这个包装就制作完成了，最终效果如图 8–39 所示。

图 8–94

图 8–95

图 8–96

图 8–97

第四节 名利场插画

下图是为《名士》杂志“名利场”栏目绘制的插画，在这一章中我们将对这幅插画的绘制方法进行讲解。最终完成效果如图 8–98 所示。

图 8–98

1. 女人

（1）单击菜单栏中的文件 > 置入命令，将“名利场线稿 . BMP”置入到新建立的文件中，如图 8–99 所示。

（2）在图层面板中将该图层锁定，并新建一个图层，以防对线稿产生误操作。

（3）使用钢笔工具在新建立的图层上对线稿进行描绘，效果如图 8–100 所示。描绘完成后，将线稿删除。

图 8–99

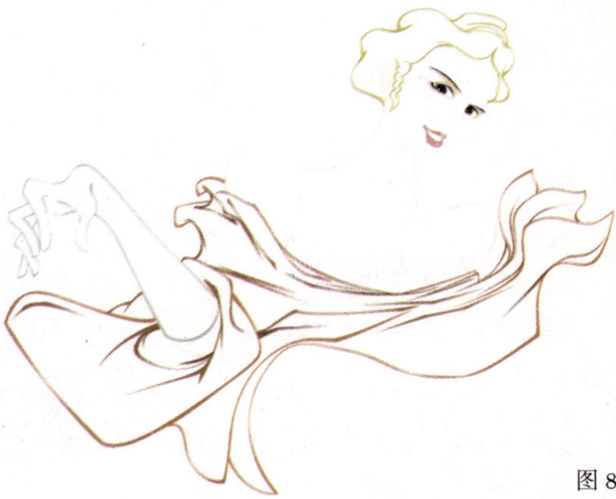

图 8–100

（4）使用钢笔工具绘制出合适的图形，并填充相应的颜色，效果如图 8–101 所示。

（5）新建一个图层并使用钢笔工具为人物添加立体感和必要的细节，过程如图 8–102、图 8–103 所示。

图 8–101

图 8–102

图 8–103

2. 饰品

（1）使用椭圆工具绘制三个正圆形，并对它们的位置、大小和颜色进行调整，效果如图 8–104 所示。

（2）将三个正圆形组合，使用选择工具将它们拖曳到画笔面板中，如图 8–105 所示。

（3）在将它们拖曳到画笔调板后，调出新建画笔对话框，在该对话框中选择新建“散点画笔”选项，如图 8–106 所示，并单击确定钮。

（4）在调出的散点画笔选项调板中，我们可以对散点画笔的属性进行调整，如图 8–107 所示。单击该面板中的确定钮，散点画笔就建立完成了。新建立的画笔会出现在画笔面板中，如图 8–108 所示。

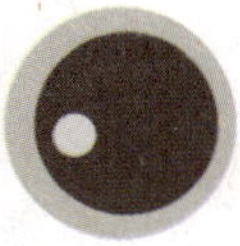

图 8–104

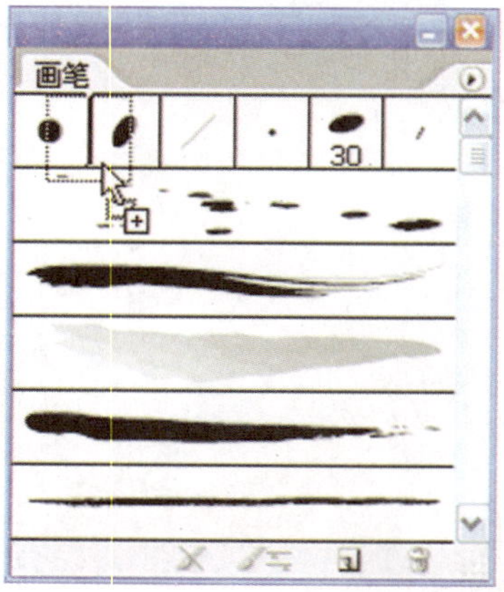

图 8–106

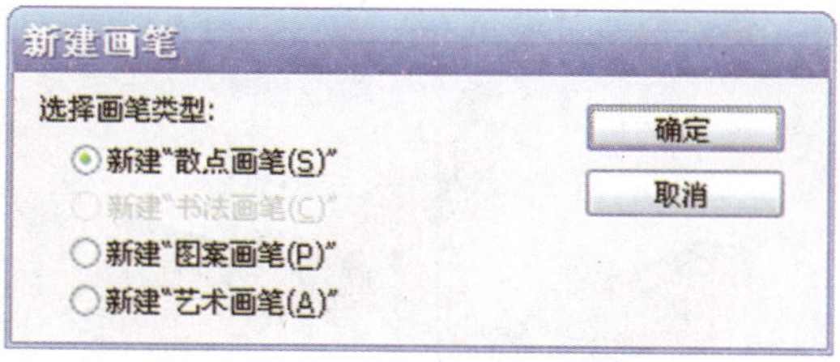

图 8–105

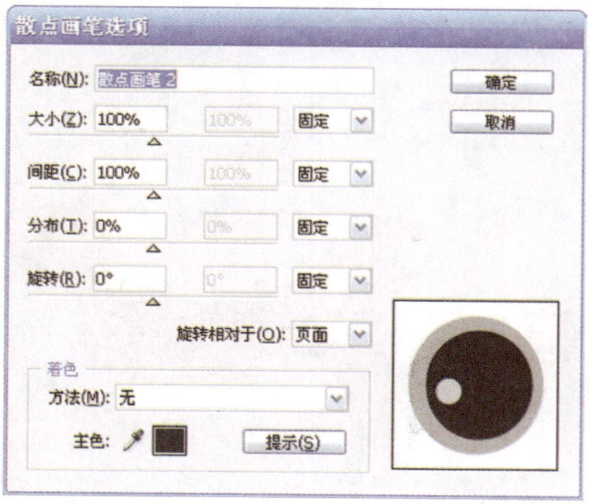

图 8–107

图 8–108

（5）使用画笔工具在女人的脖子上绘制出两条曲线，如图 8–109 所示。

（6）在曲线被选中的情况下，在画笔面板中单击刚创建的画笔。这样画笔形状就被应用到曲线上了，效果如图 8–110 所示。

（7）单击菜单栏中的文件 > 置入命令，将“画笔. AI”置入到文件中，如图 8–111 所示。

（8）用同样的方法将它拖曳到画笔面板，在调出的新建画笔对话框中选择新建“图案画笔”选项，如图 8–112 所示，并单击确定钮。

（9）在调出的图案画笔选项调板中，我们可以对图案画笔的属性进行调整，如图 8–113 所示。单击该面板中的确定钮，图案画笔就建立完成了。

图 8–109

图 8–110

图 8–111

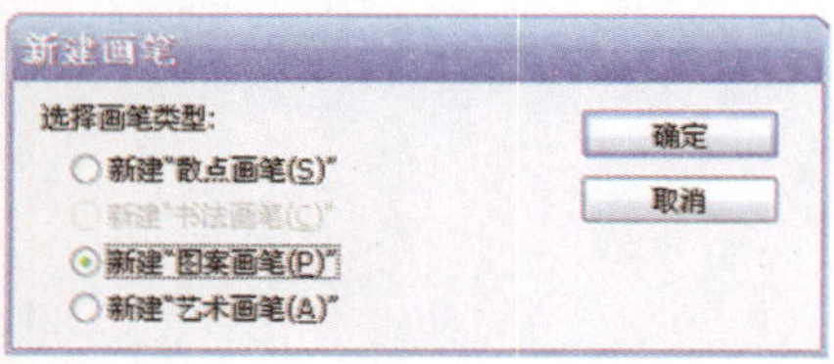

图 8–112

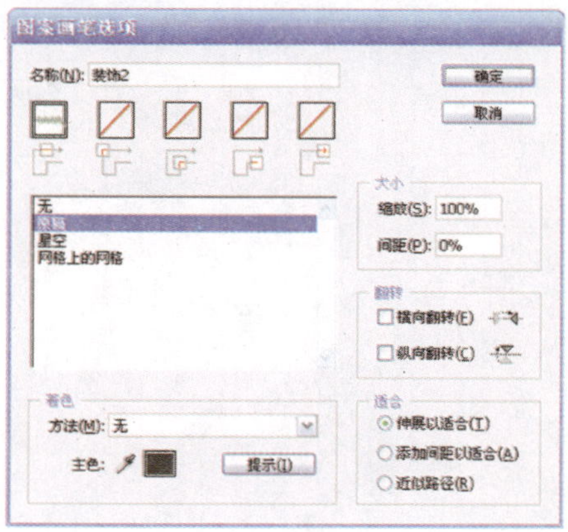

图 8–113

（10）使用画笔工具在女人的脖子上绘制出装饰图案，如图 8–114 所示。

（11）继续使用该图案画笔绘制出头饰，如图 8–115 所示。

（12）单击菜单栏中的对象 > 扩展外观命令，将笔触打散。对颜色和角度进行适当的调整，然后用美工刀工具从扩展的图形中切出一部分作为耳环，如图 8–116 所示。

图 8–114

图 8–115

图 8–116

3. 服装装饰图案

（1）单击菜单栏中的文件 > 置入命令，将光盘中的“花朵. AI”置入到文件中，如图 8–117 所示。

（2）使用选择工具将置入的花朵拖曳到符号面板中，从而创建出一个花朵符号。

图 8–117

（3）选中刚创建的符号，使用符号喷枪工具在衣服合适的位置上喷出花朵，并使用符号移位器工具、符号紧缩器工具、符号滤色器工具对喷出的花朵进行调整，效果如图 8–118 所示。

（4）单击菜单栏中的文件 > 置入命令，将“衣服装饰图案. AI”置入到文件中，如图 8–119 所示。将置入的图案制作成图案画笔，并使用画笔工具在衣服上画出图案，如图 8–120 所示。

图 8–118

图 8–120

图 8–119

（5）单击菜单栏中的文件 > 置入命令，将“手套装饰图案. AI”置入到文件中，如图 8–121 所示。将置入的图案制作成图案画笔，并使用画笔工具在手套上画出图案，如图 8–122 所示。

图 8–121

图 8–122

4. 背景

（1）使用矩形工具绘制一个矩形，使用椭圆工具绘制两个圆形，并对它们的大小和位置进行调整，效果如图 8–123 所示。

（2）选中刚创建的三个图形，在路径查找器调板中单击与形状区域相加按钮，将它们组合在一起，并单击扩展按钮将它们扩展为一个新的图形，如图 8–124 所示。

（3）使用直线段工具绘制一条角度为 45 度、宽度为 4pt 的直线。

（4）使用选择工具将刚绘制的直线选中，并按住 Alt 和 Shift 复制一条相同的直线。

（5）按下快捷键 Ctrl+D 反复执行复制命令，直到直线的数量可以覆盖整个扩展后的图形为止，如图 8–125 所示。

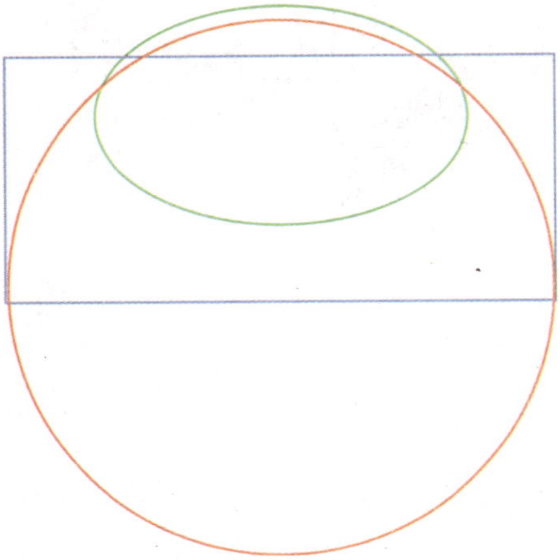

图 8–123

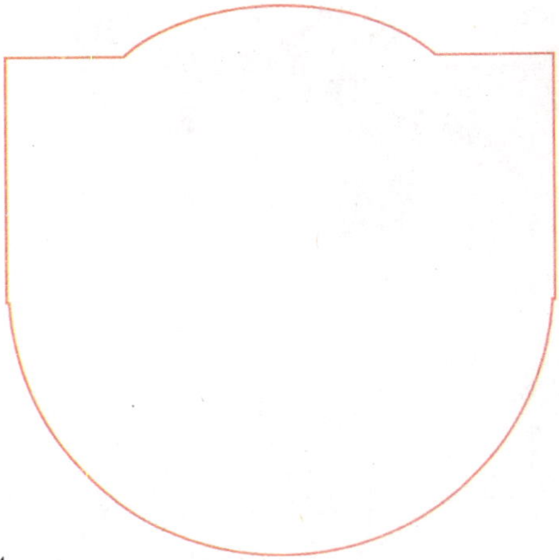

图 8–124

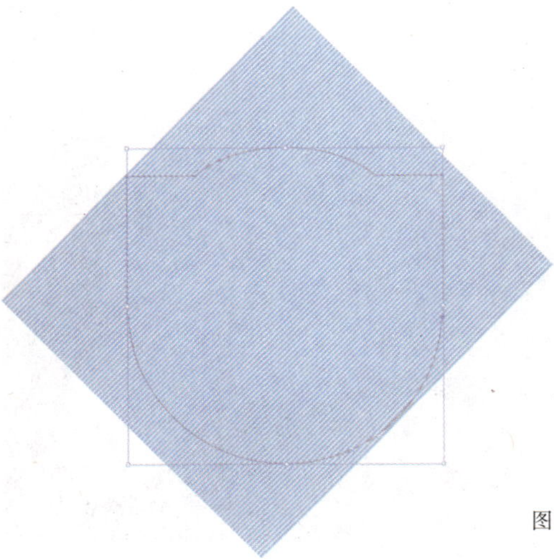

图 8–125

图 8–126

（6）选中扩展后的图形，单击菜单栏中的对象 > 排列 > 置于顶层命令，将它置于顶层。

（7）将扩展后的图形和所有的直线全部选中，单击菜单栏中的对象 > 剪切蒙版 > 建立命令，建立一个剪切蒙版，效果如图 8–126 所示。

（8）单击菜单栏中的文件 > 置入命令，将背景图案. AI 置入到文件中，如图 8–127 所示。

（9）将置入的背景图案与其他的图形组合在一起，如图 8–128 所示。

（10）双击极坐标网格工具，在出现的极坐标网格工具选项对话框中对极坐标网格的属性进行调整，如图 8–129 所示。

（11）使用极坐标网格工具在文件中建立一个极坐标网格，并对它的位置和大小进行调整，效果如图 8–130 所示。

图 8–127

图 8–128

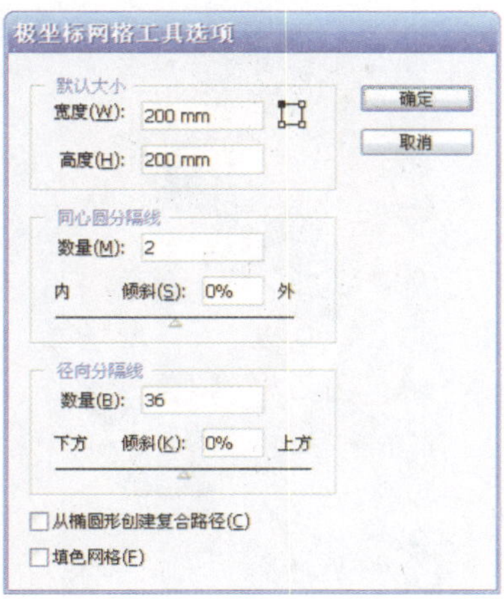

图 8–129

图 8–130

5. 装饰

（1）使用文字工具输入“Vanity Fair”（名利场），并在工具属性条上对字体和大小进行调整，本例中使用的字体是“English 157 BT”，如图 8–131 所示。

（2）单击菜单栏中的对象 > 扩展命令将文字打散，并对它们的位置和字形分别进行调整，效果如图 8–132 所示。

（3）使用直线段工具，将文字和女人的手连接在一起，效果如图 8–133 所示。

（4）使用符号库中的符号为画面添加一些装饰物，并对它们的位置、大小、数量和颜色进行调整，效果如图 8–134 所示。

（5）继续为画面增加一些必要的装饰物，并对画面的细节进行一定的调整，这副作品就算是最终完成了。最终效果如图 8–98 所示。

图 8–131

图 8–132

图 8–133

图 8–134

下图是为某公司绘制的插画，最终完成效果如图 8–135 所示。

1. 花朵的绘制

图 8–135

（1）选择工具箱中的星形工具，并在画面中单击鼠标，在出现的星形属性对话框中对要创建的星形属性进行调整，大致数值如图 8–136 所示。

（2）单击确定钮，完成星形的创建，并为其填充红色至橙色的径向渐变，如图 8–137 所示。

（3）单击菜单栏中的效果 > 风格化 > 圆角命令，在出现的圆角对话框中将半径设置为 20mm，并单击确定钮，完成对星形的圆角处理，效果如图 8–138 所示。

（4）单击菜单栏中的效果 > 扭曲和变形 > 自由扭曲命令，在出现的圆角对话框中对圆角星形的形状进行垂直的缩小和轻微的扭曲，效果如图 9–5 所示。单击确定钮，完成对圆角星形的扭曲处理，效果如图 8–140 所示。

（5）单击菜单栏中的对象 > 扩展外观命令，完成对图形的扩展。

（6）双击变形工具图标，在出现的“变形工具选项”对话框中对变形属性进行调整，如图 8–141 所示。

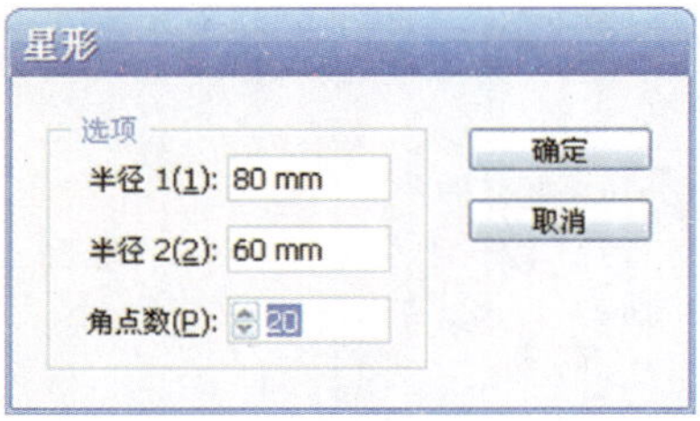

图 8–136

图 8–137

图 8–138

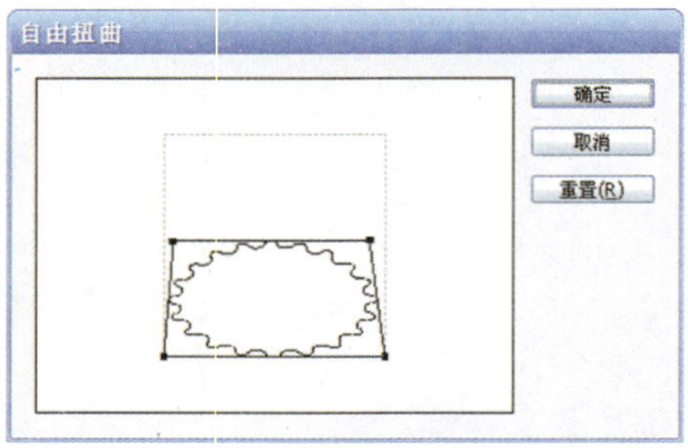

图 8–139

图 8–140

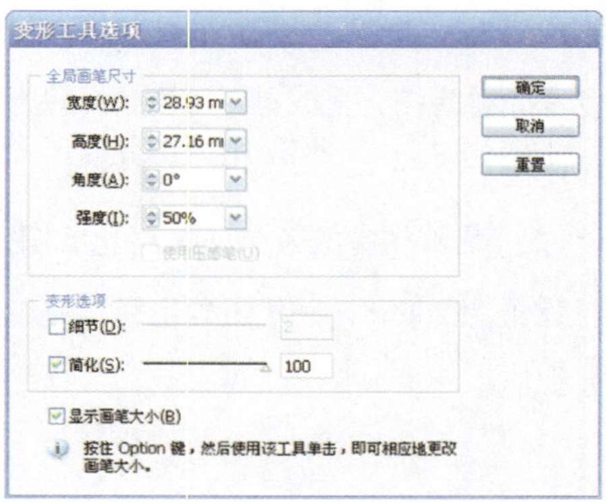

图 8–141

（7）使用变形工具对圆角星形的形状进行调整，效果如图 8–142 所示。

在调整的过程中我们可以按住 Alt 键改变变形工具画笔的大小，而不是软件提示中的 Option 键。Option 是苹果机按键，这是软件说明中的一个错误，不用去管它。

在使用变形工具调整后，如果对效果不是很满意，还可以通过钢笔工具和转换锚点工具进行更加精确的调整。

（8）使用比例缩放工具对该形状进行复制放大，并对花瓣之间的位置和前后关系进行调整，这样花瓣就制作完成了，效果如图 8–143 所示。

图 8–142

图 8–143

（9）使用椭圆工具绘制 2 个椭圆形，并对它们的相对位置、大小和颜色进行调整，效果如图 8–144 所示。

（10）选择工具箱中的混合工具分别在 2 个椭圆形上单击鼠标，这样它们就被混合在一起了，效果如图 8–145 所示。

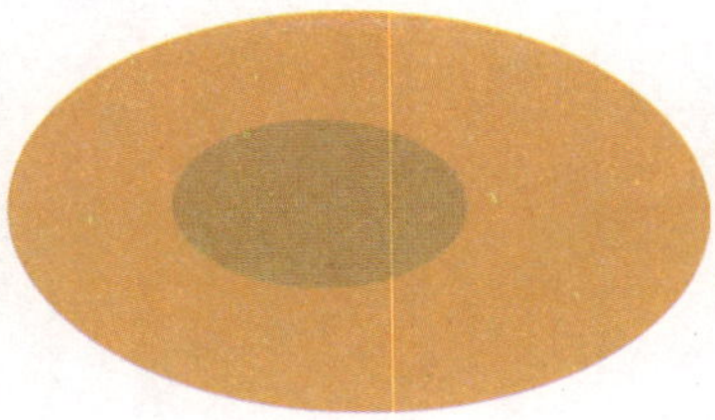

图 8–144

图 8–145

（11）将混合后的图形作为花心和花瓣组合在一起，花朵就制作完成了，效果如图 8–146 所示。

（12）将构成花朵的图形全部选中，单击菜单栏中的对象 > 编组命令，把它们合成一个组以方便以后的操作。

图 8–146

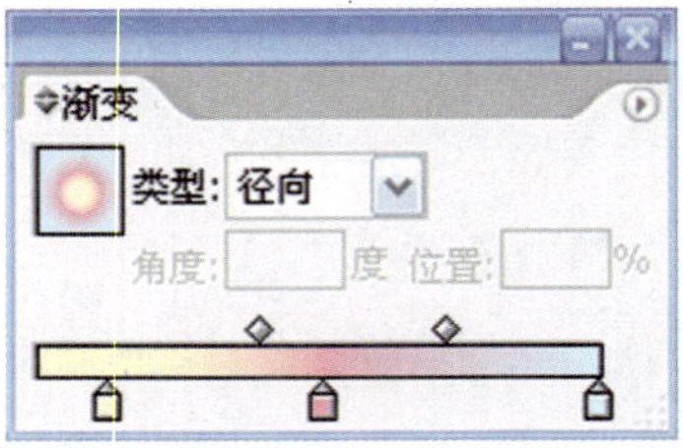

图 8–147

2. 人物草稿的绘制

（1）建立一个图层，在该图层上绘制一个矩形并使用渐变工具填充径向渐变，渐变属性如图 8–147 所示。效果如图 8–148 所示。

（2）完成渐变填色后将该图层锁定并放置在“图层 1”的下面。

（3）在“图层 1”上使用钢笔工具绘制出人物的基本轮廓，如图 8–149 所示。

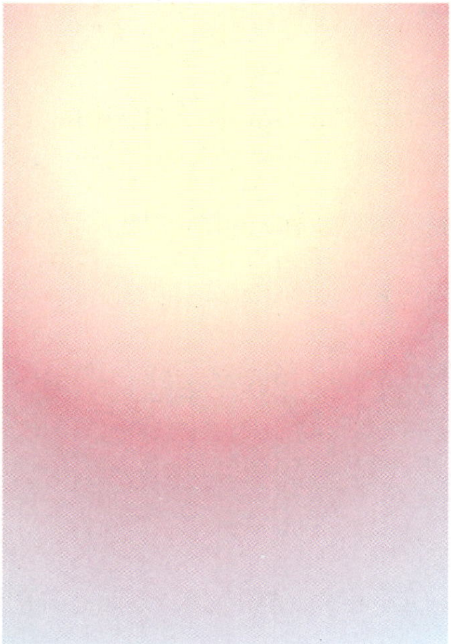

图 8–148

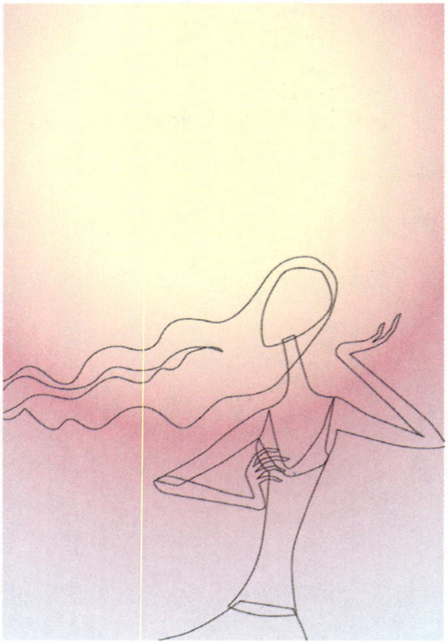

图 8–149

（4）为人物上色，并为脸部和手臂添加渐变效果，这样人物的大体动态和颜色关系就算处理完了，效果如图 8–150 所示。

3. 脸部细节的处理

（1）使用钢笔工具绘制出耳朵、眉毛、眼缝和几缕必需的头发，如图 8–151 所示。

（2）绘制睫毛并填充相应的渐变，效果如图 8–152 所示。渐变属性如图 8–153 所示。

图 8–150

图 8–151

图 8–152

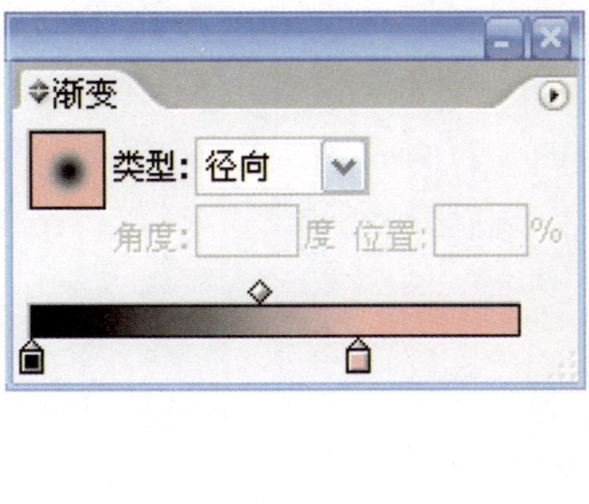

图 8–153

（3）在眼皮的上面绘制 4 个图形，效果如图 8–154 所示。

（4）使用工具箱中的混合工具分别将左边的 2 个图形和右边的 2 个图形进行混合，从而绘制出眼影，效果如图 8–155 所示。

（5）使用钢笔工具绘制出眼线，如图 8–156 所示。

图 8–154

图 8–155

图 8–156

（6）让头发帘将额头遮盖，这样额头就不会显得太秃了，效果如图 8–157 所示。

（7）使用钢笔工具绘制出嘴唇的结构，使用渐变工具为嘴唇添色，使用混合工具绘制出嘴唇的高光，效果如图 8–158 所示。

（8）继续使用钢笔工具和混合工具将鼻子绘制成形，并添加腮红，这样脸部的绘制工作就基本完成了，效果如图 8–159 所示。

图 8–157

图 8–158

图 8–159

4. 身体的细节处理与装饰

（1）使用钢笔工具绘制出头发的亮面和暗面，并增加头发的数量，效果如图 8–160 所示。

（2）继续绘制出女人的衣服纹理、指甲、锁骨、乳沟以及手臂的阴影，效果如图 8–161 所示。

图 8–160

图 8–161

（3）绘制出披肩，并对其进行半透明处理，效果如图 8–162 所示。

（4）将前面绘制的花朵进行复制，并摆放到画面合适的位置上，效果如图 8–163 所示。

（5）使用钢笔工具绘制出花茎，效果如图 8–164 所示。

（6）使用渐变工具将右手花朵的颜色替换为黄色，以增加色彩变化，效果如图 8–165 所示。

图 8–162

图 8–163

图 8–164

图 8–165

5．背景花束的绘制

（1）使用矩形工具，绘制出一个细长矩形作为花茎，并填充合适的渐变颜色。

（2）将花茎进行反复复制并进行大小、渐变颜色和排列顺序的调整，效果如图 8–166 所示。

（3）将花朵进行反复复制，并在花茎的上面将它们排列成心形，效果如图 8–167 所示。

（4）使用渐变工具对花朵的颜色有选择地进行调整，以增加变化，效果如图 8–168 所示。

在调整的过程中没有必要对每一朵花都调整一次渐变，而是在调整几朵花以后使用吸管工具将它们的渐变效果赋予其他的花朵。

（5）使用钢笔工具和转换锚点工具为花茎增加一些弯曲效果并绘制一些小叶片，效果如图 8–169 所示。

图 8–166

图 8–167

图 8–168

图 8–169

6. 整体的调整

（1）使用钢笔工具在画面中绘制一些不规则图形，如图 8–170 所示。这些图形将在后来的操作中被处理成云雾，以丰富画面。

（2）在透明度调板中对这些图形的透明度进行调整，如图 8–171 所示。效果如图 8–172 所示。

图 8–170

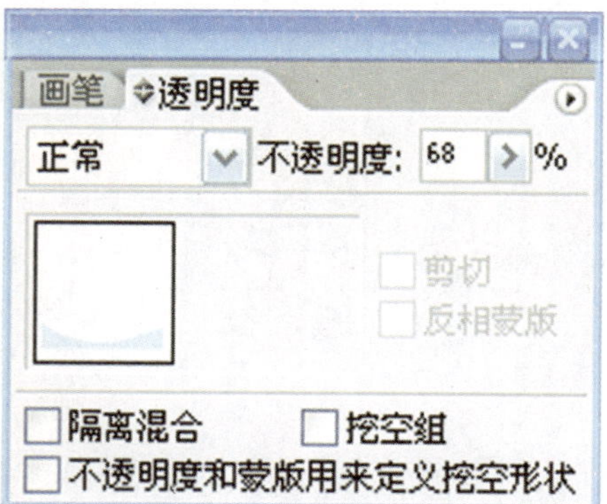

图 8–171

图 8–172

（3）单击菜单栏中的效果 > 风格化 > 羽化命令，调出羽化对话框，如图 8–173 所示。在该对话框中为图形添加羽化效果，如图 8–174 所示。

（4）用同样的方法为花心添加光晕效果，如图 8–175 所示。

（5）到这里，这幅作品就算是基本完成了，但是画面图形的颜色太过于接近了，我们需要对画面的颜色进行调整，使用 Illustrator 调整颜色是比较费劲的，滤镜中的颜色调整只能对单纯的颜色填充产生作用，所以我们需要使用 Photoshop 来继续后面的操作。

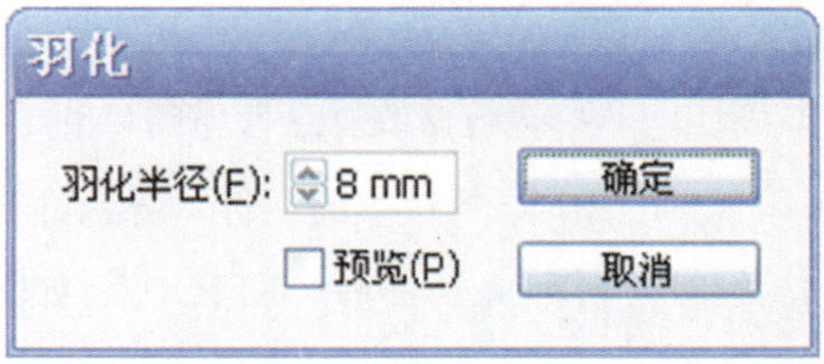

图 8–173

图 8–174

图 8–175

7. 后期加工

（1）在图层面板中将图形分层，这些图层在导出为 PSD 格式后将作为图层组出现，将组成同一物体的图形放在一个图层中将有利于在 Photoshop 中对其加以处理。本例中是将图形分为 5 层。这 5 层里分别放置着需要调整颜色的各个画面组成部分，如图 8–176 所示。

在进行分层的过程中，可以使用以下的方法：

将要进行分层的物体选中，这时图层上圆圈的后面将出现一个带有颜色的小方块，方块的颜色由图层的颜色决定。在小方块上按住鼠标并把它拖曳到需要的图层上，这样所有被选中的物体就被移动到新的图层上了。在图层上双击鼠标，在出现的图层选项对话框中对图层的名称进行修改，这样做的目的是为了方便以后的操作。

（2）单击菜单栏中的文件 > 导出命令，调出“导出”对话框，在该对话框的格式下拉菜单中选择 Photoshop（ *. PSD），如图 8–177 所示。

图 8–176

图 8–177

（3）单击确定钮，调出 Photoshop 导出选项对话框，在该对话框中对导出的 PSD 文件属性进行调整，如图 8–178 所示。调整完成后单击确定钮，完成 PSD 文件的导出。

（4）启动 Photoshop 并打开该文件，在 Photoshop 中打开该文件时会发现导出的图层在 Photoshop 中多数都被识别成了图层组，如图 8–179 所示。这是因为在 Illustrator 的图层上有多个图形的缘故，如果在 Illustrator 的图层，上只有一个图形的话，导出的 PSD 文件也会被识别为图层，如本例中的背景色图层。

（5）单击菜单栏中的图层 > 合并组命令，依次将图层组转换为图层，如图 8–180 所示。

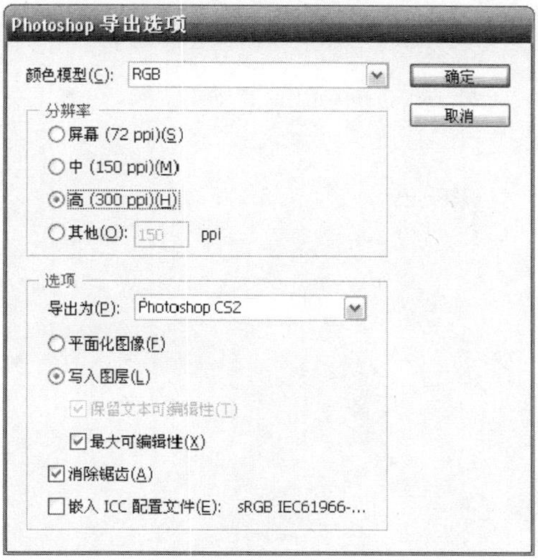

图 8–178

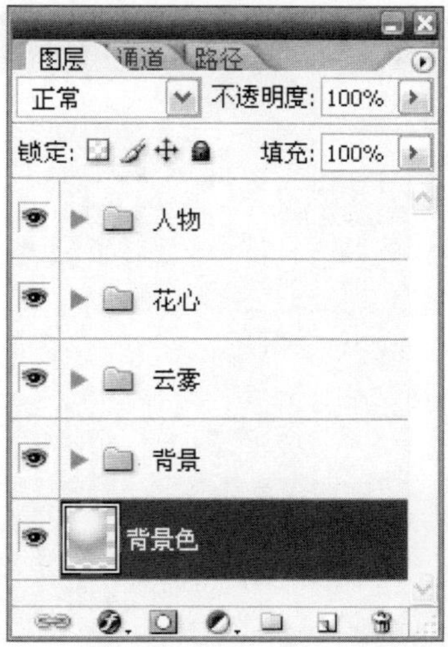

图 8–179

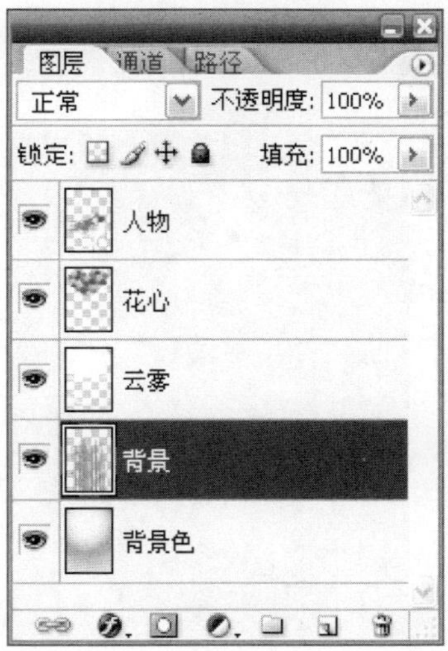

图 8–180

（6）单击菜单栏中的图像 > 调整 > 亮度 / 对比度命令，调出亮度 / 对比度对话框，如图 8–181 所示。在该对话框中对各个图层的亮度和对比度进行调整，本例中的调整步骤是人物增加亮度和对比度，对背景和花心降低亮度和对比度，调整后的效果如图 8–182 所示。

（7）单击菜单栏中的图像 > 调整 > 色相 / 饱和度命令，调出“色相 / 饱和度”对话框，如图 8–183 所示。在该对话框中对各个图层的色相/饱和度进行调整，这幅作品就绘制完成了。最终效果如图 8–135 所示。

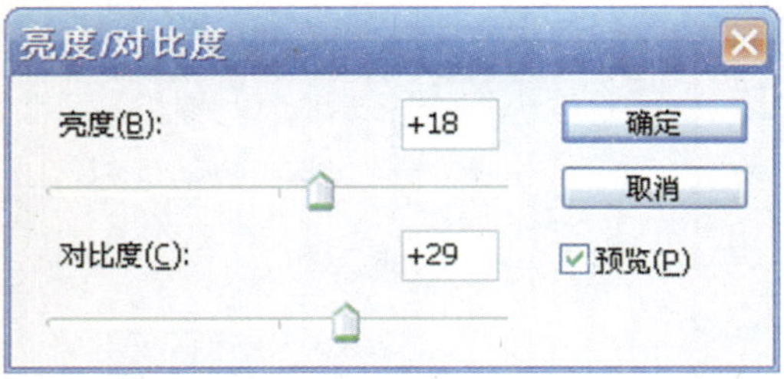

图 8–181

图 8–182

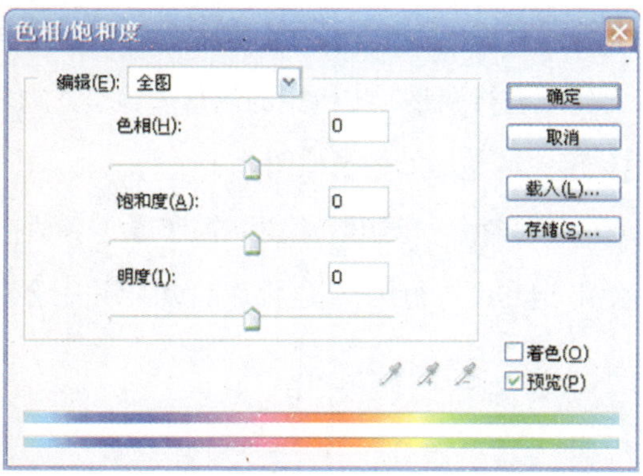

图 8–183